엘리트문과를 위한 과학상식

✦

최기욱

박영사

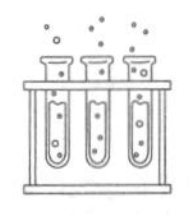

들어가며

왜 엘리트 문과에게 과학이 필요한가?

오래된 인터넷 밈으로 시작해보자.

축하한다. 당신은 외계인에게 납치당했다.[1] 그들은 당신을 묶어놓고 인간과 인간 사회와 기술문명에 대해 아는 대로 말하라고 다그친다. 문제가 있다. 여러분은 문과다. 당신은 소리친다.

"전 문과예요! 아무것도 몰라요!"

축하한다. 당신은 스트리테락스 행성[2] 탐사단의 6,823번째 실험체가 되었다.

현대 사회는 과학·기술의 토대 위에 세워졌다. 주위를 둘러보면 과

---

1 외계인에 의한 납치는 여러분의 생각보다 자주 일어나는 듯하다. 인기 TV시리즈 X-File을 보라.
"무작위로 고른 수천 명에게 외계 생명체의 존재 여부를 물었을 때 그 가운데 90퍼센트가 우주에 외계인이 있다고 답했다. 네 명 가운데 한 명은 외계인이 지구를 방문한 적이 있다고 생각했다. 9퍼센트는 자신이 외계인과 접촉했거나 아는 사람이 그런 말을 하고 다닌다고 답했다."
(엘리에저 스턴버그(2019). 조성숙 역. "뇌가 지어낸 모든 세계". 다산사이언스 p.212)
물론 농담이다.
위 책에서 저자는 수면마비 상태에서 쏟아져 들어오는 혼란스러운 정보들의 충돌을 조화시키기 위한 해석을 하려는 노력이 우리의 무의식 속에서 일어나기 때문에 위와 같은 초자연적인 현상을 경험한다고 한다(같은 책 p.241 참조). 이 책을 읽으면 이런 흥미진진한 과학 이야기를 즐길 수 있다.

2 더글러스 애덤스의 걸작 "은하수를 여행하는 히치하이커를 위한 안내서"(2005. 책세상)에 나오는 호전적인 종족이 사는 행성이다.

학적 지식 없이는 도저히 이해할 수 없는 것투성이이다. 여러분이 어디에 가든, 어느 집단에 소속되든 과학과 기술은 피할 수 없는 현실이다. 하지만 여러분은 이것들을 피해 다니고 있다. 아주 열심히.

나는 이공계 엔지니어 출신이지만 로스쿨을 졸업하고 현재 변호사로 활동하고 있다. 거기다가 기계공학과 학생이던 시절에도 과활동은 하지 않고 '행정학과' 소속 밴드에서 연주를 했다.[3] 즉, 잘나가는 문과 친구들이 아주 많다는 얘기다. 그들과 대화를 나누면 무엇인가 빠진 것이 느껴진다. 공부는 다들 잘했던 친구들이기에 공통과학시간에 배웠던 물화생지의 세부적 지식들은 알고 있다. 하지만 무엇인가 부족하다. 새로운 기기와 기술은 물론 기초적인 장치와 현상을 보아도 그것이 무엇인지 '감'도 못 잡는다. 즉, 학교에서 배운 지식과 실제 세계를 연결하는 연결고리가 없는 것이다. 그렇게 교과서에는 언급되지 않는 과학적 논의의 핵심 아이디어가 이들에게 없다는 사실을 알게 됐다. 그러한 지식과 세계 사이의 빈 공간은 이들의 머릿속에 '뿅!' 하는 마법 같은 개념으로 포착된다. 사상 최고의 SF 작가 중 하나인 아서 클라크는 "충분히 발달한 기술은 마법과 구분되지 않는다."라는 유명한 말을 남겼다.[4] 문과친구들이 이렇게 '마법'으로 인식하는 '뿅!'들은 도처에 널려 있다. 예를 들어 이들은 자동화 기기들은 '컴퓨터칩'만 있으면 '뿅!' 하고 결괏값이 나온다고 생각한다. 외부세계의 변화를 인식해 컴퓨터가

---

3 참고로 내 포지션은 키보드이다.

4 참고로 이 유명한 말이 포함된 아서 클라크가 남긴 과학 3법칙은 다음과 같다.
1. 뛰어난 과학자가 무언가 가능하다고 하면 아마 맞는 말이다. 그가 무언가 불가능하다고 하면 아마 틀린 말이다.
2. 가능성의 한계를 알아보는 유일한 방법은 한계를 넘어 불가능을 추구해보는 것밖에 없다.
3. 충분히 발달한 기술은 마법과 구분되지 않는다.

처리할 수 있는 형태의 정보로 바꾸어주는 '센서기술' 자체의 존재를 인식하지 못하는 것이다. 또 인간이 생명체 탄생 이후 수십억 년 동안 아무런 연관 없이 그저 존재하지도 않다가 갑자기 역사책에 서술되는 고작 수천 년의 시간 중 어느 순간에 지금의 모습으로 '뿅!'하고 탄생했을 것이라는 매우 어렴풋한 이미지를 갖고 있다. 진화라는 개념과 인간을 연결 짓지 못하는 것이다. 또 우리가 사용하는 에너지도 어디선가 '뿅!' 하고 나타난다는 식의 막연한 생각을 갖고 있다. 에너지는 변환될 뿐이라는 에너지 보존법칙에 대한 아이디어가 아예 없는 것이다. 나는 이러한 문과친구들의 '뿅!'들을 없애주고 싶었다.

나는 그랬고, 여러분을 보자. 여러분이 이 책을 읽어야 하는 당위를 한번 제공해주고자 한다. 이 책의 독자 여러분들은 문과다. 고등학교 1학년 이후 과학으로부터의 즐거운 해방을 맛보았을 것이다. 잠시 동안은 사실일지도 모른다. 하지만 당장 수능 국어 지문에서부터 난해한 과학적 지식들이 쏟아져 나오고 여러분은 패닉에 빠진다.

그뿐만이 아니다. 적당히 수능의 과학 지문들을 찍어 넘긴 당신, 캠퍼스의 낭만을 즐길 시간이다. 그런가? 이제는 대학에 가서 인문·사회과학 분야를 전공하더라도 수학과 과학자들의 온갖 실험 이야기를 피해갈 수 없는 시대가 됐다. 전공이 경제나 통계인 학생이라면 말할 필요도 없다. 이해는 안 가지만 여러분은 울면서 억지로 외워 겨우겨우 학점을 얻어냈다.

졸업 시즌이 다가왔다. 여러분들은 엘리트 문과 졸업생으로서 최선의 직업을 갖기 위해 LEET(법학전문대학원 입학을 위한 법학적성시험), PSAT(공무원 임용을 위한 적성시험) 등을 준비하고자 한다. 그런데 웬걸?! 여기서도 과학지문투성이이다. 과학·기술 개념들은 체계적으로 구조화하기가 쉽기 때문에 글의 구조를 읽어내는 능력을 테스트하는 언어추론 테스트에서 빠질 수 없다. 교수님들이 문제 내기 너무나도 편한 주제다. 하지만 하나도 모르겠다. 개념도 모르겠고 뭘 기준으로 개념들이 나뉘는지 설명을 봐도 모르겠다. 안 그래도 문제풀이 시간이 부족한 위와 같은 '타임어택' 시험들에서 생소한 개념과 낯선 분류체계는 완전한 독이 된다.

어찌저찌 졸업을 하고 사회로 나갔다. 이제 정말 과학과는 영원히 안녕이다. 그런가? 여러분이 기업체에 근무한다면 여러분이 담당할 제품들은 전부 과학·기술의 산물이다. 그것이 어떤 식으로 만들어지고, 작동하는지도 모르는 상태에서 판매를 하고 이해관계를 조율할 수 있다고 생각하는가? 정부기관도 마찬가지다. 굳이 과학기술부서가 아니더라도 현대 사회의 모든 시스템과 조직은 과학·기술에 기반을 두고 있다.

여러분이 인간과 인간 사회를 위한 의사결정을 내려야 하는 엘리트가 됐다면 문제는 더욱 심각하다.

인간과 인간무리의 유전적 속성에 대한 사실을 모르는 사람들이 인간을 규율하는 규칙을 만든다면? 원자력 발전과 핵융합의 차이도 모르는 사람이 국가의 에너지 정책을 좌우한다면? 인간의 뇌가 어떻게 변하고 인간이 어떻게 행동하도록 진화했는지도 모르는 사람이 교육 정책을 만든다면? 도시에 어떤 것이 필요하고 무엇을 고려해야 하는지도 모르는 사람이 도시계획을 세운다면? 그 자체로 국가적인 리스크가 된다.

사실 이 책의 가장 큰 집필 동기가 바로 이것이었다. 우리는 뉴스만 틀어놓으면 정치, 경영, 경제 분야에서 활동하는 문과출신 지식인들이 과학적으로 말도 안 되는 주장을 펼치고, 그러한 주장을 바탕으로 의사결정을 내리는 것을 하루 종일 볼 수 있다. 그들은 문과 최고의 엘리트 집단이다. 그들의 의사결정은 모든 이의 삶에 영향을 끼친다. 하지만 많은 이들이 자신의 사상과 신념에 몰두한 나머지 관련 과학 지식들은 들춰볼 생각도 안 한다. 알고 그런 것이든 모르고 그런 것이든 큰 문제가 아닐 수 없다.

그리고 무릇 엘리트라면 직원과 시민들에게 비전을 제시해낼 수 있어야 한다. 그런데 현재의 인류가 무엇을 할 수 있는지조차 모르는 사람이 직원과 시민들에게 도대체 무슨 비전을 제시할 수 있을 것인가?

그런데 사람들은 외국어, 역사 등 교양, 시사 상식과 달리 과학 상식 부족은 부끄러워하지 않는다. 아무도. 심지어 어떤 이들은 과학 지식의 부족을 자랑스레 말하기까지 한다.

이 책은 이러한 취지에서 엘리트 문과 여러분들이 여태까지 치를 떨었던 '물, 화, 생, 지'의 과학보다는 국가, 사회 그리고 조직의 의사결정을 하는 데에 실질적인 도움을 줄 수 있는 인간과 인간 사회에 대한 과학지식을 담으려 노력했다.

이 책을 읽는 리더 자리를 꿈꾸는 인문·사회과학도 여러분들의 어깨는 무척이나 무겁다. 여러분들은 과학에 대한 관심을 절대 놓아서는 안 된다. 그리고 이 책이 여러분이 과학에 관심을 가지게 되는 좋은 계기가 되길 희망한다.

어려울지도 모른다. 하지만 여러분들이 상식을 쌓고, 이 사회의 중대한 의사결정을 내릴 때 도움을 주기 위해, 나아가 이 국가와 사회 그리고 여러분이 속한 조직의 성공을 위해 반드시 필요한 지식들이니 차근차근 씹어넘겨 보자. 아마 꽤 재미있을 것이다. 그리고, 당신을 납치한 친절한 외계인에게 인류의 멋진 모습을 그럴싸하게 설명해주자. 혹시 모른다. 당신이 스트리테락스 행성 탐사단의 과학 자문위원이 될지. 단순한 실험체가 아니라.

이 책의 사용설명서

서점에 가면 교양과학 서적은 흔하디 흔하다. 안 그래도 많은데 팝콘처럼 매년 계속 튀어나온다. '그런데 뭘 또 썼나?'라고 물어보고 싶으실 것이다.

먼저 여태의 교양과학 서적들은 우주와 물리학과 같은, 인간과 사회보다는 물건과 우주의 작동 원리에 관심이 많아 이미 이과의 길을 택한 이들이 호기심을 가질 분야에 집중되어 있다는 문제점이 있다. 이는 문과 여러분들에게 실질적으로 필요한 지식이 아니라는 점은 물론이요, 오히려 '교양과학 서적이라기에 읽어보려 했더니 역시 과학은 내 인생에 도움도 안 되고 짜증 난다!'라는 편견을 굳히게 만든다는 점에서 문제다. 따라서 나는 기존의 교양과학 서적에서 많이 다룬 위와 같은 분야는 과감하게 생략했다. 같은 이유에서 문과생들이 고1 '공통과학'에서 배우는, 너무 '물 · 화 · 생 · 지'스러운 내용들도 생략했다. 여러분들도 기본적인 것은 배웠다! 기억은 안 나겠지만.

그리고 기존의 교양과학 서적들은 내가 봤을 때 구성 면에서도 문제가 있다. 대부분 둘 중 하나다. 너무 쉽고 일상적인 내용이라 실제적 지식을 쌓고자 하는 이들에게 도움이 되지 않는 경우, 그리고 '교양'서적이래서 펼쳐봤더니 너무 전문적이라서 보기만 해도 화가 나는 경우.

나는 중용을 지키고자 했다. 하지만 이 책에서 다루는 내용 자체는 절대 쉽지 않다. 여러분들은 이런 골치 아픈 내용을 극복하고자 이 책을 읽는 것이므로 머리가 지끈거리는 것을 피해갈 수는 없다. 그럼에도 불구하고 이 책은 쉽게 읽을 수 있을 것이다. 일단 디테일은 과감히 생략하고 여러분들에게 꼭 필요한 핵심 아이디어만 추렸기 때문이고, 또 내가 머리가 좋지 않기 때문에 어려운 내용을 내 기준으로 이해한 만큼만, 최대한 쉬운 용어와 문장으로 썼기 때문이다. 물론 여러분이 머리가 무척 좋아서 그럴지도 모른다. 어쨌든 한마디로 여러분의 지식 축적에 도움이 될 정도와 수준의 주제를 다루고 있지만, 여러분들이 서점에서 책을 집어 들고 계산대에 가기 전에 집어던질 정도로 화가 나지는 않도록 난이도를 조절한 아주 훌륭한 교양과학책이라는 것이다. 여러분은 계산대에 도착했다. 난 성공했다.

나는 성공했지만 여러분들은 이제 시작이다. 그럼 이 책을 손에 쥔 여러분은 어떻게 이 책을 써먹어야 할 것인가. 이것은 여러분뿐만 아니라 방대한 지식을 전달하려는 저자의 고민이기도 했다. 이 고민의 핵심 고려사항은 다음과 같은 사실이었다. 여러분이 수험을 위한 과학적 배경지식을 쌓기 위한 학생이든 사회인이든 모든 지식을 암기하는 것은 불가능하다. 그럴 필요도 없고.

이공계 출신들이 대부분 그렇지만 특히 나는 암기라는 것을 극도로 혐오한다. 따라서 여러분에게도 그런 부담을 안겨드리지 않을 것이다. 그럴싸하게 아는 척, 말로 '썰'을 풀기 위해서가 아니라 실질적인 문제를 해결하는 데 도움이 되기 위해서 알아야 될 핵심 아이디어와 개념의 소개가 이 책의 목표이기 때문이다. 이전의 지식을 달달 외운 사람이 지식인 대접받는 시대는 지난 지 오래다. 새로운 시대의 인재상은 빠르게 핵심을 익혀 실제 문제에 적용할 줄 아는 문제해결 능력을 가진 사람이다.

과학은 세상을 이해하기 위한 기준틀이다. 과학자들이 어떤 틀을 사용하고 이는 사회과학과는 어떻게 다른지, 즉 과학은 세상을 어떻게 바라보는지 한번 슬쩍 구경해보도록 하는 것이 이 책의 목표이다.

따라서 여러분에게 필요한 것은 (a) 현재 과학이 탐구하는 어떤 개념 또는 사실의 존재, (b) 그 개념의 작용 원리와 관련 변수들은 무엇인가, (c) 관련 개념들과 어떻게 구별 또는 연관되는가 이 세 가지이다. 학생의 경우 언어논리 문제 풀이를 위해서도 마찬가지이다. 바로 저 세 가지가 언어논리 문제 구조의 기본이다.

그리고 이 기본 구조들은 한번 이해하고 넘어가면 된다. 여기 나오는 개념들을 줄줄이 암기할 필요는 전혀 없고 실제로 그럴 수도 없다. 인터넷에 떠돌던 유머가 있다. 인터넷 커뮤니티 게시판에서 싸움이 났을 때 그 주제에 대해서 줄줄이 읊는 녀석은 방금 나무위키에서 검색해본 사람이고 진짜 전공자는 "어…어…그…그거 그거 어디서 봤는데?!"라는 반응을 보인다. 하지만 당연히 실제 그 일은 줄줄이 읊었던 방금 나무위키를 읽은 사람보다 전공자가 훨씬 더 잘 처리할 수 있다. 기본 개념틀을 이해하고 있기 때문이다. 단순암기가 아니라. 한 번만 읽어도 이해를 했다면 그 개념과 개념의 연관 구조들은 나중에 (문제의 지문이나 관련 보고서를 보면) 금방 떠올릴 수 있다. 세부 사항은 나중에 찾아보면 그만이다. 구글의 시대다. 여러분이 엑셀에서 어떤 문제를 해결하기 위한 함수 기능이 '존재'한다는 것을 어렴풋이라도 알기만 하면 인터넷 서핑을 통해 금방 일을 해결할 수 있는 것과 같다. 하지만 그 존재부터 모른다면 문제가 생긴다. 이 책은 이런 기본 개념의 소개와 구조의 이해에 중점을 두었다.

나는 거창하고 멋들어진 책을 쓰고자 하는 마음이 추호도 없기 때문에, 그리고 인간은 글을 전부 읽지 않는다는 사실을 알기에(감각에 관한 장 중 시각에 관한 내용을 참조하시라) 여러분들의 빠른 이해를 돕기 위해 고딕체 등으로 강조 표시도 아끼지 않았다. 너무 중요한 개념들이다 싶으면 확실한 이해를 위해 과감하게 반복도 많이 했다. 대충 훅훅 넘기면서 여러 번 반복되어 나오거나 고딕체로 강조되어 있는 중요 개념들만 익히고 넘어가도 좋다. 사실 그거면 충분하다.

이런 면에서 이 책은 과학책이라기보다는 여러분들의 과학 '감'을 훈련시켜주는 자기계발서이다. 세상을 과학적으로 바라보는 '기준틀'을 장착해보는 것이다. 법조계 사람들은 '딱히 꼬집어 명확히 설명할 수는 없지만 대충 이러이러할 때에는 이러이러할 것이라는 감'을 리걸 마인드(Legal Mind)라고 한다. 공학도들에게도 이런 용어가 있다. '엔지니어링 센스'다. 어떤 상황에서 어떤 변수에 의해 대략적으로라도 결과에 어떤 영향이 있을지에 대한 감. 소위 말하는 '통밥'이다. 바로 그것이 필요하다. 그리고 그 분야의 전문가가 아닌 의사결정자로서는 그것이면 충분하다. 개념을 줄줄 읊고 다닐 필요는 없다. 아무도 알아주지 않는다. 그런 재주는 디너 파티에서나 써먹을 수 있겠지만 어차피 디너 파티에서 과학 관련 이야기를 줄줄이 읊고 있는 이들은 환영받지 못할 것이다. 그러니 딱 한 번만 익혀두면 된다. 인간과 인간무리를 위한 중요한 의사결정을 하고 있거나 하게 될 사람들, 즉 이 책의 독자분들은 이러한 '감'을 얻음에 따라 문이과를 넘나드는 제너럴리스트로 거듭날 수 있을 것이다.

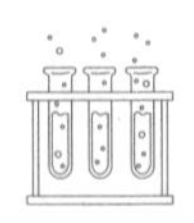

목 차

03
그럼 인간'들'은?

04
인간무리의 물질적 기반 '도시'

일러두기

전문 과학인도 아닌 내가 이런 건방진 책을 쓸 수 있도록 도와준 내 지적 스승인 수많은 저자분들에게 감사하는 의미에서, 큰 챕터별로 홍보 목적이 다분한 참고서적 섹션을 두었다. 이 책은 기본적으로 끊임없는 지식의 나열이고, 무엇보다 (나는 책 읽는 행위를 굉장히 즐기는 사람인데도 불구하고) 읽으면서 뒤 페이지를 오락가락하게 만드는 책을 정말 싫어하기 때문에 챕터별로 참고서적을 둔 것이다. 나는 '후주를 싫어하는 사람들의 모임'의 창시자다. 많은 독자가 이 책을 가이드 삼아 많은 과학책을 접하길 바란다.
각 챕터의 참고서적 표기 기준은 다음과 같다.
이 책의 집필 과정에서 한 번이라도 펼쳐봤다면, 그래서 내 지식의 기준틀을 형성하는 데에 도움을 주었던 책이라면 직·간접 인용을 하지 않았더라도 무조건 표기를 했고, 상대적으로 많은 부분을 참조한 서적과 일독을 강력 추천하는 명작은 애정 어린 소개글까지 넣었다.

01

과학과 사회과학

과학이란 무엇인가

"과학은 조직된 지식이다. 지혜는 조직된 삶이다."

- 임마누엘 칸트

과학에 대한 정의는 다양하다. 교과서에는 "넓은 의미의 과학은 철학의 뜻을 포함하며 인간의 사고행위를 학문적으로 체계화한 것이고, 좁은 의미의 과학은 통상 경험에 의해 알아낸 사실을 체계적으로 정리한 것으로서 일반적으로 자연과학이라 부르는 것이다."[1]라고 정의된다. 2022년 기준, 이공계생들이 사랑해마지않는 위키피디아에서는 다음과 같이 정의되어 있다. "과학(科學) 또는 사이언스(Science)는 사물의 구조, 성질, 법칙 등을 관찰 가능한 방법으로 얻어진 체계적이고 이론적인 지식의 체계를 말한다. 좁게는 인류가 경험주의와 방법론적 자연주의에 근거하여 실험을 통해 얻어낸 자연계에 대한 지식들을 의미한다. 과학자들은 자연계에서 관찰되는 현상들을 과학적 방법에 따라 자연적인 (초자연적이지 않은) 이론으로 설명하려고 시도한다."[2]

1 김동일, 박종균 외(2000). "자연과학의 이해". 학문사. p.9

2 접속일자 2022. 7. 25.
한편 같은 기준, 우리가 조금 덜 공개적으로 사랑하는 나무위키의 설명은 다음과 같다.

최근 과학계에서 문제적 저작으로 꼽혔던 존 핸즈의 "코스모사피엔스"에서는 과학을 "체계적으로, 가급적이면 측정 가능한 관찰과 실험을 통해 자연현상을 이해하고 설명하며, 그렇게 얻은 지식에 이성을 적용하여 검증 가능한 법칙을 도출하고, 향후를 예측하거나 과거를 역행추론(retrodiction. 과거에 있었고, 후대의 과학법칙이나 이론으로부터 연역되거나 예측될 수 있는 사태)하려는 시도"라 정의하기도 했다.[3] 이렇게 좁은 의미로 실험실에서 실험으로 관찰된 결과들만을 과학으로 여기는 견해도 있으나, 그것이 불가능한 우주와 인간, 그리고 사회까지 과학자들의 탐구 대상이 되고 있는 현재로서는 타당하지 않다고 할 것이다. 넓은 의미의 과학은 수학과 공학기술까지도 포함하며 이 책에서는 과학을 넓은 의미의 과학을 지칭하는 의미로 사용할 것이다.

그럼 왜 우리가 과학을 익혀야 하는가.

과학은 인간이 현재까지 합의한 최선의 진리와 이를 찾아가는 과정이다.

합의된 것이라는 점에서 완벽하지 않을 수 있다.

우리는 일반 상식으로 귀납의 오류 가능성에 대해서 배워왔다. 과학을 안 하는 사람들은 과학의 오류를 비판하길 참 좋아한다. 그래서 우리는 오히려 과학보다는 과학의 오류에 대해 많이 읽어왔고 국가시험 지문에서도 단골로 출제되어온 것이다.

여기서 잠깐, 우리가 일반화된 지식을 쌓아가는 세 가지 방법에 대

"과학(科學/Science)은 자연 현상과 인간 사회 현상을 체계적으로 관찰하여, 그 관찰 결과를 바탕으로 보편적인 법칙 및 원리를 발견하고 발전시키는 행위와 이에 대한 방법론 그리고 이 둘의 결과로 이루어진 체계적인 지식이다. 철학에서 떨어져 나와 독립적인 방법론을 이루게 된 학문의 총체라고 할 수 있다. 가장 범위가 넓은 학문이며, 보통 좁은 의미에서 자연과학을 칭하는 말로 많이 쓰인다."

3 존 핸즈(2022). 김상조 역. "코스모사피엔스". 소미미디어. p.36

해 간단한 개념설명을 하자면 다음과 같다. (a) 귀납법은 여러 개별 사례에서 일반적인 원리를 이끌어내는 것이다. (b) 연역법은 일반적인 원리에서 개별적인 경우를 유추하는 것이다. 그리고 (c) 귀추법은 가장 있을 법한 쪽으로 결론을 내리는 것이다. 연역을 제외한 귀납법과 귀추법은 오류가능성을 내포하고 있다. 하지만 연역으로는 수학을 제외한 다른 분야에서 새로운 지식을 탐구하는 데에 한계가 있으며, 그 전제가 되는 제1공리 혹은 일반적 원리는 결국 귀납·일반화에서 나온다. 칼 포퍼는 '비판적 합리주의'를 주장하며 귀납을 배제해야 하고, 반증가능성에 초점을 맞춰야 한다고 했다. 무엇이 옳다는 것보다는 옳지 않다는 증명이 확실하다. 하지만 반증 가능성만으로는 부족하다. 내가 방금 발표한 "내 머릿속의 사랑스러운 작은 토끼 이론"은 쉽게 반증될 수 있지만 반증되지 않았으니 에너지 보존 법칙과 대등한 위치에 놓아야 할까? 그럴 수는 없다. 칼 포퍼도 결국 '입증의 정도'를 끌어들일 수밖에 없었고 이는 결국 좋든 싫든 귀납을 받아들여야 한다는 의미이다. 모든 분야에서 모든 경우에 완벽하게 진리라고 인정될 수 있는 일반론을 찾아낼 수 있는 도구는 없다. 우리는 그저 끊임없이 노력할 뿐이다.

이 외에도 과학에도 논리의 오류, 통계의 함정, 확증편향, 돈줄편향[4] 같은 모든 학문 분야에서 나타나는 한계가 있고 과학 특유의 '관찰의 한계'가 논의된다. 거기다가 토머스 쿤의 과학혁명과 패러다임의 전환[5]으로

---

4 돈줄편향이란 말은 없다. 내가 만들어냈다. 하지만 당연히 과학계도 돈의 영향을 받을 수밖에 없다. 과학자들도 비용과 인센티브, 연구지원금 그리고 보상에 의해 움직일 수밖에 없다. 이에 관하여 재미있는 과학자들과 돈 문제를 알고 싶다면 다음 책을 참고하시라.
폴라 스테판(2013). 인윤희 역. "경제학은 어떻게 과학을 움직이는가". 글항아리.

5 상식을 위해 간단히 설명하자면, 토머스 쿤의 패러다임 전환의 과정은 다음과 같다. 새 분야가 막 생성된 초기의 불확실한 상태는 '패러다임 전 단계'이다.

대표되는 구이론의 폐기과정을 겪으며 과학이 발전한다는 사실을 우리는 잘 알고 있다. 이 책에서 언급할 몇 몇 이론들도 10년 내에 반증되어 폐기되거나 수정될지 모른다(이러한 수정은 진화심리학과 뇌과학과 같은 아직 역사가 짧은 분야에 집중될 것으로 예상된다). 아마 10년은커녕 이 글이 발표되자마자 '뭐 이런 걸 실어놨냐 말도 안 된다!'라는 무수한 반박이 쏟아질 것이다. 개정판도 많이 사랑해주시길 바란다.

과학하는 이들은 까다롭다. 주변의 이공계 출신 인물들을 떠올려보라. 이 치들에게 무슨 말만 하면 '아닌데?'가 습관적으로 튀어나온다. 만약 그들의 입에서 '아닌데?'가 튀어나오지 않는다면 그저 여러분이 그들보다 지위가 높기 때문일 가능성이 크다(보통 이럴 때 엔지니어들은 '아닌데?' 대신 '음…', '어…' 같은 어색한 추임새를 넣곤 한다). 사실상 뒤에 반박을 할 내용이 떠오르지 않더라도 일단 '아닌데?'를 뱉고 나서 그 뒤에 반박할 거리를 찾느라 정신없이 머리를 굴리는 아주 못된 버릇을 가진 이들도 많다. 칼 포퍼가 보면 하늘에서 흐뭇해마지않을 녀석들이다. 이런 친구들은 일견 사회성이 심각하게 떨어져 보이며 이들에게 인간관계와 친목도모를 위한 대화라는 것은 불가능해 보인다.

하지만 그들의 이러한 성정이 바로 과학을 이끌어온 중대한 힘이다.

이제 합의가 생겨나면 '패러다임paradigm'이 형성된다. 대부분의 과학연구는 이 패러다임 안에서 수행된다. 패러다임의 기본 가정하에 일반적으로 인정되는 규칙을 사용해서 탐구가 이루어지고 많은 것들이 밝혀진다. 패러다임의 기본 전제를 깨지 않는 틀 안에서. 이 상태를 '정상과학normal science'이라 부른다. 그러다가 더 이상 기존의 패러다임으로 설명되지 않거나 모순되는 결과가 나오기 시작한다. 이를 '변칙anomaly'라 부른다. 이 변칙은 쌓여간다. 한동안, 아니 꽤 오랜 기간 패러다임은 무시할 수 있다. 실험에 오류가 있었겠지. 누군가 발견해주겠지. 그러나 변칙이 계속되고 기존 패러다임의 기본 전제가 의심받기 시작하는 순간이 찾아오며 패러다임이 위기에 빠진다. 다음 책을 참조.
토마스 쿤(2013). 김명자 역. "과학혁명의 구조". 까치.

끊임없는 반박과 검증, 이를 통한 구이론의 폐기. 이것이 과학을 현재의 지위에 올려놓은 것이다. 우리는 이를 통해 발전해나아가고 흔들리지 않는 틀을 쌓아간다. 현재로써는 그 친구가 '아닌데?' 뒤에 '어버버' 하며 근거를 댈 수 없을 때까지 말이다.

유념해야 할 점이 있다. 우리는 교과서에서 몇 명 안 되는 천재들의 활약상들만 배우기에 전체 과학을 이들 몇 명이 뚝딱뚝딱 만들어낸 것이라는 이미지를 지울 수 없다. 과학사를 인물에 초점을 두어 배우기 때문에 한 천재 뒤에 다른 천재가 나타나 '아닌데?' 한번 하면 쉽게 구이론이 폐기되고 뒤집히는 이미지를 떠올리는 것이다. 하지만 그 천재들 뒤에는 수없이 많은 알려지지 않은 똑똑한 사람들이 있다. 이들은 엄청나게 다양한 분야에서 다양한 시각들로 이론과 실험결과들을 검토하며 지식의 네트워크를 형성한다. 이렇게 쌓인 지식은 빼어든 카드 한 장으로 흔들리지 않는다. 이것이 우리가 말하는 합의의 의미이다. 그리고 이러한 과정들을 통해 우리는 우주의 현상에 대한 설명을 점차적으로 정확하게 다듬어간다. 이전의 과학이 틀렸다는 것을 우리가 알고 있는 이유는 오로지 현재의 과학이 발전했기 때문이다. 이러한 점들을 고려했을 때 언제 폐기될지 모르기 때문에 과학을 믿을 수 없다는 것은 거꾸로 된 잘못된 믿음이다.

많은 이들이 가짜뉴스와 탈진실의 시대를 논한다. 이런 혼란스러운 시대에 과학은 이렇게 '합의됐고', '현재까지의 최선'이라는 점에서 우리의 의사결정에 있어 든든한 근거가 되어준다. 그 누구도 정답이라 주장할 수 없는 사상이나 신념의 영역과는 차원이 다른, 옳은 결정의 올바른 근거가. 논리학을 배운 사람이라면 좋은 논리는 훌륭한 근거를 갖추어야 하고 공리로부터 출발해야 한다는 사실을 배웠을 것이다. 그리고 명확한 공리라고 할 수는 없더라도 인류에게 이 공리에 가장 가까운 것을 제공해주는 것이 바로 과학이다.

인문·사회과학도들은 답이 없는 사회의 많은 문제를 다루며 토론을 통한 이해관계의 조정과정을 거쳐 의사를 결정하는 데에 익숙하다. 그렇기에 대립되는 주장들의 '절충'을 최선의 결정이라 여기는 경향이 강하다. 민주주의의 핵심은 다양한 주장들의 경합과 토론이다. 하지만 이는 모든 주장이 같은 무게를 지녀야 한다는 당위를 의미하는 것이 아니다. 어떠한 주장은 절충해서는 안 된다. 목소리 큰 이들이 1+1이 0이라는 주장을 내세운다고 "대충 1로 절충합시다!"라는 결정을 내리는 것은 책임감 있는 엘리트의 모습이 아니다.

과학은 우리에게 이 한계를 제시해준다. 과학은 그 범주가 무척이나 넓지만 그중 대부분을 차지하는, 이미 과학자들에 의해 상당한 수준의 타당성을 인정받고 있고, 이를 통해 올바른 예측도 해내고 있는 지식들은 그저 받아들여야 할 성질의 것이다. 우리가 현재로써 최선의 진리로 받아들이는 것을 단순히 (느낌, 불편함, 사상과 이념, 가치관의 차이 등의 이유로) 반대하는 주장을 '다양한 주장'의 하나로써 대등한 무게로 받아들인다면 그것은 무가치한 토론이다. 우리가 이러한 주장에 반복적으로 휘둘린다면 과학적으로 '틀린' 결정들의 누적으로 인해 그 기반을 이루는 인간 사회가 무너질 수 있고 결국 민주주의 자체가 정상적으로 작동할 수 없게 된다. 그렇기에 우리는 우리의 올바른 의사결정을 위해, 더 나아가 우리의 사회를 위해, 민주주의를 위해 과학을 알아야 한다.

참고서적

[저자(출간 연도). 역자. "제목". 출판사. 순]

1. 토머스 쿤(2013). 김명자 역. "과학혁명의 구조". 까치.

과학혁명과 패러다임 전환에 대한 고전 중의 고전이다. 여기서 고전이라 함은 '남들 앞에서 안 읽었다고 말하기 부끄러운'의 의미이다.

2. 칼 포퍼(2013). 이한구, 정연교, 이창환 역. "객관적 지식: 진화론적 접근". 철학과현실사.

과학철학의 핵심적 문제인 귀납, 진리, 그리고 객관성뿐 아니라, 실재론과 다원론, 유전적 이원론, 결정론과 비결정론 등을 다루면서 전체적으로 객관적 지식의 성립과 성장 가능성을 논증적으로 보여주는 과학철학의 고전이다.

3. 노우드 러셀 핸슨(2007). 송진웅, 조숙경 역. "과학적 발견의 패턴". 사이언스북스.

과학 연구가 문제를 발견하면 가설을 제시하고 가설에 근거한 실험을 통해 가설을 검증하고 보다 발전된 가설, 즉 이론을 구축해나가는 진행형의 과정임을 보여주는 과학철학의 고전이다.

4. 플로리안 아이그너(2022). 유영미 역. "우리에겐 과학이 필요하다". 갈매나무.

과학 철학과 과학의 필요성에 대한 모든 것. 얇으면서 읽기 쉽다. 사실상 이 챕터는 이 책의 요약이라 봐도 무방하다. 이 책에 나오는 저자의 과학에 대한 정의가 너무 마음에 든다. "과학은 우리가 공동으로 신뢰할 수 있는 것을 찾아나가는 활동입니다."

- 데틀레프 간텐, 토마스 다이히만, 틸로 슈팔(2005). 인성기 역. "지식(생명, 자연, 과학의 모든 것)". 이끌리오.
- 폴라 스테판(2013). 인윤희 역. "경제학은 어떻게 과학을 움직이는가". 글항아리.
- 스티브 풀러(2007). 나현영 역. "쿤 포퍼 논쟁". 생각의나무.
- 김동일(2000). "자연과학의 이해". 학문사.
- 나탈리 앤지어(2010). 김소정 역. "원더풀 사이언스". 지호.
- 칼 세이건(2006). 홍승수 역. "코스모스". 사이언스북스.
- 다카하시 쇼이치로(2009). 박재현 역. "이성의 한계". 책으로보는세상.

과학적 탐구방법

과학은 이성을 사용해서 세계를 설명하고 다시 이성을 사용해서 그 설명이 옳은지를 확인한다. 새로운 지식을 쌓아가는 과학의 방법은 관찰, 가설형성, 실험, 추론과 이론 형성, 수차례의 검증 과정을 통해 이루어진다. 실험은 가설을 형성하는 과정에서도, 가설이 이론으로 받아들여지는 여러 차례의 재현을 통한 검증을 거치는 과정에서도 또 등장한다. 그리고 앞서 본 과학의 좁은 정의에서도 실험이 언급됐다. 실험은 세상을 분석하는 방법이자 지식을 검증하는 방법인 것이다. 그만큼 과학에서 실험은 중요하다.

그래서 온갖 국가시험의 과학 지문들에 실험방법론이 단골로 등장하는 것이다. 실험방법과 방법론에 대해 잠시 알아보고 가자. 실험은 우리가 최대한 객관적인 결과를 얻기 위해, 이를 통해 흔들리지 않는 지식의 토대를 쌓기 위해 만들어온 방법이다. 그런데 이는 국가시험 대비를 위해서만 알아야 할 기본지식이 아니다. 여러분들의 신입 시절을 떠올려보라. 가장 먼저 상사들이 시키는 일은 '리서치'라고 멋들어지게 부르곤 하는 자료조사다. 그리고 지금 상사가 된 여러분들은 신입들이 열심히 조사해온 자료로부터 통찰을 얻고 이를 바탕으로 의사결정을 내릴 것이다. 그리고 이 통찰이 개똥철학인지 진짜 의미 있는 통찰인지를 확인하기 위해서는 연구방법론의 기본을 알아야 한다.

먼저 실험이나 자료조사는 어떠한 정보나 지식을 얻고자 하는 것일 테다. 정보는 데이터들의 추상화된 연결이며 지식은 이러한 정보를 조직화한 것이다.[1] 우리가 어딘가에 써먹으려면 일반화된 문장의 형태로 된 지식이 필요하다. 가설hypothesis은 연구를 유도하기 위한 잠정적 진술이다. 우리는 이것을 증명하기 위해 실험을 한다. 그리고 가설은 연구에서 검증하고자 하는 가설인 영가설null hypothesis(H_0)과 그에 반대되는 진술이자 연구자가 주장하는 내용인 대립가설alternative hypothesis(H_A)로 나뉜다.

실험연구는 기본적으로 변수들을 조작해서 다른 변수에 미치는 영향을 분석하는 연구라 할 수 있다. 여기서 변수variable은 말 그대로 변하는 수로 분석의 대상이고 이에 대응되는 개념은 변하지 않는 상수constant이다. 이 변수들은 인과관계에 따라 독립변수independent variable, 종속변수dependent variable, 그리고 매개변수nuisance variable로 나뉜다.

독립변수는 연구 상황에 가해지는 변수로서 연구 결과의 변화를 유도하는, 즉 한마디로 영향을 주는 변수이다. 종속변수는 영향을 받는 변수로 '결괏값'으로 이해해도 좋다. 한편 매개변수는 독립변수 이외의 변

---

1 참고로 데이터 분석 분야에서 쓰이는 지혜, 지식, 정보 사이의 구조적 관계에 대한 모델인 DIKW(Data-Information-Knowledge-Wisdom) 피라미드라는 것이 있다.
맨 아래층에는 세계가 있고, 그 위로 데이터(추상화된 요소), 정보(요소들의 연결), 지식(조직화된 정보)가 있고 맨 꼭대기에는 지혜(지식의 응용)가 있다. 이는 다음과 같이 표현된다.
- 데이터는 세계에 대한 추상화 또는 측정을 통해 생성된다.
- 정보는 처리하고 구조화하거나 맥락을 만들어 인간에게 의미가 있게 된 데이터다.
- 지식은 인간이 해석하고 이해할 수 있으면서 필요하면 그에 의지해 행동할 수 있는 정보다.
- 지혜는 그에 따라 행동하는 것이 합당한 지식이다.

수로서 종속변수에 영향을 주는 변수이다.[2]

한마디로 여러분이 건드릴 요소가 독립변수이고 그에 영향을 받는 결과가 종속변수이며, 여러분이 건드리지 않았지만 결과에 영향을 미치는 요소들이 매개변수이다. 따라서 우리가 좋은 실험이라 하기 위해서는 독립변수를 섬세하게 조절하고, 매개변수를 규제 혹은 고정시키는 것이 필요하다. 이를 실험통제control라 한다. 여러분 또는 여러분의 부하직원들이 열심히 '리서치'해온 자료가 이러한 실험통제를 제대로 거치지 않은 값들이라면 그것을 바탕으로 의사결정을 하는 것은 위험하다.

여러분은 훌륭하게 실험 또는 관찰을 마쳤다. 이제 그 결과들이 타당한지를 보자.

타당도는 내적 타당도internal validity와 외적 타당도external validity로 나뉜다. 내적 타당도는 종속변수, 즉 연구결과에서 나타나는 변화가 독립변수의 변화에 의한 것임을 확신할 수 있는 정도를 의미한다. 인과관계에 대한 추론이 어느 정도 가능한지를 보는 것이다. 이는 그 범위가 표본자료 내로 제한되므로 내적 타당도로 불린다. 그리고 외적 타당도는 표본자료의 결과가 얼마나 일반화될 수 있는 것인지, 즉 표본에서 얻어진 연구의 결과를 다른 집단 혹은 다른 환경에 확대해석 또는 일반화할 수 있는지에 대한 타당도이다. 이는 그 의미상 표본자료 내로 제한되지 않는다.

한마디로 좋은 관찰이라면 결과 내에서 모순이 없어야 하고 다른 분야에서의

---

2 매개변수는 독립·종속변수 관계에 개입되는 변수인 간섭변수intervening variable과 종속변수에 영향을 주는 독립변수 이외의 변수로서 연구자가 통제할 수 없는 외재변수extraneous variable로 세분된다.

지식들과 비추어봤을 때에도 모순이 없어야 한다. 그리고 내적 타당도는 외적 타당도를 위한 필요조건이지 충분조건이 아니다. 즉 내가 판단한 결과가 일관적이라고 남들이 봐도 훌륭하다는 보장이 없다. 성급한 일반화를 하지 말라는 말을 멋있게 쓴 것이다.

아참, 통계적 데이터로 결과가 나오는 연구의 경우 실험 전에 미리 해뒀어야 하는 게 있다. 의사결정의 기준이 되는 유의수준 설정을 하는 것이다. 유의수준이 뭔지 알기 위해서는 오류의 종류를 먼저 봐야 한다.

1종 오류type I error는 영가설이 참일 때, 영가설을 기각하고 대립가설을 채택하는 오류이다. 흔히 알파α로 표기한다. 누군가가 '거봐 내 말이 맞았잖아'라고 외칠 상황이다.

2종 오류type II error는 영가설이 거짓일 때 영가설을 채택하는 오류로 베타β로 표기된다.

즉 진릿값이 H_0일 때 H_A로 의사결정을 하는 오류를 알파, 진릿값이 H_A일 때 H_0로 의사결정을 하는 오류를 베타라 한다.

바로 여기서 알파α의 수준을 유의수준이라 하며 1종 오류를 허용하는 수준을 의미한다. 통상 사회과학 연구에서는 0.01~0.05의 값을 취한다. 이는 동일 연구를 100번 시행했을 때 알파α오류가 한 번 나올 낮은 오판 확률이다. 이 정도면 믿을 만하다. 그리고 $1-\beta$를 검정력power라고 부른다.

그리고 표본에서 얻어진 통계치가 영가설 분포하에서 나올 확률을 유의확률p값이라 한다. 유의확률이 연구자가 설정한 유의수준보다 낮으면 (영가설이 참인 분포하에서는 흔히 일어나지 않는 결과이므로) 영가설을 기각하고 통계적으로 유의한 차이가 있다고 해석한다. '최기욱네 집의 애완동물은 전부 개일 것이 분명하다'라는 것이 영가설이었는데 집 안의 애완동물을 모조리 전수조사 해보니 전부 토끼였다. 내 애완동물이 전부 개라는 것이 참이라면 결코 나와서는 안 될 값이 나온 것이다. 그러므로 통계적으로 유의하다는 것은 "표본에서 계산된" 통계치(토끼)가 "영가설하에서의 모집단 특성(개)"과 통계적으로 유의한 차이가 있음을 나타낸다.[3]

다만 주의해야 할 것은 유의성에는 통계적 유의성statistical significance(통계적 가설 검증을 위해 설정한 유의수준에 입각한 유의성, 즉 앞에서 언급한 머리 아픈 내용들을 말한다)뿐만 아니라 실제적 유의성practical significance도 존재한다는 것이다. 이는 말 그대로 연구결과가 실제 상황에서 실질적 의미가 있는지를 의미한다. 연구에서의 잘못된 결과 해석으로 빚어지는 끔찍한 일들은 대부분 통계적 유의성'만'을 고려함으로써 생긴다.

잊지 말자. 우리는 멋들어진 모델을 뽐내기 위해서가 아니라 실제 세상에 대한 지식을 얻고자 연구를 하는 것이다.

기왕 통계 이야기를 한 김에 몇 가지 더 짚고 넘어가자.

과학자뿐만 아니라 사회과학 전공자들 역시 수없이 많은 통계자료를 접하게 된다. 그것도 국가적 스케일의 자료들을 말이다. 그도 그럴 것이 사회과학 분야에서 다루는 인간과 인간무리에 대해서는 통제된 실험이 힘들기 때문에, 드러난 현상에 대한 통계 데이터를 통해 이론을 세우고 검증하는 수밖에 달리 도리가 없기 때문이다. 여러분이 국

3 갑자기 이상한 단어들이 막 튀어나와서 짜증이 날 테다. 통계분석의 기본적인 내용이긴 하지만 사실 통계학과가 문과에 있는 대학도 있기 때문에 이 부분을 넣을까 말까 조금 고민을 했다. 그래도 도저히 실험연구 얘기를 하면서 p값 이야기를 뺄 수가 없었다. 그래도 용기를 내어 Z검정, t검정, F검정, x2검정 등의 내용은 넣지 않았다. 이건 통계 전공자에게 맡겨두자. 우리가 검정까지 해야 할 일은 없을 테니까. 얼른 넘어가도록 하자.

가나 조직을 운영하면서 받아보는 보고서들 역시 이러한 통계 자료들로 범벅이 되어 있을 것이다.

이러한 통계 데이터를 볼 때 위에서 언급한 것 말고도 또 조심히 봐야 할 것들이 있다. 바로 보고서에 드러나지 않은 데이터이다.

우리가 조심해야 할 이런 데이터들에는 다음과 같은 것들이 포함된다. 고의든 아니든 누락된 경우, 시간의 흐름에 따라 값들이 바뀔 수 있는 경우, 조사 대상의 용어적 정의를 바꿔서 수치를 조정한 경우,[4] 값을 반올림 한 경우, 그냥 사기친 경우 등등. 여러 경우가 있을 수 있지만 사회과학 분야에서 특별히 중요한 몇 가지를 예를 들어 보고 가자.

먼저 합법적 세금 회피처럼 규칙을 지키면서도 규칙을 조작하여 이득을 얻는 경우가 있다. 게이밍이라고도 한다. 사회과학 분야에서는 다음과 같은 이름으로 잘 알려져 있다.

> "캠벨의 법칙Campbell's law은 공공정책 분야에서 게이밍의 위험을 잘 요약해준다. '어떤 정량적 사회 지표라도 사회적 의사결정에 더 많이 이용될수록 부패의 압력을 받으며, 그 지표가 감시하려던 사회적 과정을 더욱 왜곡하고 부패시킨다.'
>
> 굿하트의 법칙Goodhart's law도 내용은 비슷한데 표현이 좀 더 부드럽다. '어떤 조치가 목표가 되는 순간, 그것은 더 이상 좋은 조치가 아니다.'"
>
> - 데이비드 핸드(2021). "다크 데이터". 더퀘스트. p.152

---

4 예를 들어 사람이 어떤 병에 걸렸는지 여부를 판단할 때 '애매'한 경우를 '확진'에 포함시키거나 시키지 않는 경우를 생각해보자.

21세기 대한민국에서는 '공정'이 화두다. 우리는 정량화할 수 있는 것들은 모조리 정량화해서 비교하는 것이 좋다는 편견에 사로잡혀 있다. '공정'하기 위해서. 하지만 어떤 가치를 평가하기 위해 정량 평가 지표를 만들어내는 순간 그 숫자 자체가 목표가 되어버린다. 그것이 정말 평가하고자 하는 추상적인 가치가 아니라 말이다. 그래서 정량지표는 다양한 측면을 고려해서 만들어야 하고, 그것만을 맹신해서는 안 되며 시간의 흐름에 따라 꾸준히 관리 및 조정을 해야 한다.

좋은 예가 대학생들의 학점이다. 대한민국만의 이야기가 아니다. 영국도 대학생들의 평균 학점이 꾸준히 상승해왔다. 학생들은 학점을 잘 받기를 원하고 대학도 대학 간의 경쟁을 위해 많은 학생들이 우수한 기업에 취업하기를 원하기 때문에 갈수록 학생들의 평균 성적이 높아지는 학점 인플레이션이 발생한다. 학생도, 대학도 경쟁을 하는 상황이기 때문에 정량지표가 꾸준히 우상향하는 상황이 발생하는 것이다.[5] 만약 대학이 하나의 공통된 시험제도를 이용하고 학생들도 단일한 기관에서 성적을 받는다면 상황이 달라질 것이다. 이러한 점을 고려하지 않고 숫자만 보고 지금의 학생들이 이전의 학생들보다 더 우수하다는 평가를 내린다면 여러분은 '게이밍'에 속은 것이다.

또 다른 문제는 p-해킹이다.

앞서 언급했듯, p값은 "가설이 옳다는 전제하에 어떤 극단적인 결과가 생길 확률"을 나타낸다. 일반적으로 오해하는 것처럼 '가설이 옳을 확률'을 나타내는 것이 아니다. 매우 낮은 p값(가령 p값이 1퍼센트)은 만약 가설이 옳다면, 실제로 관찰된 데이터만큼 극단적이거나 더 극단적인 표본은 100번에 한 번만 나올 것으로 예상된다는 의미이다. 이는 우리

---

5 영국 학생들의 평균 학점 상승의 예시는 위의 책 p.155를 참조했다.

의 가설이 옳은데 매우 일어나기 어려운 사건이 일어났거나 아니면 가설이 틀렸거나 둘 중 하나임을 가리킨다. 그리고 '해킹'이란 말은 검사 횟수를 고려하지 않은 채 무작정 많은 유의미성 검사를 실시하는 관행에서 생겼다. 엄청나게 많은 데이터에서 엄청나게 많은 검사를 했다면 확률이 엄청나게 낮은 경우도 발생하기 마련이다. 수억 년의 시간과 무수히 많은 경우의 수의 조합으로 생명의 탄생과 같은 엄청난 일도 생겨났지 않은가! 이를 '데이터 고문하기'라고도 부른다.

물론 이러한 숨겨진 데이터가 무조건 나쁜 것도 아니다. 과학실험을 할 때에는 일부러 데이터를 숨기기도 한다. 우리의 심리적 편향이 실험 결과에 영향을 미치지 못하게 하기 위해서이다. 이를 무작위 대조군 시험randomized controlled trial[6]이라 한다. 그리고 데이터가 알려지지 않았음을 나타내는 용어로 맹검blinded라는 표현을 사용한다.

이런저런 이유로 의도적이거나 의도치 않게 누락된 데이터들은 거의 모든 통계 자료에 존재하기 마련이다. 부하직원이 통계자료를 여러분에게 들고 와서 설득하려 할 때, 영리한 상사라면 진짜 그 데이터 혹은 그 데이터를 보여준 사람이 말하고자 하는 바가 타당한지를 판단할 수 있어야 한다. 그러기 위해서는 해당 보고서가 관련된 분야에 대한 폭넓은 지식이 필수적이다. 해당 분야에서 어떠한 변수들이 결과에

---

6 실험을 할 때 과학자들은 자신이 보고 싶은 결과를 맺도록 처치한 집단(실험집단)과 이와 대조적으로 아무런 처리를 하지 않은 집단(통제집단)을 나눈다. 하지만 우리는 '보고 싶은 결과'를 보고 싶은 마음이 너무 크다. 통제집단에서의 결과를 미미하게, 실험집단의 결과를 의미 있게 해석할 가능성이 있다. 그래서 실험대상들을 무작위로 표본추출하여 실험집단과 통제집단을 나누고 실험대상도 자신이 실험집단인지 통제집단인지를 모르게, 연구자도 누가 실험집단인지 통제집단인지를 모르게 하는 것을 이중맹검법이라고 한다. 고의적으로 누락된 데이터들을 만들어 우리의 편향에 대항하는 것이다.

영향을 미칠지, 그 변수들의 합의된 정의가 제대로 적용된 것인지, 시간에 따라 결과가 변화하는 것을 놓친 것은 아닌지 등에 의문을 품어 데이터 속에서 정확한 상관관계와 추세를 읽어내야 한다.

유능한 상사는 통계자료를 보고 겁에 질려 “아 숫자를 보니 당신 말이 맞군요.”라고 하지 않는다. 여러분들은 “왜 이 변수는 자료에 포함시키지 않았나요?”, “데이터에 대한 정의가 이게 맞나요?”와 같은 예리한 질문을 던질 수 있어야 한다. 누락된 데이터는 그 자체로도 나쁘고 그러한 데이터에 기반한 완전히 잘못된 의사결정은 조직에 치명적일 수밖에 없다.

실무적으로 이러한 누락된 데이터에 대처하는 방식으로 가장 유용한 것은 ‘가능도likelihood의 법칙’에 바탕을 둔 EM알고리즘(기댓값 최대화Expectation Maximization)이다. 가능도의 법칙은 쉽게 말해서 두 통계 모형 중 그 데이터가 생길 확률이 더 높은 모형을 선택해야 한다는 원칙이다. 그리고 같은 목적을 위해 ‘반복적 접근법iteration approach’을 취하는데 이는 빠진 데이터가 있을 때 그 데이터 세트를 생성할 확률이 가장 높은 모형을 찾는 방법이다. 이 두 개념을 합쳐볼까?

한마디로 빠진 값에 대한 대치값을 선택하여 삽입하고(엑셀 표의 빈칸을 추정치로 채워넣고), 그 임시적으로 완전해진 데이터를 이용해 변수들 사이의 관계를 추산한 뒤(표에 빈칸이 없으니 이제 이를 이용해 함수를 만들고), 다시 이 관계를 이용해 빠진 값에 새로운 대치값을 추산해 넣는(그 함수를 이용해 원래 빈칸이었던 곳에 결괏값을 새로운 추정치로 집어넣는) 작업을 반복하는 것이다.

이러한 과정은 우리가 잘 알고 있는 베이즈식 접근법과 유사하다. 베이즈식 사고방식은 우리가 세상에 속지 않고 어떠한 사건에 과도하게 영향 받지 않도록 해주며, 세상을 예측하는 가장 강력한 툴을 제공해준다. 베이즈 정리Bayes' theorem은 18세기 영국 수학자 토머스 베이즈Thomas Bayes가 제안한 확률 이론이다. 너무나도 중요한 내용이기 때문에 굳이 공식을 소개해보겠다.

$$P(A \mid B) = \frac{P(B \mid A)\,P(A)}{P(B)}$$

여기서 P(A|B)는 B가 발생했을 것을 가정했을 때 A가 발생할 확률을 의미한다. 예를 들어보자. 저자는 잘생긴 변호사이다. 대부분의 사람들은 변호사를 본 적이 거의 없을 것이므로 독자 여러분들은 변호사라면 다 잘생긴 줄 알겠지만 전혀 아니다. 어떤 사람이 잘생긴 사람일 경우를 P(A), 변호사일 경우를 P(B)라 두자. 그러면 P(B|A)는 잘생긴 사람이 변호사일 확률이다. 어떤 사람이 변호사인 것으로 밝혀졌을 때 잘생겼을 확률은 P(A|B)이다.

자 이제 P(A|B)를 구해보자. 잘생긴 사람의 정의는 사람따라 다르겠지만 잘생길 확률 P(A)를 관대하게 $\frac{1}{4}$ 즉 0.25로 가정하자. 이 가정이 모든 것의 출발이다. 잘생긴 사람일 확률이 이 정도니까 변호사인 사람이 잘생겼을 확률도 비슷할 것이라 생각하는가? 전혀 아니다.

계속 진행해보자. 변호사일 확률 P(B)는 대략 우리나라 국민 5천만 명 중 3만 명으로 어림계산하면 0.0006이라는 값이 나온다. 그리고 우리가 설문조사를 통해 잘생긴 사람이 변호사일 확률 P(B|A)을 0.00001로 구했다고 하자. 그러면 이제 우리는 어떤 사람이 변호사일 경우 잘생겼을 확률을 구할 수 있다.

$$P(A \mid B) = \frac{0.00001 * 0.25}{0.0006} = 0.0042$$

우리는 대충 잘생긴 사람일 확률을 0.25로 가정했지만 변호사인 사람이 잘생겼을 확률은 1퍼센트도 안 되는 극히 드문 값이 나온다.

결국 베이즈 정리는 가정에 근거한 사전확률 P(A)을 증거 P(B)에 비추어 업데이트해가며 사후확률 P(A|B)를 정교화 해나가는 작업이다. 쉽게 말해 경험으로 이론을 수정해나가는 과정이다.[7]

우리는 P(A)를 0.25로 '가정'했다. 이는 사건 B가 일어나기 전, 사건 A의 확률에 대한 추정이다. 이러한 주관적 요소를 시작점으로 잡기 때문에 '이래도 되나? 과연 이게 맞는 결론인가?' 하는 의문이 들 수 있다. 그렇지만 데이터가 쌓여갈수록 예측은 정교화되며 객관적 정답에 상당히 근접해간다. 선거철마다 실시되는 여론조사 기관들의 예측, AI 설계 분야에서 베이즈 정리는 빛을 발하고 있다. 이렇게 베이즈 정리는 직관적으로 와닿지는 않지만 굉장히 강력한 예측 툴로 모든 의사결정자가 반드시 염두에 두어야 하는 공식이다.

베이즈 주의는 단순히 통계학적 방법론이 아닌 세상을 바라보는 방식이다. 사건과 인과를 딱 떨어지는 문장이 아닌 확률로 평가하고 데이터가 쌓이면 그때그때 모델을 수정을 해나가야 하고 틀릴 수 있음을 인정해야 한다. 우리는 우주의 모든 원리를 분석할 수 없다. 하지만 우리가 알고 있는 것들에 대한 지식을 기반으로 확률적으로 예측할 순 있다. 비트

7 여기서 중요한 것은 우리가 이미 알고 있는 조건부 확률 P(B|A)는 우리가 구하고자 하는 조건부 확률 P(A|B)와 조건과 결과가 뒤바뀐 값이라는 점이다. 우리가 경험 또는 조사를 통해 알고 있는 P(B|A)를 가능도라고 한다. P(B|A)/P(B)를 합쳐서 가능성 함수Possibility function이라고도 한다. 이 가능성 함수가 1보다 작으면 사건 A의 가능성이 작아진다는 것을 의미한다.

겐슈타인이 말하는 것처럼 잘 모르는 것에 대해 입을 닫을 필요는 없지만, 확언하지 말고 겸손해지면 우리는 더 좋은 예측을 할 수 있을 것이다.

참고서적

[저자(출간 연도). 역자. "제목". 출판사. 순]

1. 성태제, 시기자(2020). "연구방법론" 제3판. 학지사.

연구방법의 기본적 방법론과 통계 자료분석, 실험설계, 타당도, 검증 등의 기본적 지식을 익힐 수 있는 책이다. 연구자를 위한 굉장히 실무적인 책이긴 하지만 반대로 연구나 통계자료들을 타당한지 검증하고자 하는 의사결정자를 위한 도구로도 유용한 지식이 가득 담겨 있다.

2. 데이비드 핸드(2021). 노태복 역. "다크데이터". 더퀘스트.

통계를 다룰 때 우리가 주의해야 할 점, 그리고 그러한 누락된 데이터에 대처하기 위한 방법론을 일목요연하게 정리해둔 저서로 다양한 사례를 통해 재미있게 통계의 기본 원리들을 배울 수 있다.

3. 루이스 다트넬(2016). 강주헌 역. "지식". 김영사.

과학 저널리스트로 유명한 저자가 '세상에 재앙이 닥쳐 문명이 붕괴가 된 상황에서 문명을 재건하려할 때 꼭 필요한 지식들'이라는 테마로 생존을 위한 지식들을 압축하여 전달한다. 뿐만 아니라 과학의 본질과 실험방법론에 대한 심도 깊은 논의까지 포함했다. 굉장히 재미있고, 실용적이다.

4. 네이트 실버(2014). 이경식 역. "신호와 소음". 더퀘스트.

예측의 귀재로 불리는 네이트 실버의 기념비적인 저서다. 2012년 미국 대선에서 오바마의 승리를 정확히 예측해내 일약 스타덤에 올랐다. 우리는 수에 약하며 확률에는 더 약하다. 확률과 불확실성에 제대로 대처하기 위한 그의 방법론이 재미있는 사례들과 함께 실려 있다. 그가 가장 중시하는 것은 확률적 사고, 즉 베이즈주의적인 사고다.

5. 양자학파(2021). 김지혜 역. "공식의 아름다움". 미디어숲.

피타고라스, 오일러 공식, 블랙-숄즈 방정식, 베이즈 정리 등 세상을 바꾼 아름다운 공식들과 이에 대한 역사와 응용까지 다룬 책이다. 우리 주변 세상에 널리 사용되고 있는 엄청나게 다양한 수학 공식들을 쉽게 배울 수 있다. 한 가지 단점이 있다면 본문의 내용을 이해하기 위한 기초 이론들을 후주에 모아두는 바람에 초심자들은 앞뒤로 넘기면서 읽기가 매우 어렵다는 점이다.

- 송서일(2008). “실험계획법”. 한경사.
- 아카이시 마사노리(2020). 신상재 역. “딥러닝을 위한 수학”. 위키북스
- 박성현(2005). “SPSS와 SAS 분석을 통한 실험계획법의 이해”. 민영사.
- 조던 엘렌버그(2016). 김명남 역. “틀리지 않는 법”. 열린책들

사회과학의 문제는 왜 어려운가?
1) 복잡계

우리 엘리트 문과들이 주로 다루는 사회 문제들은 왜 이리 어려울까. 어찌 보면 수학과 과학은 답이 딱딱 나오는 듯 보이기에 도대체가 답이 없는 사회의 문제와 비교했을 때 오히려 더 쉽다는 느낌이 들기도 한다.

가장 큰 이유는 인간과 인간 사회는 복잡계를 이루기 때문이다. 복잡계하면 가장 유명한 것은 역시 천재 작가 마이클 크라이튼이 그의 대표작 "쥬라기 공원"[1]에서 언급했고, 제임스 글릭의 책 "카오스"[2]로 유명해진 카오스 이론일 것이다. 나비 효과[3]말이다. 방금 여러분은 '아 나 그거 알어! 나비! 펄럭! 토네이도!'라고 생각한 거, 나는 다 알고 있다. 우리

---

1 마이클 크라이튼(1991). 정영목 역. "쥬라기 공원". 김영사.

2 제임스 글릭(2013). 박래선 역. "카오스". 동아시아.

3 나비효과를 전문 용어로 초기조건의 민감성이라고 부른다.
과학자들은 '초기 조건initial condition'을 법칙(공식)에 집어넣어서 미래를 예측하는 일을 즐긴다. 슬쩍 이과생들의 시험문제를 훔쳐보면 문제에는 초기조건들이 나열되어 있고 그걸 수업시간에 배운 법칙에 때려넣어서 답을 도출하는 형식이라는 것을 알 수 있을 것이다. 아무튼, 직관적으로는 초기조건이 조금 변하면 결과도 조금만 변해야 할 것 같다. 하지만 복잡계에서는 조그마한 초기조건의 변화가 엄청난 결과의 차이를 빚어낸다. 이런 의미에서 초기조건의 민감성이라는 용어를 사용하는 것이다.

는 그것보다는 조금 더 알 필요가 있다.

먼저 복잡계가 무엇인가. 복잡계는 수많은 개별 구성 요소나 행위자가 모여, 그 개별 구성 요소나 행위자의 특성에서는 드러나지도 않고 그 특성으로부터 쉽게 예측할 수도 없는 집합적 특징이 드러나는 체계를 말한다. 말 그대로 변수들이 너무 많아 예측할 수가 없다는 얘기다. 사실 과학에서도 생물, 생태계, 유체의 난류, 대기와 같이 복잡계를 다루는 분야들이 매우 많다. 유체의 난류 문제는 그러한 복잡계 문제의 대표적인 예 중 하나인데, 내가 기계공학과 학부생이던 시절에 유체역학 교수님께서는 컴퓨터 기술의 발전으로 곧 난류를 이해할 수 있을 것이라고 호언장담하셨지만 수십 년이 지난 지금, 아직도 인류가 난류를 정복했다고 말하긴 어려워 보인다. 가장 최고성능의 슈퍼컴퓨터를 가지고도 여전히 매일같이 오보를 쏟아내며 '이것이 예보인가 중계인가' 우산을 안 가지고 나온 우리를 끊임없이 고통스럽게 하는 기상청은 또 어떠한가. 다카노 가즈아키의 걸작 소설 "제노사이드"[4]에서는 인류의 존망을 위협하는 신인류가 등장한다. 무슨 능력을 가졌길래 이 신인류가 우리에게 이토록 위협적이었나? 복잡계를 단박에 이해하는 능력이었다. 그 능력 하나만으로 전 세계를 초토화시켰다(물론 다른 능력도 조금 더 있었는데 강조하기 위해 부풀렸다).

우리는 태풍, 산불과 같이 위험한 일이지만 일어날 확률이 상당한 일들을 '회색 코뿔소'라 부르고, 세계대전과 같이 우리의 한정된 경험에 기초해봤을 때 도저히 있을 수 없는 일이라 생각하는 사건들을 '검은 백조'라 부른다. 그리고 더 나아가 프랑스의 물리학자 디디에 소네트Didier Sornette는 너무나도 극단적인 사건이라 함께 나타나는 작은 사

4 다카노 가즈아키(2012). 김수영 역. "제노사이드". 황금가지.

건들과 통계적으로 구분되는(이를테면 극단적 강도의 지진과 일상적인 규모의 지진들) 사건들을 '드래건 킹'이라 부른다.[5] 우리가 사는 복잡계 속에서는 그러한 사건이 벌어질 것이라 상상조차 하지 못하는 별의별 일들이 다 생긴다. 영미권에서 흔히 말하는 '거지같은 일들은 생기기 마련이다Shit Happens'의 의미 속에는 복잡계의 예측 불가능성이 녹아있다. 이토록 복잡계는 어렵다.

✔ **말나온 김에 불확실성 속에서 예측을 하는 테크닉을 알아보자.**

우리는 불확실한 세상 속에서 산다. 여기에 대응하기 위해 우리는 끊임없이 예측을 한다. 기업도 국가도 내년의 이익이 어떻게 될 것인지 예측하고 학생들도 부모님의 표정을 보고 다음 달의 용돈 등락을 예측한다. 뒤에서 보겠지만 사실 우리의 뇌 자체가 거대한 예측기계다.

그런데 예측을 어떻게 해야 하는가? 우리가 심혈을 기울여 만들어낸 예측값은 분명히 현실로 미래에 나타난 값과 차이가 있을 것이다. 왜? 복잡계의 불확실성 때문이다. 어차피 정확히 예측하지도 못할 거, 주먹구구식으로 할 수도 있다. 보통은 그렇게들 많이 한다. 사람들은 그렇지 않은 척, 자신은 논리적인 척 자신의 주먹구구식 결론을 합리화하려 그럴싸한 수식어를 마구 붙여대지만 결국은 주먹구구로 때려맞춘 것이라는 사실은 변하지 않는다.

예측을 조금 더 제대로 하고 싶은 조직의 경우 주의사항 체크리스트를 만들거나, 가능한 입력값의 범위에 따라 다른 결과를 낼 수 있는 여러 가지의 시나리오를 만든다. 하지만 리스트들은 질적으로 '썰'만 푸는데 사용될 수 있을 뿐 숫자로 계량할 수 없고, 시나리오 설정은 시나리오 짜는 사람의 능력에 너무 많이 의존한다. 멍청한 직원한테 시나리오 작성을 맡기면 말 그대로 '시나리오 짜고 있네' 소리만 나올 뿐이다.

방법이 없을까? 우리가 특정 입력과 결과에 대한 통계적 분포를 안다면, 즉 어떤

5 회색 코뿔소, 검은 백조, 드래건 킹에 대한 내용은 다음의 저서를 참조했다. 니얼 퍼거슨(2021). 홍기빈 역. "둠: 재앙의 정치학". 21세기북스. p.138

일이 발생할 확률을 대략적으로라도 안다면 조금 더 정교한 방법을 사용해 불확실성을 다룰 수 있다.

몬테카를로 시뮬레이션Monte Carlo Simulation이라는 방법이다.

이를 개략적으로 설명하면 반복적으로 계산을 진행하고(iterate), 독립적인 입력값에 대해 새로운 결과 값을 생성하는 연산을 여러 번 반복하여 마지막에 얻은 해답의 '분포'를 관찰하는 방법이다. 시중의 리스크 분석 프로그램들은 이러한 시뮬레이션을 활용한다.

너무 개략적으로 써놔서 뭔 소린지 이해가 안 갈 것이다. 예를 들어 내가 사용했던 건설 공정 리스크(쉽게 말해 어떤 일이 발생했을 때 공사가 얼마나 영향을 받아서 공사기간이 얼마나 늘어질지)를 계산해내는 리스크 분석 프로그램6의 예를 들어보자.

건설공사는 수만 개의 개별적 행위들(설계도 작성, 제작, 운송, 설치, 시운전 등)로 이루어진다. 이 행위들 각각에는 여러 위험이 존재한다. 예를 들어 시운전 도중에 부품이 파손될 수도 있고, 건설공사를 하고 있는 기간에 태풍이 불 수도 있다. 수만 개의 행위에 각각 수 개의 위험요소가 존재한다. 다루어야 할 변수가 너무 많다 보니 우리는 그저 계약서에 적어 둔 공사기간에 맞춰 일을 끝낼 수 있기를 물 떠다 놓고 빌 뿐이다.

하지만 몬테카를로 시뮬레이션을 이용한 리스크 분석 프로그램을 이용하면 결과를 대략적으로 예측이 가능하다.

각 행위의 위험 요소들의 확률(예를 들어 8월에 태풍이 올 확률 20%)과 확률분포(예를 들어 종형곡선을 그리면서 평균에 몰리며 발생하는 사건인지, 골고루 분포하는지 여부 등)들을 입력하고 각 행위의 연관관계(예를 들어 설계도면의 작성이 끝난 뒤에야 제품 제작이 가능하다는 Finish-Start 관계, 동시에 시작할 수 있는 Start-Start 관계 등)들을 입력한다.

그리고 여러 번의 시뮬레이션(보통 1,000번 이상)을 돌리면 시뮬레이션 프로그램이 각 사건의 확률 분포에 의거해 연산을 하고 공사기간의 예측값들의 '분포'가 확률로 나온다(예를 들어 2022년 12월 1일이 예정 종료일이었다면 2022년 10월 1일에 종료될 확률은 5%, 2022년 12월 1일에 끝날 확률은 70%, 2023년 2월은 15%, 2023년 6월이 돼서야 끝날 확률은 10%와 같이).

그러면 위의 확률분포에서 대략적으로 괜찮은 확률지점(일반적으로 85%지점을 택한다)을 택하여 예측을 할 수 있다. 위의 예시의 경우 대충 85%의 확률로 2023년 1월에 공사가 끝날 것이라 예측할 수 있다. 그리고 이러한 예측은 꽤 정확하다.

우리가 필요한 것은 경험적으로 얻은 확률로 표현할 수 있는 데이터뿐이다. 즉 리스크들의 발생 확률과 그 분포를 경험으로 찾아내면 결과를 예측할 수 있다. 이것이 데이터의 위대함이자 통계적 방법의 아름다움이다. 여러분들이 실무적으로 이러한 툴을 다룰 줄 알 필요까진 전혀 없다. 다만 이러한 강력한 예측 툴이 있다는 사실 자체를 알아두자.

경제학에서의 '시장', 그리고 인간 사회는 수많은 인간의 네트워크와 상호작용으로 이루어지기에 자연스레 복잡계를 이룬다. 또 한 인간의 몸 안에서 이루어지는 상호작용도 복잡하긴 마찬가지다(그중 뇌는 복잡성의 정점이라 할 수 있다). 그래서 우리의 인간과 사회 문제들이 어렵고, 답이 나오지 않을 수밖에 없다. 그러다 보니 케케묵은 수많은 학설과 사상들이 폐기되지 않고 계속 살아남아 학생들은 강제로 그것을 암기하느라 고생하고, 각 분야 전문가라고 TV에 나와 떠드는 양반들도 자신의 스승이 택한 학설에 따라 저마다 다른 소리를 해댄다. 이게 다 복잡계에선 선형적으로, 단순히 언어로 쓰인 문장으로 풀어낼 수 있는 단순명쾌한 답을 내릴 수 없기 때문이다.

그런데, 복잡계에서의 문제라도 어떤 문제는 어쩌면 답이 있을지도 모른다. 사회과학과 자연과학의 통섭이 핫한 이 시대에 이러한 사회의 복잡계를 연구하는 과학자들이 있다. 인간 사회라는 복잡계에서 패턴을 찾아내고 있는 것이다. 산타페 연구소는 그 첨단에 있다.

그에 앞서 먼저 우리가 정치, 경제와 같은 큰 규모의 복잡한 문제를

6 내가 사용했던 프로그램은 Oracle사의 Primavera Risk Analysis이다.

해결하려할 때 사용하는 방법의 문제점을 보자. 우리는 내 경험과 주변 지인들의 행동에 대한 관찰을 통해 나름의 통찰을 얻고 이를 사회에 확대 적용한다. 하지만 복잡계는 그렇게 단순히 해석할 수 없다. 스케일이 달라지면 우리는 문제를 다르게 보아야 한다. 스케일링은 크기가 변할 때 계가 어떻게 반응하느냐의 문제이다.

아이작 아시모프의 걸작 SF 작품인 '파운데이션' 시리즈에서는 한 행성의 모델을 기반으로 우주 전체를 조망하는 '심리역사학'을 완성해내는 장면이 나온다. 과학자와 공학자들도 예전부터 실험실 밖에서 다루기 힘든 대상을 탐구할 때 대상보다 크거나 작은 모델을 사용했다. 하지만 이러한 확대 또는 축소 모델은 절대로 세상을 있는 그대로 보여주지 않는다. 예를 들어보자. 고질라같이 엄청나게 거대한 생물을 떠올려보자. 우리가 일상적으로 접하는 생물들과는 차원이 다르다. 그런데 어떻게 다른가? 단순히 그 다름이 우리의 키와 고질라의 키의 비율 차이라고 생각되는가? 아니다. 이럴 때 '단위'에 대한 감각을 갖고 있는 것이 도움이 된다. 키는 길이이고 길이의 단위는 미터m이다. 그리고 면적은 제곱미터m^2, 부피는 큐빅미터m^3를 단위로 갖는다. 단순히 우리의 키를 고질라만큼 늘이게 되면 어떤 일이 벌어지는가? 무게는 생물의 세포 수에 비례하고 이는 곧 부피에 비례한다. 그리고 강도, 즉 우리의 몸이 얼마나 견딜 수 있는지는 단면적에 비례한다. 하체가 두꺼워야 된다는 얘기다. 그리고 길이m가 늘어날 때 당연히 부피m^3는 면적m^2보다 훨씬 크게 증가한다. 이제 답이 나왔다. 우리 몸길이를 단순히 고질라만큼 늘인다면 우리 몸이 견뎌내야 하는 몸의 무게는 우리 몸의 강도보다 크게 증가해 결국 몸은 무너져내릴 수밖에 없다. 반대로 개미는 작기 때문에 자기 몸무게보다 수십 배의 먹잇감을 들어올리는 것이 가능하고 이것이 우리가 사랑하는 '앤트맨'의 모티브가 됐다.

이것이 여러분의 주위 지인들만을 관찰해서 국가 단위의 인간 사회의 문제에 대한 통찰을 얻으려는 시도 대부분이 처참히 실패할 수밖에 없는 이유이다. 복잡계를 연구하는 과학자들의 캐치프레이즈는 "양적으로 많은 것은 질적으로 다른 것"이다. 이렇게 계가 개별 구성요소의 단순 합과는 전혀 다른 특징을 갖는 현상을 창발적 행동emergent behavior이라 부른다.

그뿐만이 아니다. 우리는 복잡한 세상을 이해하려할 때 인과를 갖는 '이야기'로 만들어 내러티브를 형성한다. 그리고 이러한 우리가 자연스레 받아들이는 내러티브는 선형적인, 즉 그래프상에서 직선으로 나타나는 1차 방정식 형태의 간단한 상관관계이다. 하지만 복잡계는 비선형적이다. 사실 세상만사가 다 비선형적이다. 세상을 정확하게 묘사하는 것으로 알려진 아름답고 깔끔한 물리 방정식도 비선형적인 변수(마찰열손실과 같은)를 소음으로 취급하고 무시하기 때문에 그렇게 깔끔해 보일 뿐이다. 실제 세계는 이리 튀고 저리 튀며 아웃라이어와 소음들이 일상적으로 존재하는 세상이다.

좀 더 와닿는 예를 들어보자. 전염병 감염자 수와 같은 비선형계에서는 예방 접종과 같은 섭동을 받을 때 장기적으로는 감염자 수가 줄어들더라도 예방접종 직후 확진자 수는 단기간 급증할 수 있다. 문제는 복잡계의 동역학이 비선형적이라는 것을 이해하지 못하는 사람들은 그 결과를 보고 예방접종이 실패했다고 생각한다는 것이다.

또한 복잡계는 중앙의 통제를 받지 않고 상호작용하며 스스로 지능적인 결정을 내리고 전체를 형성하는데 이를 자기 조직화라 한다. 꿀벌과 개미의 군체를 생각해보라. 그리고 복잡계는 외부 조건의 변화에 반응하여 적응하고 진화한다. 이를 탄력성이라 한다.

이러한 특성들이 전형적인 복잡계 문제의 특성이자 사회과학의 논의에서 학자들이 수천 년간 답이 안 나오는 싸움을 하는 이유다.

복잡계의 문제가 왜 어려운지 알아봤으니 이제 답이 없는 복잡계에서 패턴을 찾아내보자. 생명, 도시, 기업과 같은 복잡계는 상호작용하는 네트워크 구조를 가지고 있다. 그리고 모든 네트워크는 물리적 특성의 제약을 받는다. 이로 인한 복잡계 네트워크의 특성은 다음과 같다.

1) 공간채움은 네트워크가 모든 국소적인 기본 단위에까지 봉사해야 한다는 것이다. 모세혈관이 우리 몸 끝의 말단 세포들까지 혈액을 공급해주는 것을 생각해보라.

2) 망의 말단 단위의 불변성은 말단 단위가 망의 크기에 상관없이 거의 같은 크기와 특징을 지닌다는 것이다. 모세혈관의 굵기는 생물의 크기와 상관없이 동일하며 도시의 콘센트, 수도꼭지는 모든 도시가 거의 비슷하고, 기업 내 네트워크의 최말단은 결국 모두 사람으로 이루어져 있다.

3) 그리고 마지막 특성인 최적화는 최소작용원리principle of least action로, "계가 지닐 수 있거나 조만간 진화하면서 따를 수 있는 가능한 모든 구성들 중에서, 작용을 최소화하는 것이 물리적으로 구현된다(제프리 웨스트(2018). 이한음 역. "스케일". 김영사. p.170)"라는 것이다. 예를 들어 동물의 순환계는 심장이 피를 내뿜는데 평균적으로 에너지가 최소로 들도록 진화했다는 것이다.

복잡계는 말 그대로 복잡하지만 네트워크로 이루어지고, 네트워크는 위와 같은 물리적 제약을 받기에 패턴이 발생한다. 즉 복잡계에서 일부 특성이 스케일 법칙을 따른다는 것을 복잡계 과학자들이 밝혀냈다. 크기가 커지면 네트워크의 어떤 특성들은 그 거듭제곱으로 늘어난다. 멱법칙[7]을 따르는 것이다.

우리는 일반적으로 숫자가 어느 정도 큰 사회적 현상을 분석할 때에는 그래프 모양이 정규분포를 따르는 종형곡선이 될 것이라 예상한다. 하지만 실제 세상에서의 복잡한 문제들은 멱법칙을 따르는 경우가 많다.[8]

예를 들어보자. 동물의 체중이 두 배가 늘면 수명과 성장에 걸리는 시간은 25%가 늘어나고 심장박동과 같은 속도는 같은 비율로 줄어든다. 이를 조금 더 디테일하게 보자. 동물의 신진대사율은 동물 질량의 $\frac{3}{4}$ 거듭제곱으로 스케일링된다. 대사율은 결국 에너지 공급의 효율을 의미한다. 이는 질량이 2.5배 증가하면 대사율은 약 2배[9]밖에 더 증가하지 않는다는 얘기다. 또 호흡과 심장 박동은 체중의 $-\frac{1}{4}$ 거듭제곱으로 스케일링된다. 체중이 클수록 호흡이 느리다. 그래서 일생의 호흡수와 심장박동수가 정해져 있다면, 우리 수명은 체중의 $\frac{1}{4}$ 거듭제곱으로 스케일링된다. $\frac{1}{4}$ 거듭제곱 스케일링에 의하면 16배 큰 동물은 2배

---

7 멱법칙(power law)은 한 숫자가 다른 수의 거듭제곱으로 표현되는 두 수의 함수적 관계를 의미한다. $y = x^n$의 형태로 표현된다. 그래프의 눈금이 10－20－30이 아니라 10－100－1000 단위로 되어 있다고 상상해보자.

8 눈치 빠른 독자분들은 정규분포와 멱법칙 그래프를 비교대상으로 삼은 이 문장들이 어색하다는 것을 알아채셨을 것이다. 정규분포 그래프는 어떤 변수가 무작위로 가질 수 있는 특정 값들의 '분포'를 나타내는 것인 반면에, 여기에서 사용하고자 하는 멱법칙 그래프들은 특정 계의 변수에 변화에 따른 다른 변수의 변화를 나타내고자 하는 것이기 때문이다. 하지만 그럼에도 불구하고 큰 통계치를 다룰 때에 정규분포를 사용하는 것이 너무 익숙해져 실제로는 멱법칙으로 표현되는 값조차 그래프로 그리면 정규분포의 모양을 취할 것으로 오해하는 사람들이 실제로 많기 때문에 일부러 이런 어색한 비교문장을 넣었다.

9 $(2.5)^{\frac{3}{4}}$의 값은 약 1.99이다.

더 오래 산다. 우리는 대체로 몸집이 큰 동물들이 작은 동물보다 오래 사는 것을 경험적으로 알고 있다. 그것이 이렇게 공식화된다니, 신기하지 않은가?

또 생물의 성장과 죽음은 어떠한가. 생물이 성장하여 크기가 2배가 되면 세포의 수도 2배가 되고 필요한 에너지도 2배가 된다. 그런데 대사율은 $2^{\frac{3}{4}}$(약 1.68)만큼 증가한다. 결국 우리 몸이 공급할 수 있는 것보다 유지, 관리에 필요한 에너지가 더 빠르게 증가하여 성장이 멈춘다. 이것이 우리가 전봇대만큼 자라지 않고, 결국은 성장을 멈추고 죽는 원리이다.

정리하면 큰 동물일수록 오래 살고, 성장에 시간이 많이 걸리고, 몸이 덜 열심히 일한다. 이러한 스케일링법칙은 단세포 생물들에까지 적용되며 모든 생물의 많은 생리적, 생활사적 사건들이 단순히 몸집에 따라 정해진다는 것을 암시한다.

재미있는 것은 기업도 이와 비슷한 경향을 보인다는 것이다. 직원 수가 많아지면 총이익, 총자산이 모두 높아진다. 하지만 생물의 성장과 비슷하게 기업이 성장을 유지, 관리하는 비용이 이익보다 더 빠르게 높아져 결국 성장을 멈추고 죽는다. 이에 따라 기업의 수명에 따른 기업 수를 그래프로 그려보면 지수적으로 감소하는 모습을 보인다. 100개의 기업이 동시에 태어났더라도 10년이 지나면 생존해 있는 기업의 수는 절반인 50개밖에 되지 않는다.

도시도 스케일링 법칙을 따른다. 하지만 생물이나 기업과는 달리 다소 희망적이다. 한 나라의 가장 큰 도시는 두 번째로 큰 도시의 2배의 인구가 산다. 그리고 도시의 인구규모가 두 배가 늘어날 때마다 부, 특허 수, 교육기관 수, 질병, 범죄가 약 15퍼센트씩 추가적으로 증가하고, 기반시설은 유사한 비율로 절약된다.

이러한 현상들을 그래프의 모양을 떠올려가며 생각해보자. 거듭제곱의 지수가 1보다 크다면($y=x^n$에서 n이 1보다 크다면) 그래프에는 지금 대충 의자에 걸터앉아 있는 여러분의 척추처럼 좌측 하단에서는 설설 눌려 있다가 갑자기 위로 급격히 휘어져 우측 상단으로 쭉 올라가는 곡선이 그려진다(이렇게 추세가 급작스레 증가하는 시점을 '곡선의 무릎'이라 부르곤 한다). 그런데 우리의 저열한 수학 능력 덕분에 곡선 그래프는 이해하기 어렵다. 우리가 다루는 것이 일차방정식을 넘어가면 우리의 뇌는 돌연 파업에 돌입한다. 이를 우리가 직관적으로 받아들일 수 있는 직선으로 표현하기 위해서 우리가 수학시간에 그토록 끔찍이도 싫어했던 로그를 이용해 그래프를 그린다.

✔ 말 나온 김에 로그를 알아보자!

큰 수를 직관적으로 받아들일 수 있게 만드는 아주 유용한 기법이 바로 로그이다. 물론 여러분들은 로그를 아주 싫어하기 때문에 로그가 직관적이라는 설명에 이게 무슨 헛소리냐 소리를 질러댈 것이다.

일반적인 그래프를 떠올려보자. 그런데 그 그래프의 가장 작은 값과 가장 큰 값이 너무 많이 차이가 난다면(주로 지수적으로 증감하는 그래프일 경우) "와 겁나 빨리 커지네"라는 것 말고는 의미있는 맥락을 찾기가 힘들다. 초기의 값은 0에 가깝지만 조금만 지나도 천장을 뚫고 위로 올라가버리기 때문에 정확한 수치파악부터가 힘든 상황이 발생하는 것이다. 예를 들어 위에서 잠시 언급한 동물의 크기에 따른 대사율에 대한 조사는 우리 정도 사이즈의 큰 동물부터 단세포 생물까지 자리수가 자그마치 27차수에 달하는 방대한 규모였다. 이런걸 일반 지수그래프로 그린다? 현미경이 없으면 식별이 불가한 그림이 나올 것이다.

일반적인 그래프는 구간별로 나눠봤을 때 이전 단계의 구간에 일정한 수를 더한다. 즉 눈금이 1, 2, 3, 4, 5…로 증가한다. 하지만 로그 스케일로 나타내면 구간은

1~10, 10~100, 100~1000…으로 나누어진다. 즉 일정한 수를 '곱하여' 같은 크기의 구간으로 설정한다.

우리가 다루고자 하는(그래프에 나타내고자 하는) 수들의 간격이 너무 클 때, 그러다 보니 앞쪽에 표시되는 수가 그래프에 정확히 표시하기에 너무 작아보일 때 로그 척도를 사용하는 것이 유용하다. 로그 척도를 이용한 그래프를 그리면 곱으로 증가하는 수치들을 뚜렷하고 규칙적으로 나타낼 수 있다. 로그 척도를 이용하면 '지수 곡선'을 그리며 증가하던 그래프가 직선으로 보인다. 즉 직관적 이해가 가능하다는 뜻이다.

그리고 우리는 이미 로그 척도를 많이 사용하고 있다. 일상생활에서 자주 보는 로그 척도는 다음과 같다.

1) 모든 경영 서적에 나오는 무어의 법칙(트랜지스터의 수가 일 년 반을 주기로 두 배가 된다),
2) 지진의 크기를 나타내는 리히터 척도(규모가 1 증가하면 진동의 세기가 10배 증가한다. 0.1 차이만 해도 $10^{\frac{1}{10}}$, 약 26%나 차이가 나게 된다),
3) 음압 수준SPL(sound pressure level)을 측정하여 소리의 볼륨을 나타내는 벨bel(1벨이 증가하면 음압 수준이 10배 증가한다. 리히터 척도와 마찬가지로 1dB(데시벨) 증가는 0.1 증가를 의미하고 역시 26% 차이를 의미한다),
4) 음악의 옥타브(한 옥타브 올라갈 때 주파수가 두 배로 커지고 한 옥타브가 내려가면 주파수는 2분의 1로 작아진다).

이렇게 '배로 증가'한다는 로그 척도의 개념은 또 '복리계산'에도 유용하다. 복리라는 말을 들은 순간 여러분은 뇌정지가 왔을 거다. 그런 여러분들을 위한 어림계산법이 있다. 역시 회계를 좀 배운 사람이라면 알 것이다. 몰랐다면 아는 척하고 자랑해보자. 유어웰컴이다.

이것은 이자가 원금만큼 불어나는 데 걸리는 대략적인 기간을 계산하는 방법이다. 어떻게? 매우 간단하다. 72를 백분율 이자율로 나누면 된다. 그래서 이자율이 6%인 경우 12년이 걸릴 것이다. 이것을 '72규칙'이라 한다.

검산해보면 1,000달러*(1.06)^12=2,012달러다. 얼추 정확하다.

반대로 활용할 수도 있다. 즉 돈이 반토막 나는 기간을 계산하는 것이다. 물론 주식투자를 하면 일주일이면 된다. 농담이고(내 경우는 진짜 그랬다. 슬프게도) 같은 계산법을 인플레이션율에 적용하면 돈의 가치가 절반으로 떨어지는 데 몇 년 걸리는지 알 수 있다. 1970년대 미국의 인플레이션율은 7.25%였다. 대략 10년 후 달러 가치가 반으로 줄어들었다(72/7.25=9.9년).

다른 증가율에 대해서도 같은 규칙을 적용할 수 있다. 방문자 수가 매주 10%씩 증가하는 내 블로그는 대략 7주가 넘으면(72/10=7.2) 방문자 수가 두 배로 늘어날 것이다.[10]

멱법칙을 따르는 시스템은 로그를 취하면 깔끔한 직선이 된다. 이때 직선의 기울기가 1보다 큰 경우(그러니까 기울기가 각도로 45도보다 더 급격한 경우를 말한다)를 초선형 스케일링superlinear scaling, 1보다 작은 경우를 저선형(혹은 아선형) 스케일링sublinear scaling이라 부른다.

앞서 본 예들을 분류해보면 초선형 스케일링에 해당하는 것은 도시의 인구(x축)에 따른 특허나 R&D고용으로 측정되곤 하는 인간 간의 상호작용에 의한 창의성의 발현(y축)이 있고, 저선형 스케일링에 해당하는 것은 동물의 체중(x축)에 따른 대사율(y축), 기업의 직원 수(x축)에 따른 순이익 · 자산(y축)의 관계가 있다.

특허나 R&D와 같은 독창적인 활동은 도시의 사회적 요소와 연결되어(즉 사람과 사람 간의 네트워크와 연관되어) 인구에 따라 초선형적으로 증가하지만, 도시 인구가 증가함에 따른 1인당 자원 사용량은 저선형적이다. 즉 인프라를 효율적으로 사용할 수 있다. 이것이 전 세계 사람들을 도시로 몰려들게 만드는 근본적 이유인 것이다.

이처럼 과학자들은 생물, 생태계, 기업, 도시 등의 다양한 복잡계 시스템에서 어느 정도의 패턴을 찾아냈다. 그러니 어려운 사회과학의 문제

10 이상의 로그, 그리고 72법칙에 대한 논의는 다음 책을 참조했다.
앤드류 엘리엇(2021). 허성심 역. "숫자로 읽는 세상의 모든 것". 미래의창. p.345

를 해결하려할 때 무작정 어림짐작하려 하지 말고 한번쯤 최신의 복잡계 과학의 성과를 뒤져보도록 하자.

이제 이렇게 멱법칙으로 표현되는 패턴을 해석해보자. 그래프의 의미를 찾아볼 시간이다.

저선형 스케일링의 특징은 클수록 성장의 한계가 온다는 것이다. 동물은 클수록 더 느려지고 기업도 성장을 멈추는 지점이 온다. 즉, 언젠가 늙어 죽는다.

반면 초선형 스케일링을 따르는 도시와 사회경제체계는 인구수가 증가함에 따라 인간 간의 상호작용이 압도적으로 증가, 모든 것이 더 빨라진다. 사람이 모여살수록 질병도 빠르게 퍼지며 GDP도, 특허 수도 빠르게 증가하고 사업체들도 빠르게 생겨났다 사라진다. 심지어 큰 도시의 사람들은 더 빠르게 걷는다. 실제로 도시의 시간은 빠르게 흐르는 것이다! 무엇보다도 국가의 발전을 이끌어갈 혁신과 창의도 마찬가지다. 갈수록 개인주의화되고 이웃과의 소통이 없어져가는 지금 서울의 모습은 문제다. 사람 간의 상호작용을 늘려야 창의와 혁신이 창발한다.

어쨌든, 도시 규모가 커지면 벌어지는 일들은 대체로 좋아 보인다. 하지만 범죄와 전염병 말고 또 다른 단점이 있다. 아주 근본적인 문제다. 초선형 스케일링에서는 일반해가 유한 시간 특이점(finite time singularity)을 갖는다는 특성이 있다.[11] 무슨 말인가? 유한한 시간 내에 해가 무한히 커지는 지점이 생긴다는 말이다. 그건 또 무슨 말인가? x축의 어느 지점에서 그래프가 아주 위로 솟구쳐버리는 일이 발생한다는 것이다.

---

11 물리학을 공부한 사람이라면 특이점이라는 용어는 블랙홀과 관련된 용어로 익숙할 것이다. 엄청난 중력에 의해, 사건의 지평선Event Horizon 너머 관측이 불가능하고 물리법칙이 적용되지 않는 지점을 말한다.

그게 뭐가 문젠가? 실제로는 그것이 불가능하기 때문에 문제다.

실제 세상은 에너지와 자원이라는 공급의 문제가 있어서 절대로 무한대로 성장할 수 없다. 문제가 생길 것이다. 이는 멜서스의 단순한 지수적(로그 그래프의 직선 기울기가 1인) 성장과 다르다. 단순히 지수적일 때에는 이러한 특이점이 발생하지 않고, 우리는 공급문제를 힘겹겠지만 지수적으로 따라가며 해결할 수 있다. 하지만 초선형 스케일링을 따르는 인간 사회의 문제는 특이점이 발생하므로 침체와 붕괴를 피할 수 없다. 이를 피하기 위해서는 특이점에 도달하기 전에 매개변수들을 재설정하는 개입이 있어야 하는데, 이것이 바로 혁신이다. 우리 계가 작동하고 성장해온 방식을 송두리째 바꾸는 혁신 말이다. 우리가 무너지지 않고 고질라 크기가 되기 위해서는 몸의 구조가 바뀌어야 한다. 상체는 부실하고 하체는 튼실하도록. 아니면 근육과 뼈를 비브라늄으로 바꾸든지.

혁신은 단순히 우리의 삶을 편하게 해주는 것이 아니라 우리 시스템의 붕괴를 막기 위해 필수적이다. 뭐 좋다. 혁신하면 되지 뭐가 문제인가? 문제는 지속적인 성장이 유지되기 위해서는 이어지는 혁신들 사이의 시간 간격이 점점 더 짧아져야 한다.

그리고 이러한 예측대로 "특이점이 온다The Singularity is Near"[12]로 유명

12 이 책은 다들 '아, 나 그 책 알아. 특이점!'이라고 외치지만 실제로 읽은 사람은 거의 없는 책으로 유명하다. 여러분들의 상식을 위해 이 책의 내용을 굉장히 개략적으로 대충 요약하자면 다음과 같다.
기술 진보는 기하급수적으로 성장하고 있고, 따라서 성장 그래프가 서서히 증가하다가 어느 지점(곡선의 무릎)에서부터 위로 확 올라가는 지점이 생긴다. 이는 수학적으로 해가 무한대로 뻗어가버린다는 의미인데, 이는 현실에서는 물리적 제약으로 인해 불가능하다. 이 지점을 특이점이라 부른다. 이 책에서의 특이점은 인공지능 기술의 발전사에서 비생물학적 지능이 생물학적 지능을 넘어서는 순간을 말한다. 그리고 이 혁신의 순간은 G, N, R(유전공학, 나노기술, 로보틱스와 AI)의

한 레이 커즈와일Ray Kurzweil은 인류 역사의 혁신들을 연구하여 시간이 흐를수록, 다음 혁신까지 걸리는 시간이 점점 짧아진다는 사실을 발견했다. 농경 → 도시국가 → 문자, 바퀴 → 인쇄술, 실험방법 → 산업혁명 → 전기 → 컴퓨터 → 개인용 컴퓨터 → 핸드폰 → 스마트폰의 발전 과정을 떠올려보라. 아니, 단순히 20년 전을 떠올려보기만 해도 요즘의 기술혁신들은 따라가기 버거울 정도로 빠르게 이루어지고 있다는 것을 알 수 있다. 이것이 계속될 수 있을까? 많은 과학자들이 점점 더 빨라지는 혁신의 주기를 따라가지 못하여 발생하는 문명의 붕괴를 우려하고 있다. 그것이 우리가 얼마 전부터 계속해서 되뇌이고 있는 "지속가능성"에 숨겨진 함의이다.

결국 요지는 다음과 같다.

1) 인간 사회의 문제는 복잡계의 문제다.
2) 복잡계를 연구하는 과학자들이 있다. 즉, 여러분의 '어려운 문제'에도 어쩌면 답이 있을지도 모른다.
3) 복잡계의 특성을 갖춘 계는 그 특성들이 멱법칙을 따르는 경우가 많다.
4) 복잡계는 스케일링 법칙을 따르며 초선형 스케일링, 저선형 스케일링으로 나뉜다. 생물, 기업 같은 저선형 스케일링을 따르는 계의 경우 성장의 한계의 문제에 봉착한다. 도시와 같은 초선형 스케일링을 따르는 계의 경우 인구수와 같은 규모가 커지면 창의성, 경제규모 등이 멱법칙에 의해 폭발적으로 증가한다. 이는 사람 수가 증가하면 사람 간의 상호작용이 초선형적으로 증가하기

발전에 힘입어 이루어질 것이다라는 내용을 담고 있는 환상적인 미래예언서다. 레이 커즈와일(2007). 김명남 역. "특이점이 온다." 김영사. 참조.

때문이다.

5) 하지만 이러한 성장은 마냥 긍정적인 것이 아니고 특이점이라는 대참사가 일어날 수 있기에, 우리 사회의 지속가능한 성장을 위해서는 혁신이 필요하다.

6) 그리고 그 혁신의 주기는 갈수록 빨라지고 있다.

스케일과 관련된 이야기들을 조금 더 해보자. 우리는 큰 수에 익숙지 않다. 코로나 사태는 우리 삶과 사회에 엄청난 영향을 끼치기도 했지만, 우리가 국가 단위의 큰 수에 대한 '감'이 전혀 없다는 사실을 드러내기도 한 사건이었다. 인간은 21세기의 문제들이 다루는 엄청난 숫자 규모에 전혀 익숙지 않다. 국가의 문제에도 우왕좌왕하고 있는 판국에 글로벌 문제의 규모는 상상조차 못한다.

인간은 '나'를 중심으로 일반적으로 150명 정도의 인간관계 속에서 살아간다. 소위 말하는 던바의 수이다.[13] 그런데 앞서 언급한 대로 스케일이 달라지면 문제도 달라진다. 50명짜리 동아리에나 적용할 해법을 국가에 적용해서는 안 된다. 그런데 우리의 숫자 감각은 그런 소규모 모임에 맞춰져 있다. 심지어 우리가 사회의 문제를 풀어야 할 때 떠올리는 50명짜리 모임은 사회 전체를 대변하지도 않는 여러분과 비슷한 소득수준과 배경을 가진 친구들 모임이다.

우리의 생존에는 어림짐작이면 충분했기 때문에 인류는 수 감각을 진화시킬 필요가 없었다. 우리가 한번 슥 보고 '감'을 가질 수 있는 수는 대략 4~5 정도가 한계다. 이보다 큰 수를 마주했을 때 우리의 뇌는 엄청나게 관

---

13 로빈 던바의 연구에 대해서는 뒤에서 조금 더 살펴보도록 하고 여기서는 대충 '인간은 작은 수의 무리에 익숙하다' 정도만 짚고 넘어가자.

대해지고 어림짐작만 할 뿐이다. 이런 엉터리 감을 가지고 큰 일을 해결할 수 있겠는가? 절대로 안 된다. 단순 규모의 문제뿐만이 아니다. 디지털 사회에 들어서고, 우리가 '물리적으로 경험'할 수 없는 단위들이 나타나면서(컴퓨터과학에 익숙지 않은 우리가 64비트bit라는 숫자를 보고 무엇인가를 직감할 수 있을까?) 경험과 단위의 유리 문제는 더 심각해졌다.

그래서 우리는 숫자에 대한 감을 가질 필요가 있다. 단순하다. 익숙해지면 된다. 건설 현장에서 몇 년 굴러본 엔지니어라면 대충 눈으로 보고도 파이프의 굵기, 볼트의 크기 등을 알아맞힌다. 일반인들 눈에는 다 그게 그거로 보이는데 말이다! 여기서 유의해야 할 점은 항상 관련된 다른 수치들과 비교해보아야 한다는 것. 아인슈타인이 말했듯, 모든 것은 상대적이다. 우리의 스케일 감각 역시 상대적이다. 하나의 수는 아무것도 말하지 않는다. 여러분을 속이는 통계 자료의 하이라이트된 숫자는 맥락을 모르는 독자들을 호도하기 위해 골라진 것이다. 스케일 감각을 길러야 속지 않을 수 있다. 여러분은 큰 조직과 국가에 대한 의사결정을 하지만 그것이 다루는 수에는 익숙하지 않다. 인구, 국가 예산, 정책 예산 등등 엄청난 수치에 우리는 갈 길을 잃는다.

정부 지출을 예로 들어보자. 여러분이 정책 홍보 담당자라면 그 정책이 얼마나 대단한 일인지를 강조하기 위해서는 액수만 이야기 하면 된다. 1,000억 원은 일반인들은 꿈도 못 꾸는 어마어마한 액수이다. 이 일은 엄청나게 중요하고 대단한 일임에 분명하다. 입장을 반대로 바꿔보자. 반대로 여러분이 만약 이 지출이 별거 아니라고 스리슬쩍 뭉개고 넘어가야 하는 상황이라면? 총지출과 비교를 해보자. 2021년 정부 총지출은 600조 원대라고 한다.[14] 비율로 0.00016, 백분율로 0.1 퍼센

14 다음 기사를 참조했다. 연합뉴스. 2022. 2. 18. "2021년 정부 총지출 역대 최대

트도 안 된다. 에게?

몇몇 통계치를 보면서 우리 사회의 규모에 대한 감을 길러보자. 통계청 사이트[15]에는 우리의 이러한 숫자 감각을 길러줄 다양한 자료들이 많다. 여기서는 국가 단위의 인구 수치를 소개하겠다. 자신이 관심 있는 분야의 숫자 규모와 추세에 익숙해지자.

2022년 기준 대한민국의 인구는 약 5천1백만 명이고 서울에 약 950만 명이, 경기에 1,300만 명이 살고 있다. 다른 나라와 비교해보자. 2022년 현재 세계 인구는 79억 명이다. 중국과 인도가 각각 14억 명이 넘는다는 사실은 잘 알고 있다. 미국은 3억 명, 일본은 1억 2천만 명이다.

얼마나 태어나는가? 우리나라는 세계에서 알아주는 저출산 국가다. 이 수치는 뉴스에서도 시도 때도 없이 떠들기에 익숙하다. 안 그래도 저출산이 문제인데 출생자 수는 갈수록 줄고 있는 추세이고 2019년에는 약 30만 명, 2020년에는 약 27만 명이 태어났다. 이 수치만 보면 이것이 얼마나 충격적인지 감을 잡기 힘들다. 다른 연도와 비교를 해봐야 한다. 1970년에는 100만 명이, 1980년에는 86만 명이, 그리고 내가 태어난 1988년에는 63만 명이 태어났다. 이제 지금의 저출산이 얼마나 큰 문제인지 느낌이 올 것이다. 막말로 인구구조가 완전히 붕괴된 상황이다. 위에서 언급했듯, 혁신을 촉발하는 인간의 창의성과 경제규모는 인간 간의 상호관계에 의존하고 이는 결국 인구수가 근간이 된다.

자 그럼 죽는 사람은 얼마나 많을까? 한번 숫자를 떠올려보자. 사람들은 자극적인 뉴스에 나오는 몇 사람의 죽음에 경악하면서도, 국가 단위에서의 사망자 수에 대해서는 전혀 감을 잡지 못하는 모습을 보인

600조 원대" http://www.ksilbo.co.kr/news/articleView.html?idxno=927069

15 https://kostat.go.kr/portal/korea/index.action

다. 고령화로 인해 우리나라의 사망자 수는 꾸준히 증가하고 있으며 2020년에 약 30만 명이, 2021년에는 약 31만 명이 사망했다. 보통 사람들은 훨씬 적은 수를 예상한다. 출생자 수에 비해 미디어에서 언급되지 않는 편이기 때문에 수치 자체가 익숙하지 않은 것이다. 미디어는 비극을 원하고 죽음이 통계수치가 아니라 비극으로 받아들여지기 위해서는 인지하기 쉽고, 내러티브를 만들 수 있도록 적은 수의 죽음을 다뤄야 하기 때문이다. 그렇게 작은 규모의 스케일에 익숙해져 있다 보니 일반인들에게 100명의 죽음은 재앙이며 1,000명의 죽음은 세상이 무너질 일이다. 하지만 매년 아무 일이 없어도 30만 명이 죽는다. 그리고 위에서 본 출생자 수 변화를 고려할 때 매년 더 늘어날 것이다. 아무런 사건 없이도 말이다. 다시 한 번 강조하지만 이 사망자 수치는 대한민국에서만이다. 미국도 사망자 수는 조금씩 증가하는 추세이며 2019년에는 32만8천 명이, 2020년에는 33만 명이 사망했다. 매년 전 세계적으로 약 5,900만 명, 그러니까 매일 16만 명이 사망하고 이 중 60퍼센트 이상이 65세 이상의 나이로 사망한다.

✔ 숫자 이야기가 나온 김에 재미있는 법칙 하나 알아두고 가자!

회계를 배운 사람이라면 알겠지만, 일상적인 수의 배열을 볼 때 특이한 현상이 발생한다. 벤포드 법칙Benford's law라 불리는 현상이다.

임의적 무작위로 나열된 수가 아니라 일상에서 자연스레 나타나는 수의 경우, 첫째 자리 수가 어떤 수로 시작하는지를 찾아보면 첫째 자리가 1인 수가 가장 많고 9까지 지수적으로 감소한다. 역시 로그를 이용하면 얼추 (감소하는 모양의) 직선 모양의 그래프가 나온다. 미국의 천문학자 사이먼 뉴컴도 독자적으로 이 법칙을 발견하고 이를 첫자리 수 D로 시작하는 수의 비율이 $\log_{10}(1+\frac{1}{D})$가 된다고 수학적으로 기술하였다.

벤포드 법칙에 따르면 첫째 자리가 1인 경우 30%, 2는 18%, 3은 12%, 4는 10%, 5는 8%, 6은 7%, 7은 6%, 8은 5%, 9는 4%이다.

벤포드 법칙은 회계 조작을 검사하는 방법으로 사용될 만큼 일반적이고 규칙적이다. 만약 어떤 회계장부에서 첫째 자리수가 8로 시작하는 수가 5% 이상이 등장하면 일단 수치 조작을 의심해봐도 좋다. 사람들은 모든 첫 자리 수가 균질하게 같은 비율로 나타날 것이라고 착각하기 때문에 숫자를 조작하는 사람들은 5 이상의 수를 실제보다 과도하게 채워넣는 경향이 있다.

물론 아무 숫자 세트에 다 이를 적용할 수 있는 것은 아니다. 비슷한 크기의 수로 구성되어 있어 분포가 작은 수 집합에는 적용되지 않는다. 예를 들어 성인의 키는 거의 대부분이 1로 시작할 것이다. 미터^{m} 단위를 쓴다면 말이다.

자 이제 여러분은 회계장부를 조작할 때 어떻게 해야 안 걸릴지를 알게 됐다. 유용하게 써먹자. 그리고 고발당하면 이 책 뒤에서 내 연락처를 찾아보자. 실컷 놀려드리겠다.

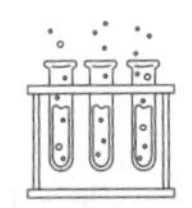

사회과학의 문제는 왜 어려운가?
2) 다기준 문제

우리가 사회에서 다루는 문제의 대부분은 '딜레마'로 표현된다. 답이 없는 문제들이다. 왜 답이 없을까에 대한 두 번째 대답이다. 토론을 하다보면 한 주제에 대해서 너도나도 다른 의견을 주장한다. 그리고 각 의견들은 나름의 옳은 가치나 기준에 토대를 두고 있다. 국회의원들이 여야로 갈라져 맨날 어쭙잖은 문제로 싸우고 있더라도 '어떤 사회가 좋은 사회인가?'라는 문제에 대한 기준이 다를 뿐 결국 모두 좋은 사회를 만들어 나아가고자 하는 것은 똑같다. 아닌가? 나는 그렇게 믿고 싶다. 그런데 문제는 그렇게 기준이 여러 개라면 모든 기준을 만족하는 하나의 해가 없다는 것이다. 이러한 문제를 다기준 문제라고 한다. 진짜 큰 문제는 우리가 사회와 조직의 의사결정자로서, 답이 없음에도 불구하고 답을 내려야 하는 지위에 있기 때문에 생긴다.

이와 관련하여 가장 유명한 논의는 정치학 분야의 사회선택 문제에서 등장하는 "애로우의 불가능성 정리(Arrow's Impossibility Theorem)"이다. 이 책은 엘리트 문과 여러분들을 위한 것이니 이를 알고 있는 독자분들이 많을 것이다. 그렇지만 혹시 모르시는 분들을 위하여 간단히 정리하면 다음과 같다.

"사회적 상태(social state)가 두 개 이상이면 네 가지 공리를 동시에 충족시키는 사회조직의 구성규칙(또는 선호 합계 규칙)은 존재하지 않는다."

그 네 공리는 다음과 같다.

1) 보편성(Universality),
2) 파레토 만장일치성(Pareto Unanimity),[1]
3) 무관한 선택 대안들로부터의 독립성(Independence of Irrelevant Alternatives),
4) 비독재성(Non-dictatorship).

여기서 얻을 수 있는 통찰을 매우 단순화해서 말하자면 다기준 문제에서 모든 기준을 다 만족시키는 하나의 방법은 존재하지 않는다는 것이다. 하지만 우리는 답을 내려야 한다. 그렇기에 우리는 다수결로 투표를 하고, 다양한 이해관계를 비교형량하여 법률을 제정하거나, 여러 기준에 각각 가중치를 부여한 뒤 합하는 등의 방법들을 사용한다.[2] 아니

---

1 어느 한 사회 내에서 모든 사람이 사회적 상태 y보다 x를 선호한다면 사회적으로도 사회적 상태 y보다 x가 선호되어야 한다는 것을 말한다.

2 각각 정치, 법, 경제·경영 분야에서의 다기준 문제에 대한 의사결정 방법들이다. 분야별로 다기준 문제에 대한 대처 방법이 다르다는 것이 흥미롭지 않은가? 참고로 인공지능 등의 컴퓨터과학 분야에서도 각 기준에 가중치를 준 뒤 합하는 방법을 사용한다. $y = ax_1 + bx_2 + cx_3 + d$와 같이 여러 기준을 합쳐 하나의 기준(공식)으로 만들어버리는 것이다. 물론 이 방법은 숫자로, 같은 단위로 계량화가 가능한 수치들에 대해서만 사용 가능하다는 치명적인 단점이 있다.
어쨌든 그래서 경제·경영 분야를 전공한 이들은 세상의 모든 변수를 '돈'으로 치환하여 생각하는 데에 익숙하다. 물론 이런 식으로 다양한 추상적인 개념들을 하나의 정량적 단위로 치환하는 작업은 언제나 문제를 일으킨다.
멋들어진 방정식을 사용한 예측은 그럴싸해 보이지만 우리는 그 보고서에 숨은 전제들을 파악해야 한다.

면 주먹구구식으로 하거나. 어떤 방법을 사용할 것인지는 상황과 여러 분들의 가치관에 달렸다.

참고서적

[저자(출간 연도). 역자. “제목”. 출판사. 순]

1. 제프리 웨스트(2018). 이한음 역. “스케일”. 김영사.

산타페 연구소에서 날아온 복잡성 과학의 최신 통찰이다. 생물, 생태계, 도시, 기업까지 살아 있는 모든 것의 성장과 혁신, 그리고 죽음을 지배하는 패턴을 통찰해냈다. 패턴을 찾을 수 없는 복잡계에서 찾아낸 패턴이라는 점에서 혁신적이며, 복잡계의 문제를 다룰 수밖에 없는 사회과학도들의 필독서이다.

2. 박종만, 이재진, 이준열(2014). “수학과 사회”. 경문사.

우리는 수학이 과학도들의 전유물이라는 착각 속에 살고 있다. 하지만 조금만 깊은 단계로 들어가면 인문사회과학도들에게도 수학은 필수다. 이 책은 선거문제, 게임이론, 선형계획법, 생활 속 확률이론, 그래프와 최적화 문제 등 일반적인 사회과학 문제에서도 함께 다루어야 할 수학적 지식들만 쏙쏙 뽑아 정리해둔 책으로 굉장히 유용하다.

3. 매스킨, 센(2016). 이성규 역. “애로우의 불가능성 정리”. 해남.

애로우의 불가능성 정리에 대한 깊은 이해를 원하시는 독자분들이라면 이 책만한 것이 없다. 내로라 하는 사회과학자들이 애로우의 불가능성 정리를 중심으로 사회적 선택에 따르는 문제들의 여러 논점을 다양한 사례를 들어 정리해두었다.

4. 존 H. 밀러(2017). 정형채, 최화정 역. “전체를 보는 방법”. 에이도스.

역시 산타페 연구소의 복잡계에 대한 최신 지식들이다. 앞서 본 “스케일”이 스케일 법칙에 대한 통찰을 담고 있다면 이 책은 피드백, 네트워크, 자기조직화 임계성 등 복잡계의 핵심 특성을 두루 다루고 있다. 경제와 국가와 같은 사회과학 분야에서 복잡계의 특성들이 어떻게 발현되는지를 익힐 수 있는 저서이다.

5. 제임스 글릭(2013). 박래선 역. “카오스”. 동아시아.

복잡계 과학 중 카오스 이론에 대한 통찰로 카오스라는 용어 자체를 유명하게 만든 고전이다. 인물과 역사 중심으로 서술되어 소설책을 읽는 느낌으로 카오스의 세계를 접할 수 있다.

1987년 작이니만큼 현재의 복잡계과학의 통찰보다는 당시 카오스 이론이 대두될 때의 패러다임 전환을 이끌어낸 영웅들에 대한 서사가 주가 된다.

6. 앤드류 엘리엇(2021). 허성심 역. "숫자로 읽는 세상의 모든 것". 미래의창.

우리가 모두 수학을 잘할 필요는 없다. 하지만 적어도 '숫자에 대한 감각'을 일깨워줄 필요는 있다. 앞서 언급했듯이 사회과학 분야에서도 수많은 숫자가 등장하고 그 숫자들은 대부분 우리가 일상에서 접하기 힘든 큰 숫자이기 때문에 맥락을 파악하기 힘들기 때문이다. 이와 같은 측면에서 딱 여러분들에게 숫자 감각을 키워주기 위한 목적으로 쓰여진 책이 바로 이 책이다. 모든 것은 상대적이기에 숫자를 볼 때에도 교차 비교cross-comparison를 해야 한다. 그리고 저자는 이러한 비교를 위해, 우리의 수 감각을 살리기 위해 다섯 가지 기법을 제시한다. 그 다섯 가지는 다음과 같다.

1. 이정표 수 2. 시각화 3. 분할 점령 4. 비율과 비 5. 로그 척도

본문에서 나는 이 중 일부를 소개한 것이다. 이 챕터 외에도 숫자와 '단위'에 대한 설명이 필요한 부분에서 이 책에서 언급된 내용을 참조했다.

7. 레오 카츠(2012). 이주만 역. "법은 왜 부조리한가". 와이즈베리.

우리의 정책과 법은 분명히 엄청나게 논리적이고 튼튼한 과정을 거쳐서 만들어진다. 그런데 분명히 논리적이고 합리적으로 보이지만 결과를 놓고 보면 영 와닿지 않는다. 뭔가 이상하다. 이 책은 그러한 의문들은 결국 법을 포함한 모든 사회과학의 딜레마는 선택과 순위의 문제로, 투표의 역설과 같은 문제를 내포하기 때문이라는 것을 간파해냈다. 다기준평가문제, 즉 여러 가지의 기준으로 평가하는 문제에서는 모두 같은 문제가 발생, 절대로 모두가 만족할 수 없다는 허점의 존재는 불가피하다. 이 허점은 주로 쟁점과 '무관한' 요소들에 영향을 받는 우리의 심리에 의해 발생하고, 영리한 정치인들과 변호사들은 이를 적극적으로 활용하고 있다. 우리는 이러한 결함을 받아들이고, 다기준의사결정의 문제를 인지하고 있어야 좋은 선택을 만들 수 있다.

- 성창섭, 오근태, 박명환, 양성민, 이운식(2009). "경영과학개론". 교우사.
- 박용성(2009). "AHP에 의한 의사결정". 교우사.
- 후쿠자와 히데히로(2008). 박종민 역. "데이터로 사고하는 의사결정의 기술". 멘토르.

02

인간은 어떤 존재인가

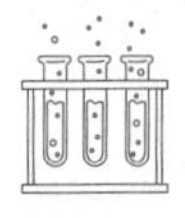

진화와 인간

우리는 사회가 복잡계를 이룬다는 사실과 우리가 다루는 답이 없는 문제들에 답이 있거나 답을 내리는 방법이 있을 수도 있다는 사실을 배웠다. 이제 그 사회를 이루는 인간에 대해 한번 알아보자.

요즘 다시금 유행하고 있는 MBTI나 남녀 행동, 심리차이와 같은 주제는 우리가 선호하는 대화주제이고 인간으로 구성된 조직을 운영하는 입장에서 항상 신경을 쓰고 있어야 하는 주제이기도 하다. 그런데 이러한 인간의 성격이나 행동 특성을 논할 때 문과생과 이과생의 차이가 극명하게 드러난다. 문과생들은 이에 대해 사회, 교육, 미디어 혹은 이데올로기의 탓으로 돌리거나, '옛날에 (주로 오래전에 죽은) 어떤 서양인(이름이 멋들어진 유럽인이면 더 좋다)이 그런 것을 XX 현상이라 이름을 붙였다.'라고만 이야기한다. 하지만 이과생들은 단순히 그 현상의 이름을 외우고 있는 것에 만족하지 않는다. '그런 심리와 행위는 과거 조상들이 처했던 환경에 대한 적응과 생존의 필요에 의해 형성된 것이다.'라며 그 원인을 설명하려한다. 이들의 차이는 무엇일까.

다음 두 명제를 알고 이것을 사고의 기반으로 삼느냐의 차이이다.

인간도 수십억 년[1]에 걸친 진화의 산물이다. 그리고 우리는 10만 년 전[2]의

---

1 지구상의 생명체는 약 35억 년 전에 탄생한 것으로 추정된다.

모습에서 거의 달라진 것이 없다.

진화론은 아직도 세부적인 내용에서는 다툼이 많지만 주로 세부적인 '어떻게?'에 관한 것들이고, 이 두 가지 전제를 부정하는 이들은 없다. 이것은 우리가 신뢰해도 되는, 논의의 전제가 되는 명제로 받아들여도 될 것이다. 인간 사회의 많은 문제들이 '우리는 10만 년 전의 모습과 달라진 것이 없음에도 불구하고' 우리를 둘러싼 환경과 사회를 스스로 너무나도 크게 변화시켰기에 일어난다. 아프리카의 자연환경에서의 소규모의 수렵·채집 평등주의자 무리에게 적합하게 진화한 우리가, 수천만 명이 한 공간에서 모여 살며 먹을 수도 없는 은행 계좌의 전자 데이터 쪼가리를 얻기 위해 하루 종일 앉아서 일하게 됐다. 라면으로 라따뚜이를 만들었다. 문제가 안 생기는 것이 더 이상하다. 따라서 우리의 문제를 해결하기 위해서는 인간이 어떤 존재인지, 어떻게 만들어졌는지를 알아야 한다. 그리고 그 출발점은 진화를 아는 것이다.

진화의 추동력은 여러 가지가 있다. 신다윈주의[3]라고도 불리는 자연선택과 멘델 유전학의 현대적 종합, 즉 임의적 유전적 변이와 그에 대한

---

2 우리 종, 즉 호모 사피엔스의 등장이 대략 20만 년에서 10만 년 전으로 추정된다. 참고로 호모 사피엔스는 '종'의 이름이다. 우리의 분류를 분류학적 순서대로 나열하면 다음과 같다. 진핵생물Eukarya 영역(Domain), 동물Animalia 계(Kingdom), 척삭동물Chordata 문(Phylum), 포유동물Mammalia 강(Class), 영장류Primates 목(Order), 인류Hominids 과(Family), 인류Hominins 족(Tribe), 인류Homo 속(Genus), 근대 인류Homo Sapiens 종(Species).

3 재미있게도 다윈주의라는 말 자체가 의미하는 바도 학자들마다 매우 상이한 듯하다. 여기서는 존 핸즈가 그의 저서 "코스모사피엔스"(2022. 김상조 역. 소미미디어. p.970 참조)에서 사용한 정의를 사용하겠다.
다윈주의는 다윈이 의미했던 공통 조상으로부터의 생물학적 진화이자 자연선택과 성선택까지도 포함하는 개념이며, 신다윈주의는 자연선택과 유전학의 종합이론으로, 즉 무작위적 유전적 변이와 이에 대한 자연선택의 작용으로 유전자 풀의 점진적 누적적 변화를 통해 새로운 종이 탄생한다는 개념으로 설명된다.
현재 많은 학자들이 정설로 받아들이는 개념은 후자이다.

자연선택을 통한 점진적 진화를 강조하는 입장이 아직까지는 정통적 견해이다.[4] 이러한 정통적 견해하에서 진화는 한마디로 유전자 빈도의 변화라 할 수 있다.

이러나저러나 생물학적 진화 자체는 객관적 증거에 의해 뒷받침되는 명백한 사실이다. 단지 이를 설명하기 위한 여러 모델이 존재하고 진화생물학의 연구 대상의 세부적인 부분마다 각 모델의 설명력이 달리 평가되고 있을 뿐이다.[5] 어쨌든 진화를 추동하는 여러 힘 중 특히 인간과 사회에 대해 논하려하는 우리에게 가장 중요한 것은 자연선택과 성선택 두 가지라고 볼 수 있으니 이를 살펴보도록 하자.

먼저 자연선택을 보자. 찰스 다윈이 그 유명한 "종의 기원"에서 발견한 자연선택의 작용조건은 다음과 같다.

1) 모든 생명체는 실제로 살아남을 수 있는 것보다 더 많은 수의 자손을 낳는다.
2) 같은 종에 속하는 개체들이라도 저마다 다른 형질을 가진다.
3) 특정 형질을 가진 개체가 다른 개체들에 비해 환경에 더 적합하다.
4) 그 형질 중 적어도 일부는 자손에게 전달된다. 그리고 이러한 조

---

4 정통적 견해 외의 다른 이론들도 존재한다. 대표적인 예들로는 자연선택 없이 유전자의 탄생(복제), 유전자의 죽음(제거), 혁신의 세 과정으로만 이루어져 있는 모델을 제시하는 게놈 진화 법칙 가설, 두 개 이상의 서로 다른 유기체들이 결합해서 하나의 새로운 종류의 유기체가 됐다는 공생발생Symbiogenesis 가설이 있다. 공생발생 가설은 우리가 학교에서도 배운 진핵세포 내의 엽록체와 미토콘드리아의 기원에 한해서는 현재 정설로 여겨진다.

5 주로 치열한 공방이 벌어지는 지점은 장대한 스케일로 이루어지는 '종 분화'의 원인에 대한 것으로, 조직적 관찰 및 실험을 통한 증거의 수집이 극도로 어려울 뿐더러 정통적 견해인 임의적 유전적 변이와 자연선택에 의한 점진적 변화로는 설명하기 힘든 부분이다. 하지만 정통적 견해는 여전히 종의 절멸과 현존하는 종들의 형태와 행동 그리고 감정의 기원에 대해서는 강력한 설명을 제공한다.

> 건이 갖춰졌다면 개체군 내의 형질들의 빈도는 시간이 지나면서 변하고, 시간이 지나면 새로운 종[6]이 생겨나게 된다.[7]

다윈의 생명의 고리Darwinian wheel of life는 유기체의 번식-변이-상이한 생존율의 반복으로 나타난다. 자연선택의 핵심은 경쟁이 아니라 환경에 따른 증식률 차이이다.

자연선택 이야기가 나왔는데 리처드 도킨스의 "이기적 유전자" 이야기를 하지 않고 넘어갈 수가 없다.

"이기적 유전자"의 핵심 아이디어는 "자연선택의 단위는 유전자"라는 것이다. 즉 유전자 선택설을 의미한다. 이는 개체선택과 집단선택에 대응하는 개념이다. 자연선택의 핵심인 '적응'을 떠올릴 때 우리는 흔히 '우리'를 주어로 생각하곤 한다. 한 인간이 환경에 잘 적응해서 자연선택이 일어난다고 생각하는 것이다. 우리가 인간이고 개인이기에, 그리고 '적응'이라는 일상적인 용어가 의미하는 것은 한 인간의 행동이기에 그렇게 생각하는 것이 자연스럽다. 이것이 개체선택 개념이다. 그리고 만약 여러분이 한 개체가 아니라 '우리 인류 혹은 우리 사회'를 주어로 잡고

---

6 아참, '종(species)'은 생물을 분류하는 기본단위이지만 이에 대한 정확한 합의는 현재 없는 상태라는 사실도 알아두면 좋겠다. 다르게 생긴 것을 다른 종이라 분류하기도 하고(형태학적 또는 유형학적 개념), 종 간 교배가 가능한지 여부로 분류하기도 하고(생물학적 개념) 계통발생학적으로 분류하기도 한다. 과학관 같은 곳에 놀러갔을 때 가이드 역할을 하는 과학자분들이 여러분에게 자주 던지는 질문 중 하나는 "현존하는 종의 수는 얼마나 될까요?"이다. 이제 여러분들은 "어떤 개념에 입각한 종을 의미하시는 건가요?"라고 대답하며 과학자들을 당황시킬 수 있다!

7 고전 중의 고전인 "종의 기원"을 최근 번역으로 읽고 싶으신 분들은 다음 책을 추천한다.
찰스 다윈(2019). 장대익 역. "종의 기원". 사이언스북스.

적응을 생각했다면 여러분은 집단선택의 개념을 생각한 것이다.

도킨스가 주장한 것은 '유전자'가 적응적이(고 이기적이)라는 것이다(조금 더 정확히 인용하자면 도킨스는 "적응을 '무엇이 얻는 이득'이라 말했을 때 여기서 그 '무엇'이 유전자"라 표현한다). 여기서 생물학을 조금 배운 사람들은 헷갈리기 시작한다. 유전자가 정확히 무엇이란 말인가? 코돈? 시스트론?[8] DNA 조각 하나를 말하는 것인가 염색체 한 쌍을 말하는 것인가? 아니면 염색체 하나? 도킨스는 유전자를 다음과 같이 정의한다. "상당한 빈도로 분리되고 재조합되는 것, 또는 염색체의 작은 부분으로 유전적 특성을 나타낼 수 있는 길거나 짧은 부분이다(리처드 도킨스(2018). 홍영남, 이상임 역. "이기적 유전자". 을유문화사. p.90)."[9] 쉽게 말하면 우리가 볼 수 있는 '특성'에 초점을 맞춘 개념이며, 자연선택의 단위가 될 정도로 충분히 오랫동안 지속되는 염색체의 일부분을 말하는 것이다. 그런 의미에서 도킨스는 사실 이 책의 제목은 정확히 '약간 이기적인 염색체의 큰 토막과 더 이기적인 염색체의 작은 토막'이라 불러야 마땅했을 것이라고 너스레를 떤다.[10]

그런데 책 제목만 보고, 이러한 핵심을 전혀 이해하지 못하고 이 책을 논하는 사람들이 너무나도 많다. 만약 여러분이나 여러분의 자식의

---

8 코돈과 시스트론 모두 학교에서 배웠을 생물학적 개념이지만 대략적으로 설명하면 코돈은 20종의 아미노산을 암호화하는 3개의 '문자'로 구성된 유전암호이고, 좀 더 큰 개념으로 개시와 종결 코돈을 포함하며 폴리펩티드 '사슬'을 합성하는 단위가 시스트론이다.

9 사실 이렇게 정의를 해놔도 헷갈리는 것은 마찬가지이다. 때문에 도킨스는 혼란을 방지하기 위해 '복제자'와 '운반자'로 용어를 나누어 생각하는 것을 추천한다. 우리 DNA는 자기 복제자다. 하지만 우리의 몸은? 스스로를 복제하지 못하고 자신을 구성하는 자기 복제자들을 퍼뜨리기 위해 일한다. 즉, 개체가 운반자다. 여기서 그 유명한 "생존기계"라는 표현이 등장하는 것이다.

10 같은 책 p.483 참조.

논술 선생이 '이기적 유전자'에 대해서 "우리 이렇게 착한데 뭐가 이기적이라는 거냐?"와 같은 이상한 소리를 해대면 200% 사기꾼이니 고소하도록 하자. 고소장은 내 연락처로 연락주시면 저렴하게 작성해드리겠다.

✔ DNA 얘기가 나온 김에!

DNA와 RNA가 도대체 뭘하는 녀석들인가? 중고등학교 물화생지에 해당하는 내용은 되도록이면 피하려고 했지만 워낙 중요하니 잠깐 알아보고 가자. 분자생물학의 핵심 교리는 "DNA가 RNA를 단백질로 만든다DNA makes RNA, and RNA makes protein"라는 것이다. DNA의 유전정보가 RNA에 전달되고(이를 전사transcription라고 한다), RNA의 정보로 아미노산이 만들어지면 그 아미노산의 조합으로 단백질이 만들어진다(이를 번역translation이라 한다).

이 과정에서 RNA는 유전정보를 전달하는 매개체 역할을 하는데 이를 mRNA(메신저 RNA)라 부른다. DNA의 유전정보를 단백질 생성 공장에 전달하는 녀석인 것이다.

여러분들이 mRNA라는 말을 최근 가장 많이 들은 것은 코로나 바이러스 백신 때문일 것이다. 그래서 잠깐 mRNA 백신의 원리에 대해서도 설명해보자.

우리가 상식적으로 알고 있듯 전통적인 백신 제조는 문제가 된 바이러스 그 자체를 약하게 만들어 직접 주입해 이를 항원으로 삼아 우리 몸으로 하여금 항체를 생성하게 하는 것이다. 그러면 mRNA 백신은? 말 그대로다. mRNA가 단백질을 만들 정보를 전달해주는 녀석이라고 하지 않았는가. 바이러스를 만들 수 있는 '설계도'를 넣어주는 것이다. 바이러스 그 자체가 아니라.

코로나 바이러스의 경우 이미지를 많이 봤겠지만 왕관처럼 뾰족뾰족한 것들이 잔뜩 나있다. 스파이크 단백질이라 불리는 것이다. 이것이 우리의 세포에 열쇠처럼 박혀 바이러스가 세포의 문을 열고 들어갈 수 있게 해준다. mRNA 백신은 이 스파이크 단백질만을 만드는 정보를 가진 mRNA를 몸에 넣는 것이다. 그러면 우리 세포는 그 설계도를 가지고 스파이크 단백질을 잔뜩 만들어낸다. 그럼 우리 몸의 면역 시스템이 스파이크 단백질에 대한 항체를 만들어낸다. 바이러스를 직접 사용하지 않으므로 훨씬 안정성이 높다는 것이 mRNA 백신의 핵심가치이다.

말만 들으면 쉽다. 하지만 어렵다. mRNA 백신이 제 역할을 하려면 세포 속으로 들어가 단백질을 생성해야 한다. 하지만 RNA 분자 자체는 쉽게 분해되고 세포막을 뚫고 들어가기 쉽지 않다. 그래서 지질 나노 입자를 둘러싸 mRNA를 세포까지 들어갈 수 있도록 보호해준다. 장까지 든든하게 약 성분을 보내준다는 캡슐을 씌운 알약 광고를 생각해보면 된다. 그리고 바로 이 지질 나노 입자가 굉장히 불안정하기 때문에 mRNA 백신이 초저온에서 유통되는 것이다. 앞으로 더 안정적인 mRNA 백신 기술이 나올 것으로 기대된다.

근데 그게 뭐가 중요한가? 이러한 유전자 선택 또는 개체나 집단 선택이 주로 문제되는 것은 우리의 이타성, 그리고 협력 때문이다. 진화는 적응적이고 생존을 하려고 몸부림치는 이기적인 과정인데 우리는 왜 함께 무리를 이루고 살며 이타적인 행동을 하느냐 이 말이다.[11] 이타적 행동을 하는 것은 개체, 즉 한 사람이지만 이기적인 녀석은 유전자들이라서 그렇다는 것이 도킨스의 대답이다.

그리고 이러한 배경 아래 우리의 이타성을 설명하는 가장 중요한 방법론이 해밀턴 공식이다. 해밀턴은 이타주의의 간접적인 이익을 '포괄적합도'[12]라고 불렀다. 리처드 도킨스는 포괄적합도에 대해 다음과 같이

11 사실 이 질문 자체가 현재의 정설이 적응의 관점을 가장 중시하기 때문에 생기는 문제다. 앞서 언급한 것과 같은 자연선택을 중시하지 않는 다른 관점의 진화 이론들에서는 이 논의 자체가 무의미하다.

12 해밀턴은 포괄적합도를 다음과 같이 정의했다.
"포괄적합도는 개체가 성체까지 자란 자식을 남기는 것을 통해 표현되는 개체 적합도를 먼저 떼어냈다가 특정한 방식으로 덧붙이는 식으로 상상할 수 있다. 환경의 해롭거나 이로운 요소에 전혀 노출되지 않는다고 할 때 드러날 적합도만 남기고, 개체의 사회적 환경 때문이라고 볼 수 있는 요소를 모두 떼어낸다. 그런 다음 이 양을 개체 자신이 이웃의 적합도에 미치는 손해와 이익의 양의 특정한 비율을 곱해서 덧붙인다. 이 비율은 그냥 자신이 영향을 미치는 이웃들과의

말했다. "포괄적합도란 실제로 최대화 되고 있는 것이 유전자의 생존율일 때 개체가 최대화하고 있는 것처럼 보이는 수량이다."[13](리처드 도킨스(2021). 김명주 역. "영혼이 숨 쉬는 과학". 김영사. p.259) 뭔 말인지 도통 이해가 안 된다. 풀어보자.

해밀턴 공식은 $r * B > C$ 로 표현된다. 여기서 r은 유전적 연관도를 의미하고 B는 이득, C는 비용이다. 나랑 가까운 친척이라면 유전적 연관도가 높다. 따라서 그 친척은 나와 내 '유전자'를 공유하고 있을 확률이 높고, 그를 돕는 건 비록 내게는 희생이 요구될지라도 친척들을 살려서 내 유전자를 보존하는 데에 도움이 된다. 즉 이타적인 행동은 그 행동을 하는 개체에게는 이익이 되지 않지만 그 개체의 유전자를 퍼뜨리는 데에 좋은 방법이라는 것이다. 홀데인(J. Haldane)은 이를 한마디로 "두 명의 형제를 구하기 위해서는 강으로 뛰어들 것이다. 하지만 한 명은 안 된다. 또한 여덟 명의 사촌을 구하기 위해서도 뛰어들 것이다. 하지만 일곱 명은 안 된다."라며 기가 막히게 표현했다.[14]

혈연도를 말한다. 쌍둥이라면 1, 형제자매라면 ½, 이복 형제자매라면 ¼, 사촌이라면 ⅛…혈연관계가 무시할 수 있을 만큼 작다고 여겨지는 이웃들은 0이다."
위 내용은 에드워드 윌슨(2016). 이한음 역. "인간 존재의 의미". 사이언스북스 p.214에서 재인용했다.

13 바로 전 각주의 해밀턴의 표현과 이 문장의 도킨스의 표현과의 차이를 눈치채셨는가? 해밀턴은 처음에 포괄적합도를 제시할 때 '개체'의 행동을 중심에 두었기에 위와 같은 표현을 쓴 것이고 이에 대해 도킨스는 개체가 드러내는 표현형은 결국 유전자에 의해 나타난 것이라는 점을 강조한 것이다.

14 해밀턴 공식과 포괄적합도에 대해서는 아직도 논의가 뜨겁다. 심지어 해밀턴 공식을 유명하게 만드는 데 일조했던 슈퍼스타 대학자 에드워드 윌슨은 2010년 발표한 그의 저서 "지구의 정복자"(2013. 이한음 역. 사이언스북스)에서부터 이에 대한 지지를 철회했다.
주된 논지를 간단히 말하자면 포괄적합도라는 게 당최 뭔지 알 수가 없다는 것, 그리고 그것으로는 실제 자연계에서의 협력을 설명할 수가 없다는 것이다.
대신 윌슨은 다수준 선택(Multilevel selection)을 주장했다. 이 말인 즉슨 개별

이타성 혹은 도덕성에 대한 과학자들의 논의는 사실 우리에겐 그 내용보다는 그 함의 자체가 중요하다. 자연선택의 강력한 선택압에도 불구하고 자연 도처에는 협력이 널려 있다는 점이다. 단지 그것을 어떻게 설명하느냐에 대한 논쟁이 있을 뿐이다.

그런데 인간도 그러한가? 우리는 '파리대왕'이나 밀그램의 전기충격 실험, 스탠포드 감옥실험 같은 온갖 저술들에서 인간들끼리 모아두면 자연스레 끔찍한 일이 생긴다고 세뇌를 당해왔다. 실제로 그러한가?

눈치채고 있을지 모르겠지만 우리 법, 경제, 정치 영역 전반의 사회 시스템의 상당 부분은 인간은 서로를 믿고, 이웃을 도와야 한다는 본성을 가지고 있다는 사실을 바탕으로 하고 있다. 신용사회라는 말이 의미하는 바를 생각해보라. 단지 협력하지 않는 일부를 제재하기 위해서 복잡한 장치들을 덧붙이고 있을 뿐이다. 귀스타브 르 봉과 마키아벨리적 사고, 그리고 경제학에서 말하는 합리적 인간상에도 불구하고 대부분의 사람들은 서로를 믿고 친절을 베풀며, 자신의 이익만을 위해 살아가지 않는다. 실제 세상에서 우리는 자기밖에 모르고 돈만 생각하는

구성원의 형질을 표적으로 삼는 선택압과 집단 전체의 형질을 표적으로 삼는 다른 선택압이 상호작용하며 자연선택이 이루어진다는 것이다. 즉 유전자 하나만 보지 말고 개체는 물론 집단까지 다 봐야 진화를 제대로 이해할 수 있다는 의미이다. 이런 입장에서 이타성은 집단 선택으로 간단히 설명된다. 서로 도우며 협력하는 집단이 살아남았다.
그러나 아직까지 학계에서는 포괄적합도 이론을 정설로 따르고 있는 것으로 보이며 리처드 도킨스는 꾸준히 이런 에드워드 윌슨의 견해 변경을 비판하고 있다. 2021년 한국에 출간된 도킨스의 "영혼이 숨쉬는 과학"에서도 계속해서 비판을 유지하고 있다(위의 책 p.258 참조).
참고로 에드워드 윌슨의 포괄적합도 이론에 대한 상세한 비판은 2016년 국내 출간된 그의 저서 "인간 존재의 의미"에 부록으로 실려 있다.
또 참고로 에드워드 윌슨은 대한민국에서 가장 유명한 과학자이신 이화여자대학교 최재천 교수님의 스승이다.

사람을 '재수 없는 놈'이라 부르지 '합리적 인간'이라 부르지 않는다.

어쩌면 경쟁보다 협력이 더 인간 본성의 진화에 영향을 크게 미친 요소일지도 모른다.[15] 자연선택은 생존을 위한 적합성을 택한다. '경쟁'이라는 개념에만 몰두하여 진화를 오도하지 말자. 사실 경쟁은 사람들이 이해하기 쉽게 붙인 내러티브일 뿐이다. 자연선택 개념의 핵심이자 결정적 요소는 증식률 차이라는 것을 잊지 말자.

생존에는 경쟁과 협력이 모두 필요하다. 그리고 인간도 예외가 아니다.

어쨌든 다시 본론으로 돌아와보자.

인간의 행동과 심리는 진화를 빼놓고 생각할 수 없다. 진화는 수십억 년을 거쳐 오며 우리가 생존과 번식을 위해 채택해온 신체 구조와 행동 방식의 근원이다. 수천 년의 역사시대의 교훈들은 우리의 기본 설계까지 바꿔놓기에는 그 스케일이 너무 미약하다. 사실 진화 자체가 아직도 많은 사람들이 진화를 '믿음'의 대상으로 바라보고 있는 이유이다. 우리의 지능은 인간 자신과 우주의 진리를 알아내기 위해서가 아니라 조상들의 환경에서의 효율적인 생존을 위해 빚어진 진화의 산물이기에 이러한 거대한 진실을 쉽게 받아들이지 못하는 것이다!

러시아 출신 미국의 생물학자인 테오도시우스 도브잔스키는 다음과 같이 말했다. "생물학에서는 진화를 통해 보아야만 모든 것이 의미를 지닌다." 그런 의미에서, 모든 생명의 행태는 유전과 진화의 맥락이 포함되어 있다. 그 모든 것을 이 책에 담는 것은 불가능하다. 이에 유전자와 진화에 대한 전형적인 잘못된 인식과 오해 몇 가지에 대한 답을 하는 형식으로 이 부분의 논의를 진행하고자 한다.[16] 자, 그럼 진화를 통해 우

---

15 실제로 표트르 크로프트킨, 조앤 러프가든과 같이 그렇게 주장하는 과학자들도 있다.

리 삶의 의미를 찾아보자.[17]

1. 인간 본성과 빈 서판

"인간 본성의 일반 형질들은, 다른 모든 종의 형질이라는 거대한 배경 앞에 놓고 보면 특별하며 특이해 보인다. 그러나 추가 증거들은 더 상투적인 인간 행동들이 일반 진화론에서 예측한 대로 포유류의 것이며, 더 구체적으로는 영장류의 특징에 해당한다는 것을 보여주고 있다."

- 에드워드 O. 윌슨(2011). 이한음 역. "인간 본성에 대하여". 사이언스북스. P.58

먼저 인간 본성이다. 인간 보편의 본성은 존재한다. 인간이라는 진화가 빚어낸 제품은 어느 정도의 공통의 기본 설계가 되어 있다는 말이다.

---

16 참고로 아예 이러한 진화에 대한 오해만을 뽑아서 다룬 책이 존재하니 관심 있는 독자분들에게 권한다.
캐머런 스미스, 찰스 설리번(2011). 이한음 역. "진화에 관한 10가지 신화". 한승.

17 삶의 의미라는 말이 나왔으니 말인데, 공대생들에게 "삶, 우주, 그리고 모든 것에 대한 답"을 물어보자. 모두가 여러분들은 '뭘 그런 당연한 걸 물어보나 이 머저리 같은 녀석'이라는 표정을 하면서 입을 모아 대답할 것이다. "42"라고.
이 유명한 밈은 더글러스 애덤스의 걸작 코믹 SF소설 "은하수를 여행하는 히치하이커를 위한 안내서"에 나온다. 왠지 모르겠지만 전 세계 모든 공대생들은 이 질문과 답을 알고 있다. 심지어 위 소설이나 영화를 보지 않은 사람들도 말이다. 그들은 이 답을 알고 있는 덕분에 삶, 우주, 그리고 모든 것에 대한 철학적인 답을 추구하느라 인생을 낭비하지 않는다. 그 남는 시간을 그다지 중요한 일에 쏟는 것 같지는 않지만 말이다. 사실 이 소설에서 등장인물들이 슈퍼컴퓨터에게 이 질문을 물어보는 이유도 바로 그것이다. 그 질문에서 비롯되는 철학자들의 온갖 다툼과 시간낭비를 끝장내려고 말이다.
참고로 750만 년을 숙고한 뒤 "42"라는 대답을 해주는 컴퓨터의 이름은 '깊은 생각(Deep Thought)'이다. 어디서 비슷한 이름을 많이 들어본 것 같지 않은가? 말했듯이, 전 세계 모든 공대생들은 이 밈을 알고 있다. 그러니 그들과 철학적인 대화로 시간을 낭비하려 들지 말자.

그리고 인간 본성 역시 진화적 맥락을 고려하지 않고는 알 수 없다. 즉 수십, 수백만 년 전 우리 조상의 생활상과 그들이 맞닥뜨렸던 문제들을 떠올려봐야 한다.

간단한 예로 어떤 문화에 속하는 사람이든 자신의 거주지나 사무실을 고를 때면 다음과 같은 점을 고려한다. 1) 내려다 볼 수 있는 높이, 2) 사바나와 같은 흐드러진 나무나 관목, 3) 호수나 강과 같은 물가. 바로 수백만 년 전 아프리카에서 우리 종이 진화했던 지형이자 생존에 가장 중요했던 요소가 풍부한, 그리고 맹수들로부터 안전할 수 있는 장소들이다. 우리는 아직도 그 시절의 낭만을 간직하고 있다. 우리가 아직도 "월든"[18]과 "나무를 심은 사람"[19]을 사랑하는 이유가 있는 것이다.

인간의 진화적 적응 환경은 일반적으로 홍적세, 즉 대략 260만 년 전에서 1만 년 전으로 여겨진다. 물론 그 이후에 인간의 진화가 없었다는 말은 아니다. 인류가 아프리카에서 전 세계로 퍼져나간 10만 년에서 5만 년 사이 시점 그 이후부터는 인류는 지리적, 유전적으로 흩어졌으며 이후에 일어난 인간 진화는 대체로 개체군 특이적인 것으로 여겨진다. 여기에는 기후, 생존, 성선택, 병원체 등의 영향이 작용했을 것이며 이는 지역별로 나타나는 높은 고도에 대한 적응, 유당분해효소의 유지,[20] 말라리아 내성 등의 표현형으로 대표된다.

어쨌거나 결과적으로 지난 200만 년에 걸쳐 아프리카 개체군 내에서 진화, 그리고 안정화된 보편적이면서 복잡화되고 유전적으로 명시된 기본 설계를 모든 인류가 공유하고 있고, 그중 일부 특성을 우리는

---

18 헨리 데이비드 소로우(2011). 강승영 역. "월든". 은행나무.

19 장 지오노(2018). 김경온 역. "나무를 심은 사람". 두레.

20 보통 우리는 성인이 되면서 우유를 분해하는 능력을 자연스레 잃어버린다. 하지만 지역에 따라 이 능력이 유지되는 인구집단이 존재한다.

본성이라 부른다.

결과적으로 우리는 다른 대안보다 어떤 대안을 더 강화하도록 하는 성향을 타고났다. 구체적인 행동 그 자체는 학습되더라도 어떤 것에 대한 학습은 우리가 법전과 판례를 암기하는 것보다 훨씬 쉽게 받아들인다. 어린이들의 언어습득, 뱀을 실제로 본 적도 없는 사람들도 본능적으로 갖고 있는 뱀에 대한 두려움을 떠올려보라. 이러한 면모는 인간에게 내재된 굵직한 기본 설계가 존재한다는 것을 강하게 암시하며 심리학자들은 이러한 학습과정을 '준비된 학습'이라 부른다.

인류학자 도널드 E. 브라운은 세계 곳곳에서 나타나는 인간의 행동과 언어에서 드러나는 표면적 보편성들을 엮어 인간 보편성 목록[21]을 만들었다. 여기에는 도덕적 감정, 집단생활, 집단적 의사결정, 신체 장식, 성적 관심, 근친상간 회피, 남녀노소의 특성 구분, 문화 등이 포함된다. 이러한 특성들이 문화와 국경을 넘어 보편적으로 나타나는 현상은 우리의 뭔가 잘못된 것 같은 근현대의 사회구조와 교육 때문이 아니라 인간이란 존재가 '원래 그렇게 생겨먹은 것이다'라는 것을 강렬히 암시한다.

그리고 이 리스트의 면모를 살펴보면 적응과 협력에 관련된 것(공포, 사회성 등)과 번식과 성선택에 관련된 것(성문화, 남녀특성 등)이 대부분을 차지한다. 즉, 주로 진화의 가장 강력한 추동력인 자연선택과 성선택에 관련된 특성들이 인간 보편성 리스트를 구성한다.

이를 다른 측면에서 보면, 인간 보편 본성의 존재가 인정된다고 해서 모든 인간 행동 특성이 본성에 의한 것은 아니라는 말도 된다.

---

21 이 "인간 보편성 목록"을 읽어보고 싶으신 분들은 스티븐 핑커(2016). 김한영 역. "빈 서판". 사이언스북스. p.793~799에 부록으로 실려 있으니 참조하시라.

우리는 일반화된 추상적 언어로 지식을 표현하기에 자주 오해를 빚곤 한다. 인간 행동 특성은 무수히 다양하며, 그들 중 일부가 포집되는 인간 보편 본성이란 것이 존재한다고 해서 인간이 획일적인 존재라는 것도 아니고 우리 사회와 교육이 아무 역할을 못한다는 의미가 아니라는 점을 이쯤에서 언급하고 넘어가야겠다. 하지만 우리를 이렇게 만들어낸 기본 설계가 존재한다는 사실과 그것이 현재의 우리에게도 아주 강력한 영향을 끼치고 있다는 사실은 명백하다. 우리에겐 타고난 것이 있다. 이는 모두 유전적인 것이다. 하지만 '유전적'인 것이 타고난 뒤 그대로의 '고정불변'의 것이라고 생각하면 안 된다. 우리는 세상과의 끊임없는 상호작용을 통해 변화하며 이것 역시 유전적인 설계에 의한 것이다.

이 점을 인식하지 못하는 혹자들은 인간 본성 같은 것은 없으며 모든 것은 사회구조 그리고 교육에 의해서 빚어진다고, 그리하여 새롭게 계몽된 인간을 빚어낼 수 있다고 '믿는다'. 우리는 이러한 주장을 하는 이들을 '빈 서판[22]론자'들이라고 한다. 그러한 주장은 다른 동물들과 달리 인간은 인간만의 무언가 특별한 것이 있다는 지극히 인간중심적 사고에 의해 비롯되는 것으로 보인다. 이는 현대판 '천동설'이라 할 수 있으며 앞서 언급한 두 전제('인간도 진화의 산물이고, 우리는 10만 년 전에 비해 별반 달라진 것이 없다')가 없는 사람들이 어떻게 사고하는지 보여주는 비극적인 예라고 할 수 있다.

---

22 엘리트 문과인 여러분은 이미 잘 알고 있겠지만 상식 차원에서 추가한다. 빈 서판tabula rasa은 존 로크John Locke의 개념으로 데카르트의 본유관념innate idea 개념에 대항하는 개념이다. 본유관념은 인간에게 공리, 신과 같은 원리나 개념들이 내재돼 있다고 보는 견해로 플라톤부터 내려오는 서양철학에서 역사와 전통이 있는 관점이고 기독교의 원죄론에 힘입어 더 강화돼온 바 있다. 여기에 대항하여 로크는 그런 건 없고 인간은 날 때부터 백지상태이며 그래서 교육으로 인간을 계몽할 수 있다고 주장했다. 이는 계몽주의의 지적 토대가 된다.

과학자들은 빈 서판이라는 개념을 버린 지 오래다. 하지만 아직도 우리 사회에는 이렇게 생각하는 이들이 차고 넘친다. 인간 보편 본성에 해당하는 것을 사회구조와 교육 탓으로 돌리는 일부 이데올로기는 번지수를 잘못 짚은 것이다. 그리고 정책자들은 진화를 통해 형성된 본성의 강력한 힘을 이해하여야 하며 특히 본성에 반하는 제도를 수립하려는 경우 극렬한 반대가 있을 것임을 예상해야 한다.

빈 서판 이론은 과학적으로 틀렸을 뿐만 아니라 중대한 사회적 문제에 대해 답을 내리기 어렵게 만든다. 낙태, 존엄사, 동물권의 문제를 떠올려보자. 예를 들어 낙태 논의에서 빈 서판론자들은 기본적으로 인간이 어느 순간 '뿅!' 하고 인간성을 갖춘 인간이 되는 시점이 있다고 믿기에 그 시점을 찾는 데에 온갖 의미 없는 노력과 혈세를 쏟아붓는다. 세상에 그런 '뿅!' 같은 건 없다. 존재하지도 않는 유령을 쫓는 것을 그만두고 화해와 타협, 행복과 고통의 절충점을 찾는 것으로 논점 자체를 바꾸어야 한다.[23] 물론 합의된 지식에 근거하여서 말이다.

더군다나 비생물학적 지능이 인간지능을 뛰어넘고, 인간 신체의 물리적 제약이 사라지게 될 특이점을 이번 생에 맞게 될 우리 세대의 경우, 빈 서판에 근거한 이런 낡은 딜레마 구조를 하루빨리 버려야 한다. 인간과 기술이 융합되는 시기에는 지금과 완전히 다른 윤리적 기준이 필요하다.[24] 기하급수적으로 빨라지는 기술 발전에 우리는 철학적으로도 대비가 되어 있어야 한다. 그리고 그 철학적 대비를 위해서는 현재 합의된 과학적 논의에 대한 이해가 전제되어야 한다.

---

23 이상의 논의는 다음 책을 참조하였다.
스티븐 핑커(2016). 김한영 역. "빈 서판". 사이언스북스. p.403

24 특이점과 딜레마에 대한 더 깊은 논의는 다음을 참조하자.
레이 커즈와일(2007). 김명남 역. "특이점이 온다". 김영사. p.518

2. 유전자 결정론?!

당연히 우리 엘리트 문과 여러분들께서는 안 그러시겠지만, 아직까지도 유전과 진화의 이야기를 갈라파고스 섬에 사는 이름 모를 조류에 대해서가 아니라 인간에 대해서 하는 순간 '너 유전자 결정론자니?'와 같은 말이 튀어나오는 것이 현실이다.

먼저 이 사달을 일으킨(?!) 도킨스는 적응적 기능을 지닌 표현형[25]의 진화적 변화는 유전적 변이를 반영하므로 '한때' 해당 적응을 만들기 위한 유전자가 존재했다는 의미에서 유전자 선택설을 주장하는 것이지 유전자가 모든 것을 결정한다는 의미가 아니라고 수도 없이 강조했다. 중요한 것은 적응적 기능에 해당하는 행동을 탐구한다는 전제이다.

또한 다윈의 기본 전제는 '환경'에 가장 잘 적응한 종이 살아남는다는 것이다. 과학자들은 인간이 유전적 기본설계를 가지고 세상에 나왔다는 점을 제발 인식하라고 외칠 뿐이지 절대 환경(인간의 경우 사회와 문화까지)과의 상호작용이 없다고 주장하지 않는다. 우리는 그저 빈 서판을 타파했을 뿐이다.

---

25 표현형(phenotype)은 생명체의 관찰 가능한 특징적인 모습이나 성질(행동, 재산, 학업 성취도 등 까지도 포함하는)을 의미한다.
많은 이들이 중고등학교 때 멘델의 '콩' 실험에 대해 너무나도 인상 깊게 배웠기 때문에 생기는 오해 몇 가지를 이 기회에 풀고 가자.
1) 표현형은 거의 대부분 여러 유전자의 상호작용으로 발현되지 단 하나의 유전자에 의해 좌우되지 않는다.
2) 대립유전자allele는 돌연변이에 의해 만들어져 염색체의 같은 위치에 존재하는 유전자의 여러 형태 중 한 버전을 의미한다.
3) 우성과 열성의 원래 용어는 각각 Dominant gene, Recessive gene이다. 유전자의 서로 다른 버전이 짝을 이뤘을 때 표현형으로 발현되는 것을 우성유전자, 발현되지 않는 것을 열성유전자라고 하는 것이다. 우리가 일반적으로 표현하는 우월함, 열등함과는 관련이 없는 잘못 붙인 용어이다.

그런데도 불구하고 많은 사람이 진화를 '믿으면' 유전자가 모든 것을 결정하고 (문화와 교육을 포함한) 환경은 아무 영향을 못 미친다는 생각을 갖게 되는 것이라 오인한다. 유전자는 환경이 유기체를 구축하기 위해 만들어낸 조절 요소이며 유기체의 구성요소들은 모두 유전자와 환경의 상호작용에 의해 결정된다.

다시 말해 선천성과 후천성은 제로섬 게임이 아니다. 이분법을 버리자. 이러한 이분법적 사고는 대개 인간의 유전적 본성은 태어나기 전부터 신생아 시기까지의 능력을 좌우하며, 일생에 걸친 변화는 주로 비유전적 학습의 결과라는 잘못된 가정에서 출발하는 것으로 보인다.

그리고 사람들이 과학자들을 공격할 때 사용하는 '유전자 결정론'이라는 말 자체의 의미도 문제가 있다. 왠지 모르겠지만 일부 사람들은 이 말을 받아들이고 사용할 때 부모의 형질이 그대로 자식에게 내려간다는 연좌제와 비슷한 기상천외한 의미까지 덧붙여서 이해하고 있다. 역시 또 다른 진화의 기본 전제 중 하나인 돌연변이의 존재와 유전적 다양성에 대한 개념이 진화와 유전자라는 개념과 머릿속에서 연결되어 있지 않기 때문으로 보인다.

유전자가 복제되고 전달되는 프로세스는 완벽하지 않다. 꼭 복제, 전달 과정에서뿐만 아니라 일생에 걸쳐 자발적으로든, DNA 손상 수리를 제대로 복구하지 못했든, 방사나 화학물질 때문이든 조금씩 돌연변이가 생긴다. 거기다 유성생식을 하는 생물들은 남녀가 각각 50%씩의 비율로 유전자를 섞어주기까지 한다. 거기에다 유전자가 같더라도 표현형으로 발현되는 것은 또 환경과의 상호작용의 영향을 받는다. 그렇기에 모든 인간은 조금씩 다른 것이다. 그리고 이러한 돌연변이가 생기는 비율조차도 자연선택의 결과물이다.

그리고 유전적 변이는 역사적, 물리적 제약하에서 발생한다. 진화가 일어날 때 (복잡한 다유전자 표현형에서) 너무 느닷없는 변이가 마구 튀어나오지는 않는다. 어느 날 갑자기 돼지가 날아다니는 일은 없다는 말이다.[26]

아무래도 유전자와 진화를 논하다 보면 보편성에 무게를 두게 되는 경향이 생기지만 이렇게 분명히 개체 간의 차이도 있다. 다시 이분법적 사고를 버리자는 논의로 돌아오자. 계속 반복해서 죄송하지만 어떤 과학자도 인간 모두가 동일하고 날 때 그대로의 형질이 그대로 지속된다고 주장하지 않는다. 오히려 이와 관련하여 최근의 뇌 가소성과 후성유전학적 발견들 또한 과학자들이 이루어낸 것이다.

얘기가 나온 김에 조금씩만 보고 넘어가자. 둘 다 아주 최근의 과학적 발견들이다. 먼저 후성유전epigenetic이란 DNA 서열 자체를 바꾸지는 않으면서 장기적으로 DNA에 변화를 일으키는 현상을 말한다. 사실 우리는 생명과학 시간에 DNA를 '주형'에 빗댄 설명을 많이 들어왔다. 하지만 실제로는 우리의 유전자는 그렇게 틀에 박힌 결과만을 찍어내지 않는다. 같은 대본을 읽어도 배우마다 결과는 천차만별이다. 똑같은 베토벤 제9번 교향곡의 악보를 두고 지휘하더라도 지휘자에 따라 푸르트뱅글러의 전시 녹음과 가디너의 녹음은 확연히 다르다(나는 개인적으로 가디너가 최고라고 본다).

이런 후성유전적 변화를 일으키는 요인으로 밝혀진 것은 약, 먹는 것, 운동, 스트레스가 대표적이다. 후성유전적 변화가 일어나는 메커니즘 중 대표적인 것으로 '메틸화methylation'를 들 수 있다. 쉽게 말해 염기

---

26 돼지의 날개에 관한 예시는 리처드 도킨스의 명작 "확장된 표현형"(2016. 홍영남, 장대익, 권오현 역. 을유문화사. p.96)을 참조했다.

에 CH_3가 들러붙어서 유전자를 켜고 끔으로써 발현을 조절한다는 것이다. 메틸화가 많이 될수록 유전자가 '꺼진다'. 어떤 특성을 갖는 유전자를 가지고 있다고 그 특질이 모조리 발현되는 것이 아니라는 정도만 알아두고 넘어가자.

대표적인 예시로 집단 따돌림을 받는 아이들은 엄청난 스트레스에 시달릴 수밖에 없는데 이러한 아이들은 *SERT*(세로토닌 운반체) 유전자의 프로모터 영역[27]에 평균적으로 DNA 메틸화가 훨씬 더 많이 되어 있음이 밝혀졌다. 참고로 세로토닌은 감정에 관여하며 행복감을 증진시키고 우울함을 낮추는 것으로 알려져 있다. 그래서 항우울제는 세로토닌 수치를 높이는 작용을 한다.

이 아이들은 불쾌한 상황에 노출 시 그러한 트라우마가 없는 사람들보다 훨씬 낮은 코티솔(스트레스 호르몬) 반응을 보인다. 코티솔은 스트레스를 받는 상황에서 분비되고 근육을 긴장시키고 맥박을 증가시키는 등 우리가 스트레스 상황을 극복하도록 돕는다. 극심한 트라우마에 시달린 사람은 스트레스에 대한 자연스러운 반응을 줄여 스스로를 보호하는 셈이다. 때문에 침 속의 코티솔 수치로 우울증 고위험군을 판별할 수 있다는 최근 연구결과도 있다.[28]

또 네덜란드 기근 출생 코호트[29] 연구에서는 기근 중에 태어난 아기

---

27 프로모터는 유전자의 전사를 조절하는 DNA의 특정 부위로 일반적으로 유전자 전사가 개시되는 지점에 위치한다.

28 다음 기사를 참조하자.
브레인미디어. 2022. 7. 8. "고위험 우울증, 침(타액) 속의 코티솔 양으로 예측"
https://www.brainmedia.co.kr/MediaContent/MediaContentView.aspx?MenuCd=BRAINSCIENCE&contIdx=22857

29 코호트cohort. 인구통계학적 연구에서 조사의 대상이 되는 특성을 공유하는 인구집단을 말한다.

들은 기근 전 태어난 아이보다 몸무게가 덜 나가고 정동장애(affective disorders. 정서장애, 감정장애) 발병률이 유의미하게 높다는 사실이 밝혀졌다.[30]

즉 우리 몸은 외부 환경에 따라 유전자의 활동을 조절한다. 이러한 메틸화 같은 후성 유전적 부착물은 정자 또는 난자가 만들어지는 과정에서 대부분 떨어져 나가지만 이따금 유전자와 함께 후세로 전달되는 것으로 보인다.[31]

메틸화와 같이 DNA의 발현 여부를 직접 조절하는 인자 이외에도 미생물군집(마이크로비옴microbiome. 기생충, 바이러스, 미생물, 세균, 곰팡이들이 형성하고 있는 총체적 유전정보)의 영향도 큰 것으로 최근 밝혀지고 있다. 미생물군집은 우리의 입 안, 장 속 등 온몸에 존재하며 이들의 종류와 분포 등에 따라 우리의 몸 상태뿐만 아니라 성격과 행동에까지 영향을 주는 것으로 알려지고 있다. 그저 함께 사는 것이 아니라 이 미생물군집이 우리라는 존재를 함께 이루고 있는 것이다. 그리고 체내의 미생물군집의 구성과 우리 신체에의 영향은 우리의 생활습관(특히 식습관)에 큰 영향을 받는 것으로 알려져 있다.

---

30 위의 따돌림과 네덜란드의 두 연구결과는 각각 다음 책을 참조했다.
샤론 모알렘(2015). 정경 역. "유전자, 당신이 결정한다". 김영사. p.83~84
리처드 C. 프랜시스(2013). 김명남 역. "쉽게 쓴 후성유전학". 시공사. p.19~28

31 과학자들은 1) 우리가 탐지하는 환경의 변화가 한 세대보다 더 오래 자기상관성autocorrelated(쉽게 말해 우리와 환경이 서로 영향을 주고받는다는 의미이다)을 유지하고, 2) 우리가 대비해야 하는 환경이 직접 지각되기 전부터 일찍부터 시작될 필요가 있는 생리적 조정 같은 발달이 요구되는 경우에 이러한 후천적 성향이 여러 세대에 걸쳐 전달되는 것으로 추정한다.
위와 같은 조건에 포섭되는 '환경'은 기후 같은 물리적 환경뿐만 아니라 사회적 상황(전쟁, 경쟁의 강도)이나 생물 생태(식량의 풍족도, 질병)도 포함되는 것으로 보인다. 그 자세한 기작은 이 책의 개정판에서 확인할 수 있을 것이다.

신경가소성에 대해서도 잠깐 살펴보도록 하자. 우리의 통념과 달리, 우리 뇌는 가변적이다. 출생 이후 굳어진 상태로 유지되는 것이 아니라 계속 변한다는 것이다. 우리의 뇌는 놀라운 탄력성을 지닌 예측기계이자 문제해결장치이다.

일반적으로 신경가소성은 크게 기능적 가소성과 구조적 가소성으로 나눌 수 있다. 기능적 가소성은 신경세포의 기능 중에서도 '신경 자극'의 빈도나 화학 신호의 방출률(둘 다 시냅스 연결을 더 강하게 또는 약하게 만드는 작용을 한다), 또는 신경세포 집단의 동시 점화와 같은 생리적 측면에서의 변화와 연관된다. 반면 구조적 가소성은 새로운 신경섬유 가지와 시냅스가 형성될 때, 또는 새로운 세포가 자라고 추가될 때 수반되는 특정 뇌 영역에서의 부피 변화를 말한다.

✔ 잠시 뇌에서의 신호전달 시스템을 보고 가자.

우리는 흔히 상대방을 비하할 때 "너는 뇌세포가 죄다 죽은 게 분명하구나!"라고 말한다. 이때 뇌세포는 일반적으로 신경세포인 뉴런neuron을 가리킨다(뇌세포에는 뉴런 외에도 아교세포라고도 불리는 신경아교세포glial cells가 있다. 아교세포는 산소와 영양분을 공급하고 뉴런을 붙들어주고, 최근 연구에 따르면 뉴런을 보호하고, 죽은 뉴런을 제거하며, 시냅스의 불필요한 화학 물질을 깨끗이 정리하는 중요한 역할을 한다). 성인의 뇌에는 약 800~1,200억 개의 뉴런이 있다(학자마다 산정기준이 다르다. 대략 1,000억 개라고 알아두자).

생명과학 시간에 배웠듯이 뉴런은 길쭉하게 생겼고 그 양 끝에 한 쪽에는 가지돌기, 한 쪽에는 축삭돌기라는 뻗어나온 수많은 돌기들이 존재한다. 뉴런을 길쭉한 올챙이라고 보았을 때 가지돌기를 머리, 축삭돌기를 꼬리라고 이해하면 편하다(보통 나무의 가지와 뿌리로 비유를 많이 하는데 너무 식상해서 좀 바꿔봤다). 뉴런의 가지돌기(머리)는 시냅스에서 화학물질을 전달받아 외부 자극을 받고 그 외부 자극의 크기가 충분히 크면(문턱값을 넘어서면) 축삭돌기(꼬리) 쪽으로 뉴런 내에서의 신호

전달이 이루어진다. 뉴런 내에서의 신호전달은 세포막 내외부에 존재하는 이온화된 화학물질들의 분포 변화에 따른 전기 흐름을 통해 이루어진다.

그리고 시냅스는 신호전달(신경화학 전달)이 일어나는 신경세포(뉴런)들 사이의 접합부를 말한다. 여기서의 화학 물질 전달을 통해 뉴런에서 뉴런으로 신호가 연결된다. 뉴런은 다른 뉴런과 1:1로만 접하는 것이 아니어서 신경세포 하나에 수백에서 수십만의 접합이 생긴다. 그래서 뉴런은 1,000억 개이지만 시냅스는 자그마치 100조 개에 달한다. 우리의 상상을 초월하는 지능은 이러한 물리적 구조의 산물이다.

그리고 뉴런의 전기적 신호들은 통념과는 다르게 자극을 받아야만 생기는 것이 아니라 자발적으로도 생겨난다. 별 일이 없더라도 뇌 속에서는 끊임없이 전기 스파크가 찌릿찌릿 일어나고 있는 것이다. 뇌가 괜히 칼로리를 많이 소모하는 기관이 아니다! 이는 다음에 무슨 일이 일어날지, 우리가 무엇을 볼 것이고 어떤 위험이 닥칠지 끊임없이 예측하는 기능을 수행하는 것으로 보인다. 비유를 하자면 달리기 경주를 앞두고 '준비~', '계속 준비~!' 할 때의 긴장을 유지하고 있는 상태다. '땅!' 소리가 들리면 곧장 튀어나갈 수 있도록. 결국 이러한 특징은 우리가 신속하게 반응할 수 있도록 도와주는 진화적 산물이다. 우리의 생존을 위해.

신경가소성과 관련, 가장 유명한 연구는 시각 및 청각 장애인들을 대상으로 한 실험일 것이다. 이들의 대뇌겉질[32]에서는 놀라운 변화가 일어난다. 시각 입력을 받지 못하는 시각장애인의 시각겉질은 시각이 아닌 다른 유형의 정보를 처리하며 언어와 같은 감각과 관련 없는 기능을 수행하기도 한다. 또한 청각장애인의 뇌의 경우 관자엽의 청각겉질에서 소리 정보가 처리되는 일반인과 달리 청각겉질이 시각 자극에 반응하여 활성화된다. 그리고 청각장애인들은 시신경 세포의 섬유가 눈을 떠나 뇌로 들어가는 시신경유두 영역이 두꺼워져 주변 시야가 발

32 대뇌겉질 또는 대뇌피질cerebral cortex. 말 그대로 뇌의 껍질 부분이다. 대뇌에서 가장 겉에 위치하는 신경세포들의 집합으로 고차원적 기능을 수행하는 부분이다. 앞으로 계속 반복해서 나올 아주 중요한 부위이다.

달한다.

그리고 인간의 뇌는 성인이 되어서도 끊임없이 새로운 시냅스를 형성하고, 불필요한 부분을 가지치기를 한다는 것이 밝혀졌다.

일반적으로(뇌의 영역별로 다르기에 일반적이라는 표현을 사용했다) 생후 첫 해에 시냅스 연결의 수는 정점을 찍고 쓸모가 없어진 연결들은 가지치기되어 조정이 된다. 이 과정에서 우리가 외부 환경을 통해 얻는 경험이 중요한 역할을 한다. 기저귀 차고 누워서 뒹굴 거리기만 하던 시절 우리는 '소리를 지르면 맛있는 우유를 먹이더라'와 같은 쓸모 있는 인과의 연결을 찾아내고 이러한 연결들이 시냅스 연결을 활성화한다. 그리고 우리의 양육자들은 '울어봤자 진흙탕 속에서 뒹굴고 놀 수는 없다'와 같은 연관이 없는 사항들에 대해 가지치기하는 것을 도와준다.

시냅스 가지치기는 대략 20대 중후반까지 계속되며 그 이후로 총 시냅스 수가 안정화된다. 여기서 유의할 점은 총 수가 안정화된다는 것이지 고정불변이 아니라는 것이다. 30대가 되어도 우리의 뇌는 끊임없이 가지치기되고 새로이 형성되며 안정화된 수 근처에서 오르락내리락하는 것이지 완전히 멈추는 것이 아니다.

어쨌든 이 말은 우리는 20대 중후반까지 계속해서 머릿속에 세계에 대한 지도를 그려나간다는 것이다. 그래서 20대 후반까지 사회적 관계를 형성하지 않고 열람실에 틀어박혀 공부만하는 우리네 학생들의 모습은 정말 걱정스럽지 않을 수 없다.

뇌 크기는 약 16세에 완전한 크기에 도달하지만 이마앞엽겉질[33]은 가지치기

---

33 전전두엽피질Prefrontal Cortex, PFC. 대뇌에서 가장 큰 피질인 이마엽(전두엽)에서도 앞에 있는 부위를 말하며 언어, 논리적 사고와 같은 인간의 고등기능을

가 대략적으로 완료되는 약 30세까지 완전히 성장하지 않는다. 이 부위는 의사결정, 보상평가와 같은 기능과도 관련이 있다. 그래서 10대, 20대 청소년들은 친구들로부터의 인정에 목숨을 걸고 "쫄았냐?" 한마디에 말도 안 되는 짓들을 벌이고 다니면서 다윈상[34] 수상 유력 후보군이 된다. 물론 재미를 위해 이렇게 쓰긴 했지만 그들을 비하하는 것이 아니다. 인류의 모든 위대한 발전과 도약은 이 시기의 도전정신과 인정욕구에 의해 이루어졌다. 보수적인 우리 다 큰 어른들은 그들이 마음껏 욕구를 발산할 공간을 내어주어야 한다. 인류 발전을 위해.

여기서 요는 어린이와 청소년들은 단지 작은 사람이 아니라 실제로 성인과는 완전히 다른 특성을 지닌 개체라는 사실이다. 수천 년 전 수메르의 점토판 기록에도 세대갈등이 기록되어 있는 것은 당연한 것일뿐 이러한 갈등은 기성세대의 책임도, 젊은이들의 책임도 아니다. 이제 서로 완전히 다른 존재라는 것을 알았으니 서로를 인정하고 양보하면 된다.

어쨌든 현재 과학자들이 합의한 바는 (특히 인간에 대해서는) 유전자와 환경이 상호 영향을 주고받으며 공진화한다는 것이지 유전자에 의해 모든 것이 결정된다는 의미가 결코 아니다.

정리하자면 우리는 유전자라는 기본 설계도를 가지고 있지만 같은 설계도를 가지고도 그걸 만들어내는 공장에 따라 냉장고의 성능, 냉동실의 사이즈 등

관장한다.
앞으로도 같은 부위를 의미하는 용어들을 최대한 병기할 것이다. 신체부위 명칭의 한글화가 많이 이루어졌지만 아직 이전 용어들이 계속하여 많이 쓰이기 때문에 여러분들이 둘 다 익숙해지길 바란다.

34 다윈상(Darwin Award)은 자신의 번식 능력을 스스로 포기함으로써 더 이상 어리석은 DNA 풀의 확산을 막는 데 공헌한 사람들에게 주는 상으로 이른바 어처구니없는 죽음을 당한 사람들이나 생식 능력을 잃은 사람에게 주어지는 상이다.

은 천차만별이다. 다만 그 설계도를 바탕으로 냉장고를 만들었는데 냉장고를 교육시켜 전자레인지가 튀어나오게 할 수는 없다. 그리고 무엇보다 냉장고가 시원한 것은 기본 설계에 따라 정상적으로 작동하고 있는 것일 뿐, 사회구조나 주입된 광고 탓이 아니다.

3. 진화는 진보인가

또 유전과 진화의 이야기를 인간에 대해서 하는 순간 '너 나치즘과 우생학 지지하니?'와 같은 말이 튀어나오는 것이 현실이다. 적응과 진화가 '최적화'를 의미하는 것이 아니다. 진화가 다루는 시간이 너무나도 장대하기에 '그때'는 옳았던 해법이 현재에는 생존에 불리할 수 있으며, 역사적인 제약을 받는다. 자꾸 돼지 얘기만 해서 미안하지만 돼지에게서 갑자기 없던 날개가 돋아날 수는 없다. 비용과 재료에 따른 제약은 말할 것도 없다. 튼튼하면 좋지만 뼈를 강철로 만들 수는 없는 것이다.

우생학 자체가 잘못되었음은 너무나도 자명하다. 사실 나치즘은 과학보다는 권력에의 의지를 외치는 니체의 낭만적 영웅주의의 영향을 더 많이 받은 것 같다[35]는 점을 언급하는 인문·사회과학 전공자들은 거의 없다는 것도 놀랍다(사실 인간의 인지편향성을 안다면 별로 놀랍진 않다). 애초에 히틀러가 진화론을 이해하고 그런 만행을 벌인 것으로 생각되지도 않지만 어쨌든 우리가 정말로 알아봐야할 것은, 그리고 이 질문의 근본적인 기원은 '진화는 진보인가?' 하는 문제이다. 이에 대해

35 총리가 된 첫 해에 히틀러는 니체의 누이가 관장하는 니체 문서 보관소를 순례했다.

서 과학자들 사이에서도 의견이 갈리는 편이다.

어찌 보면 진화의 과정은 비가역적이며, 대체적으로 더 복잡해지니 진보한 것 같다. 그런데 또 진보라는 표현이 담고 있는 목적론적 의미를 생각하면 아닌 것 같다. 대다수의 진화학자들의 통설적 견해는 진화에는 무작위적 변이와 자연선택이 있을 뿐 방향성이나 목적이 없다는 것이다.

사실 이 문제는 '진보'라는 어휘가 내포하고 있는 긍정적이고 (지극히 인간중심적 사고의 발현으로의) 목적론적인 의미를 구태여 진화라는 존재하는 현상에 가져다 쓰려니 발생하는 문제다. 결국 그 의미를 나누어봐야 한다. 이에 대해 리처드 도킨스는 다음과 같이 깔끔한 절충안을 내렸다.

> "서로 결합해서 적응 복합체를 형성하는 형질들의 수를 늘림으로써 특정한 생활양식에 대한 적응 적합성을 누적적으로 개선하는 계통들의 경향이 적응론적 진보의 정의이다.
>
> 나는 이 정의와 그것에서 논리적으로 따라 나오는 제한적인 진보주의적 결론을 옹호할 것이다."
>
> - 리처드 도킨스(2015). 이한음 역. "악마의 사도". 바다출판사. p.388[36]

그리고 진부한 말이지만, 만에 하나 진화가 진보를 의미한다 하더라도 자연선택이 아니라 인위적인 인간의 선택에 의해 집단학살를 벌인 결과를 진보라 할 수 없을 뿐더러, 협력이 아닌 제노사이드를 선택한

36 참고로 이 인용은 "인간의 우월주의와 진화적 진보"라는 챕터에 포함되어 있다. 우리의 관심사에 딱 들어맞는 챕터이니 꼭 일독을 권한다.

이들은 살아남더라도 인간으로서는 결격이라 말하고 싶다.

과학은 진리를 바탕으로 논의를 시작하라고 말한다. 진리를 오독하며 과학을 남용하는 사람 때문에 과학을 탓하는 우를 범해서는 안 된다.

성선택[1]

성행동 역시 진화의 관점에서 보아야 의미를 찾을 수 있다.

성선택은 어떤 형질이 생존상의 이득이 아니라 번식상의 이득을 제공하기 때문에 선택되어 진화하는 현상을 말한다. 다윈은 일찍이 "인간의 유래와 성선택"에서 인간에 있어서는 성선택이 더 중요한 요소라 말한 바 있다. 성선택을 '인간의 유래'와 함께 엮어 출간한 것부터가 의미심장하지 않은가! 하지만 현재의 정통적 견해는 자연선택의 '적응적 관점'을 너무나도 중시한 나머지 오히려 다윈을 잊었다. 자연선택이라는 이론이 너무나도 강력한 설명력을 지녔기에, '적응'의 개념이 너무나도 매력적이었기에, 그리고 과학자들이 성을 이야기하기에 너무 점잖았기에 오히려 다윈이 언급했던 진화의 다른 요소들이 뒤로 밀려나버린 것이다. 성선택을 연구하는 과학자들은 예나 지금이나 정통적 견해와 다투고 있다. 논쟁의 핵심쟁점은 '성선택이 자연선택의 일부인지 별개의 과정인지'이다. 이 진화학계의 오랜 논쟁을 '다윈 대 월리스 논쟁'이라 부

---

1 이 파트는 다소 논쟁적일 수 있다. 하지만 현재 최신의 과학이 밝혀내는 사실이 마음에 들지 않는다거나 자신의 사상에 반한다고 눈을 감아버리는 것은 지성인의 태도라 할 수 없다. 그러한 태도를 바꾸는 데에서부터 진정한 발전과 화합이 시작될 수 있다. 그래도 조심스럽게 강조하자면, 생물학 분야에서는 유전적 다양성을 감안했을 때 (사회과학 분야와 마찬가지로) 단정적으로 쓰인 문장들도 '통계적으로' 혹은 '평균적으로'라고 읽어야 한다.

른다.

이 논의를 위해 일단의 전제가 필요하다. 수컷과 암컷은 다르다. 즉 성차가 존재한다. 과학자들이 수도 없이 쌓아온 데이터에 의하면 태어나기도 전인 임신 기간 후반기에 Y염색체와 남성호르몬인 테스토스테론이 남자 아이의 뇌에 영향을 미치고 여자 아이의 뇌와 분자 수준의 차이를 만든다. 물론 이는 일반적인 경향이고 어떠한 사람도 단적으로 남성적이거나 여성적이지 않다는 당연한 사실은 유의해야 할 것이다. 각각의 개인은 이 기본적인 남성적이거나 여성적인 특징들의 고유한 조합을 지니고 있다.

심지어 남아와 여아는 장난감 놀이에 대한 선호도 다른데 이는 사람뿐만이 아니라 유인원 새끼들에게서도 발견된다. 수컷 새끼들은 자동차를 가지고 무엇을 할 수 있을지 궁금해하고, 암컷 새끼들은 인형을 쥐고 놀기를 좋아한다. 즉 수컷들은 사람보다 물건을 좋아한다.

타고난 성별뿐만 아니라 성 정체성과 성적 취향도 출생 전부터 뇌 구조 안에 장기적으로 확정되는 것으로 보인다. 물론 뇌 발달에 개입하는 호르몬의 영향은 호르몬 수용체 여부에 따라, 표적이 되는 뇌 구조물에 따라 큰 차이가 있고 개인별 차이도 매우 크다.[2]

좀 더 큰 논의를 살펴보자. 왜 그렇게 되었을까. 역시 답은 진화다. 유성생식을 하는 종은 생활사에서 암수가 각기 다른 맞거래(예를 들어 짝짓기를 '하기' 위한 에너지와 이미 가진 자식에 대한 '양육'을 위한 에너지의 맞거래) 상황에 직면하게 되고, 따라서 각기 어느 정도 상이한 생활사

2 이 문단의 성과 뇌에 관한 이야기들에 관심이 생겼다면 다음 책을 참조하자. 디크 스왑(2021). 전대호 역. "세계를 창조하는 뇌, 뇌를 창조하는 세계". 열린책들. p.76

전략을 선택하게 된다. 일반적으로는 번식 시기, 짝짓기와 육아에 대한 분배, 연령별 사망률, 신체적·기능적 측면의 성장과 발달(이를 진화생물학자들은 '체화된 자본'이라 부른다)에 있어서의 투자를 언제, 어떻게, 얼마나 할 것인가의 문제에 있어서 성차가 두드러진다.

아참, 말이 나온 김에 한마디 하자면 양성을 가진 생물들에 있어 수컷과 암컷의 구분은 사람들이 생각하는 것보다 더 단순하다. 일반적으로 생식자[3]의 크기가 큰 쪽을 암컷으로 본다. 그리고 인간도 그렇고 대체로 암컷이 기본형이다. 나는 수컷이다. 내게도 젖을 내는 유전자가 존재하지만 수컷은 이를 발현시키지 않을 뿐이다.

개략적인 설명은 이쯤하고 먼저 성선택 중 '적응'의 관점에서 바라본 내용들을 보자.

짝짓기 행동의 기원에서 모든 것이 시작된다. 짝짓기를 두고 남녀는 끊임없이 반목과 불화를 겪는다. 온갖 고민상담 프로그램의 1순위 소재이기도 하다. 남과 여는 서로에게 '문제가 있다고' 소리를 질러댄다. 정말 그러한가? 아니다. 그러한 관점 자체가 잘못됐다.

> "짝짓기 전 단계에 걸쳐서 갈등은 늘 일어나는 정상적인 현상이며, 단순히 예외로 넘길 수 없는 일이다."
>
> - 데이비드 버스(2007). 전중환 역. "욕망의 진화". 사이언스북스. p.18

예를 들어보자. 대개 남성은 섹스까지 도달하는 역치가 여성보다 상대적으로 낮다. 여성은 초면인 상대와의 관계는 거부하는 경향을 보인다. 따라서 남성은 여성의 장기목표를 훼방 놓지 않고서는 자신의 단

3 흔히들 말하는 생식세포를 일컫는다.

기적 욕망을 충족시킬 방법이 없다. 여성이 원하는 노력과 시간과 돈을 요하는 로맨틱한 구애 행위는 남성의 즉각적인 섹스라는 목표를 훼방 놓는다. 한 성의 전략은 다른 성의 전략을 간섭하고 이때 갈등이 발생한다.

그리고 우리는 이러한 갈등의 존재 자체를 묻어버리려는 것이 아니라 더 잘 이해하려 노력해야 하며 그것이 남녀의 갈등을 줄이는 첫걸음이 될 것이다.

인간 남녀는 진화과정에서 풀어야 했던 적응적 문제가 상이했던 탓에 각자의 상이한 성전략을 택할 수밖에 없었다. 이를 엄청나게 개략적으로 정리하면 다음과 같다.

1. 생물학적으로 여성들은 자식을 갖는 데에 있어 투자를 더 많이 해야 한다 – 따라서 여성들은 짝을 고르는 데에 있어 훨씬 신중한 선택을 해야 하며, 자신과 자식에게 위협으로부터 보호를 제공해 줄 수 있고 자원을 투자할 수 있는 헌신적이고 자원이 많은 남성들에 대한 강한 선호가 촉발됐다.
2. 남성들은 상대적으로 투자할 것이 적으며, 자신의 부성을 확신할 수 없다 – 따라서 남성은 여성을 택할 때 번식가치를 최우선으로 삼으며, 여성들의 성적 정절에 대해 굉장히 민감한 심리기제가 발달했다.
3. 자식을 낳을 수 있는 여성은 엄청나게 희소하다. 그리고 수컷은 짝이 많을수록 더 많은 자손을 가지는 정도(짝 숫자와 자손 숫자의 상관도)가 높다 – 이는 거의 모든 유성생식을 하는 생물들에게 해당되며 남성들 간의 (여성의 선호를 충족시키기 위한) 피 튀기는 경쟁을 촉발했다. 그래서 수컷이 암컷보다 자손 수와 짝짓기 상

> 대방 수의 분산이 더 큰 것으로 나타난다. 쉽게 말해 암컷은 전반적으로 자식 수와 짝짓기 상대방 수가 고만고만한 것에 반해 수컷은 일부 수컷이 번식 자원을 독차지한다는 말이다.[4]

여성은 생식자뿐만 아니라 한 번의 성교로 다른 짝짓기 기회가 9개월 동안 봉쇄당하고 출산과 수유로 길게는 3~4년간 의무적인 투자가 요구된다. 암컷이라고 수컷보다 투자를 많이 해야 한다는 이유는 없지만 대부분의 유성생식을 하는 생물들은 그러하다(반대로 성역할이 전도된 모르몬 귀뚜라미 같은 경우에는 수컷이 영양분이 가득 담긴 정포를 만든다. 이렇게 자식에게 투자할 것이 많은 성이 수컷인 생물들의 경우, 수컷이 까다롭게 짝짓기 상대를 고른다).

그리고 수컷들이 원하는 번식이 가능한 시기적, 신체적 조건을 갖춘 암컷의 수는 굉장히 한정적이므로 수컷은 대부분 암컷에게 선택을 받지 못하고 번식에 실패한다. 그렇게 수컷들은 훨씬 심한 경쟁에 시달린다. 진화는 암컷의 배우자 선호가 수컷 간의 경쟁의 대원칙들을 상당 부분

---

4 각기 다른 성 간의 행동 차이를 설명하는 주요 원리 및 개념으로 베이트만 원리, 잠재적 번식률potential reproductive rates(잠재적 자손 생산율이라고도 한다. 쉽게 말해 남자는 자손을 더 많이 낳을 수 있다는 의미이다. 역사상 한 남성이 낳은 최대 숫자는 888명, 여성은 69명이라고 알려진다. 물론 모든 역사상 기록이 그러하듯 논란이 있는 숫자다), 유효성비operational sex ration(OSR=임신 가능한 암컷/성적으로 활동적인 수컷) 등이 있고 위의 설명에는 종합을 위해 각기 따로 설명하지 않고 다른 사실들과 함께 녹여 넣은 것이다.
참고로 베이트만 원리는 다음과 같다. 수컷이 암컷보다 1) 번식 성공률, 2) 짝 숫자의 분산이 더 크고, 3) 짝 숫자와 자손 숫자의 상관도가 더 높다. 이는 초파리 연구에서 나온 것으로 인간 행동에도 적용이 될 수 있느냐하는 논란이 있었지만 이미 포유류의 행동에서 비슷한 현상이 확인되었고, 인간의 경우에도 대부분의 문화권에서 수컷의 분산이 더 큰 것으로 나타나고 실제로 성행동에 남녀 간 차이가 있다는 사실이 많은 연구에 의해 밝혀지고 있다. 그리고 말했듯이 과학자들은 양성 간의 행동차이를 베이트만 원리로만 설명하지 않는다.

결정하게 만드는 결과를 보여준다. 오, 위대한 여성이여!

✔ 그런데 왜 자연적으로 성비가 1:1이 유지되는가?

자연계에서는 극히 일부의 수컷들이 한정적인 수의 번식 가능한 암컷을 차지하는 현상이 벌어진다. 그러면 나머지 무쓸모 수컷들은 어쩌란 말인가? 아니, 그보다 뭐하러 그렇게 수컷이 많이 태어난단 말인가? 1:1의 성비가 유지되는 이유가 도대체 무엇인가?

이에 대해 가장 유명한 이론은 로널드 피셔Ronald Fisher의 이론이다.

암컷의 수를 늘리는 돌연변이가 생겼다고 치자. 암컷 자식의 수가 늘어났다. 이제 '부모'의 입장을 생각해보자. 손주를 최대한 보려면 아들을 낳는 것이 유리할 것이다. 왜? 이제 수컷이 암컷보다 더 많이 수정할 수 있기 때문이다. 결론적으로 수컷의 수를 늘리는 방향으로 진화가 이루어진다. 반대도 마찬가지다. 그렇게 이쪽저쪽 기울다가 점차 균형을 찾아가며 자연적인 1:1 성비가 나타나게 된다.

정확히는 임신 3개월 무렵의 남녀비는 1.2:1이지만 남아 배아의 태반 내 사망률이 더 높아 출생 시 1.06:1로 떨어지고, 상대적으로 남아는 사고나 질병으로 인한 사망률이 높아 번식을 할 수 있는 시기가 된 15~20세 무렵에는 거의 1:1의 성비가 탄생하게 된다.[5]

사실 위와 같은 '대부분의 수컷은 필요없지 않나?'의 질문은 '종'을 기준으로 한 사고라는 점에서 우리가 왜 '유전자'를 기준으로 자연선택을 해석해야 하는지에 대한 좋은 예시가 되는 지점이기도 하다. 종 수준에서 불필요한 특질도 유전자 수준에서는 의미가 있다.

그럼 이제 적응의 관점이 아닌 선호 그 자체에 의한 성선택을 보자. 대표적인 예가 공작새의 깃털과 같은 과시형질display character이다. 이는 그냥 '아름답기만 하지' 아무리 좋게 봐줘도 생존을 위한 적응이라 보기 힘들다. 또한 인간 남성의 몸집에 비해 거대한 성기, 여성의 불필요하

5 위의 성비에 대한 논의는 다음 책을 참조했다.
존 카트라이트(2019). 박한선 역. "진화와 인간 행동". 에이도스. p.113

게 큰 유방 등이 역시 이러한 예로 꼽힌다.

이에 대해 그 자체가 건강함과 같은 좋은 특성을 지닌 유전자를 지녔음을 나타내는 적응적 신호라고 주장하는 이들도 있고, 핸디캡 원리(쉽게 말해 '이렇게 생존에 불리한 것을 달고 다니는 데도 잘 살아 있는 나는 정말 대단한 녀석이야! 나를 선택해줘!'라고 할 수 있다. 비싼 신호 이론Costly Signaling Theory이라고도 불린다) 같은 이론들이 제시됐다. 하지만 뭔가 석연치 않은 점이 있는 것은 분명하다.

좀 더 직관적인 설명은 경쟁자보다 이성에게 더 매력적으로 보이는 특징을 가지는 것이 짝짓기 경쟁에서 보다 유리하다는 것이다. 즉 수컷 공작새의 꼬리는 암컷 공작새가 보시기에 아름다웠기에 선택된 것이다. 이를 설명하는 것이 피셔의 폭주과정(Fisherian Runaway) 모델이라 불리는 양성 피드백 메커니즘이다. 달음박질 효과라고도 한다.

이는 두 단계로 나눠볼 수 있다. 먼저 첫 단계는 암컷이 수컷의 긴 꼬리를 선호하는 경향이 생기는 것이다. 임의적으로 생긴 이 선호가 우연히 많은 암컷의 선호가 된다. 이제 다음 단계로 넘어간다. 한번 이러한 선호가 자리 잡으면 양성 피드백 효과가 생긴다. 암컷은 긴 꼬리를 가진 수컷과 짝짓기를 한다. 그리고 암컷은 '섹시한 아들' 또는 자신과 취향이 같은 딸을 낳는다. 그렇게 수컷은 점점 더 긴 꼬리를 갖게 되며(섹시해지며), 암컷은 점점 더 긴 꼬리를 선호하게 된다. 이렇게 추동된 성선택의 폭주과정은 자연선택에 의한 최적의 꼬리 길이를 넘어서게 된다.

즉, 처음에는 적응의 지표였을 수도 있는 형질에 대해 일단의 '선호'가 확립되면 그 후에는 선호 그 자체를 충족시키기 위해서 과시형질이 더욱 비대해지는 것이다. 이런 것들을 우리는 주위에서 많이 본다. 예를 들어 대학

평가 지표에 외국인 학생 수를 기준으로 국제화지수를 측정하기 시작하자 대학교는 해당 지표를 만족시키기 위해 무분별하게 외국인학생 수를 늘려댔고, 결국 학교의 전반적인 수준을 나타내는 지표였던 것이 더 이상 의미를 갖지 못하게 되었고 대학교가 외국인 학생들에게 경제적으로 종속돼버리기만 하는 결과를 낳았다. 많은 시험도 마찬가지다. 일단 어떤 능력을 테스트하기 위해 시험이 설계되면 학생들은 그 능력과는 관계없이 시험 자체만을 잘 보기 위한 스킬을 연마해댄다. 앞서 본 바와 같이 사회과학에서는 이를 캠벨의 법칙이라고도 부른다.

이러한 피셔의 모델을 이후 수리생물학자인 러셀 랜드Russell Lande와 마크 커크패트릭Mark Kirkpatrick이 수학적으로 검증했다. 그리고 이들은 자연선택과 성선택 간의 균형이 단일점single point에 국한되지 않고 점이 아닌 선에서 이루어진다는 것까지 밝혀냈다. 즉 "특정 과시형질에 대한 자연선택과 성선택 간의 안정적인 균형점은 무수히 많다"(리처드 프럼(2019). 양병찬 역. "아름다움의 진화". 동아시아. p.70). 이를 개략적으로 말하자면 취향이 다양해진다는 것이다. 덕분에 그다지 아름답지 못한 꼬리를 가진 수컷도 밥값을 할 수 있게 된다.

그리고 일부 과학자들은 이와 같은 원리에 의해서 아름다움뿐만 아니라 '쾌감'도 함께 공진화했다고 본다. 남성의 특질이 여성분들이 '보시기에 좋아서' 선택될 뿐만 아니라 '느낌이 좋아서' 선택되는 과정도 일어나는 것이다. 몸집에 비해 상대적으로 큰 인간 남성의 성기를 떠올려보라. 이렇게 생존에 대한 적응적 관점과는 동떨어진 성행동이 탄생한 것이다.

미적 진화과정에서 한 가지 빼놓을 수 없는 경향은 수컷과 암컷 간의 군비경쟁이다. 수컷은 자신의 강제력으로 짝짓기를 하기 위한 '무기'를 진화과정에서 발달시켰고, 암컷은 자신의 '성적 자율성'을 위한 방어체계를 진화시켰다. 암컷의 생식기 안에서 고정되게 진화된 수컷 오리의 생식기와 그것의 침투를 막기 위해 꽈배기처럼 꼬여 있는 암컷의 생식기가 그 대표적인 예이다. 그리고 물리적 장치뿐만 아니라 암컷은 자신들의 '선호' 또한 진화시켰다. 다정한 수컷이 선택받게 된 것이다. 이 역시 수컷의 공격성을 줄여 암컷들의 성적 자율성을 지키기 위해서라고 볼 수 있다.

한편 대부분의 포유류 수컷들이 부성을 지키는 문제를 해결하지 못한 반면, 우리는 '질투'라는 "부성 불확실을 줄여주고 오쟁이를 질 가능성을 낮춰주는 심리기제"(데이비드 버스. 앞의 책. p.256)를 진화시켰다. 그 결과 인간은 다른 동물들에 비해 수컷의 양육참여도(돈을 대주고 가정을 보호하는)가 월등히 높고, 수컷 간의 경쟁으로 인한 영아살해와 강간 등의 문제가 확연히 적으며 암수 간의 크기 차이[6]가 작다. 아름다운 결론이다.

게다가 바람직하기도 하다. 작은 동물과 자식을 모두 길러본 사람이라면 알겠지만 상대적으로 인간은 성인으로 길러내기까지 엄청난 시간과 노력이 들어간다. 어머니의 노력만으로는 아이를 기르는 데에 한계가 있고 아버지의 도움이 필요하다. 이 문제가 암컷의 성적 자율성을 위한 선호의 진화로 해결된 것이다![7]

시작은 갈등이었지만 그 경쟁 속에서도 우리는 바람직한 결과가 나

---

6 이러한 양성 간의 형태적 차이를 '성적 이형성'이라 부른다. 일반적으로 남자는 여자보다 신체적으로 강하고 목소리도 굵으며 남녀의 지방 분포도 다른 것을 들 수 있다.

7 물론 이에는 한계가 있고 수컷 역시 '수컷 간의 경쟁'으로 인해 추동되는 공격적인 짝짓기 방식을 계속 진화시켜왔다.

올 수 있음을 보았다. 남녀갈등이 최고조에 이른 지금, 우리에게 필요한 것은 그 차이를 정확히 인지하고 서로의 다름을 인정하는 것 아닐까. 다름은 평등의 다른 이름이다.

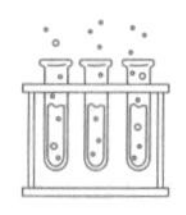

진화심리학

진화 이야기를 시작한 김에 마지막으로 진화심리학 이야기를 해보고자 한다. 일찍이 다윈은 심리학의 모든 것은 생물학으로 통합될 것이라 예측한 바 있고, 다윈의 그 꿈은 현대에 와서 진화심리학으로 실현됐다.

진화심리학은 형태, 행동, 심리, 문화 등 인간의 모든 것에 대해서 진화적 의미를 찾아가는 학문이다. 그렇기에 모든 학문의 근본적 질문인 "인간 존재의 의미"에 대한 탐구와 가장 밀접한 분야라는 점에서 내가 가장 애정을 가지고 공부한 분야다. 인간 존재와 행동에 대해 '어떻게?'를 넘어서 '왜?'를 찾아가는 과정이기 때문이다.[1] 비록 그 탐구 대상이 시간적·공간적으로 너무나도 방대하기에 성질상 실험실에서의 실험이 불가능하여 엄밀한 의미에서의 과학적 방법론을 적용하기 어려운[2] 분야라는 비판점에도 불구하고 말이다. 그래서 진화심리학 분야

---

1 이러한 '어떻게?'와 '왜?'의 차이를 근접 원인proximate cause과 궁극 원인ultimate cause이라 부른다. 근접인은 현상을 만들어내는 존재자들과 생리적인 과정들, 즉 현상이 '어떻게' 작동하는지를 의미하고 궁극인은 '왜' 그런 현상이 작동하는가에 대한 원인이다. 우리가 무엇을 진정으로 이해했다고 하기 위해서는 근접인과 궁극인 모두에 대한 답을 찾아야 한다.
에드워드 윌슨(2005). 최재천 역. "통섭Consilience". 사이언스북스. p.154 참조.

2 사실 자연계의 동물의 행동을 탐구하는 분야는 오히려 실험실 내에서의 실험이 정

는 나름의 타당한 연구방법론을 발전시켜왔고 꽤나 훌륭한 예측까지 이루어내고 있는, 아직도 발전하고 있는 분야다.

사실 진화심리학은 고생물학, 진화생물학을 비롯한 온갖 종류의 생물학과 인지심리학, 뇌과학 그리고 사회과학 등의 종합이라는 점에서 엄청나게 방대한 분야이므로 이를 별도의 챕터로 다루는 것이 의미가 없을지도 모른다. 앞선 챕터들의 내용에도 진화심리학자들의 문장이 많이 숨어 있다. 그렇기에 여기서는 진화심리학이 인간심리를 바라보는 관점에 대한 소개 정도로 그치겠다.

진화심리학은 '진화된 심리기제'를 탐구한다. 이에 대한 진화심리학의 대부 격인 데이비드 버스의 정의는 다음과 같다.

"진화한 심리기제란 유기체 내부에서 일어나는 일단의 과정들로,

(1) 그 기제(또는 그것을 믿을 만하게 낳는 다른 기제들)가 인간의 진화사에 걸쳐 개인의 생존이나 번식의 특이적인 문제를 반복해서 해결했기 때문에 지금과 같은 형태로 존재하고,

(2) 특정한 종류의 정보나 입력만을 취할 수 있는데, 그 입력은

(a) 외적이거나 내적일 수 있고,

(b) 환경에서 적극적으로 추출하거나 수동적으로 받을 수 있으며,

(c) 지금 맞닥뜨리고 있는 구체적인 적응적 문제를 유기체에게 명시하고,

(3) 어떤 절차(예를 들어, 결정 규칙)를 통해 그 정보를 출력으로 변환하는데, 이때 그 출력은

확한 인과를 끌어내기에 부적합하기도 하다. 행동이 발현되는 환경이 전혀 다르기 때문이다.

(a) 생리 활동을 조절하거나, 다른 심리 기제들에 정보를 제공하거나, 분명한 활동을 낳고,

(b) 개별적인 적응적 문제를 해결한다."[3]

진화심리학과 기존 심리학의 가장 큰 차이는 마음을 내용적으로 일반화하여 학습, 추론, 주의, 기억 등의 일반적 기능 범주로 나누는 것이 아니라 진화한 영역-특이적 프로그램들이 꽉 들어찬 망으로 본다는 것이다. 마음은 여러 독립적이고 구체적인 적응적 문제들을 해결하기 위한 전문화된 프로그램들의 네트워크이다. 이는 뇌의 과제 해결이 기능별로 분리된 특정 부위에서 이루어지는 것이 아니라 신경회로 네트워크의 상호작용으로 이루어진다는 뇌과학에서의 발견과 잘 맞아떨어진다.

예를 들어보자. 우리가 살아남기 위해서는 포식자를 보고 피해야 한다. 이를 위해서는 우리가 움직이는 물체를 보고, 그것이 위험한 포식자라는 범주에 속하는 동물임을 인지하고, 그것이 가까이 오면 나는 잡아먹힐 것이라고 추론 및 예측을 하여, '도망가기'라는 행동을 실행에 옮길 수 있어야 한다. 일반적인 사회과학이 가정하는 것처럼 학습하고 기억하고 추론하는 일반적인 능력을 조합하여 구체적인 문제를 해결하는 것이 아니라, 반대로 이런 특정 문제를 해결하기 위한 전문적인 도구 세트가 진화한 것으로 보는 것이다.

진화심리학자들이 꼽는 진화한 동기 원리들(즉 우리가 진화해오면서

---

3 굵은 글씨는 내가 임의로 표시했다. 위의 내용은 진화심리학에서 가장 중요하고 유명한 기념비적인 논문에 실린 내용이다.
David M. Buss. "Evolutionary Psychology: A New Paradigm for Psychological Science". Psychological Inquiry, Vol. 6. No. 1 (1995).
이에 대한 번역은 다음 책의 한글 번역에 따랐다.
데이비드 버스 편집(2019). 김한영 역. "진화심리학 핸드북 1". 아카넷. p.197

맞닥뜨린 해결해야 하는 문제들)은 일반적으로 다음과 같다. 음식, 성적 이끌림, 짝 취득, 양육, 혈연관계, 근친상간 회피, 연합, 질병 회피, 우정, 포식자, 도발, 뱀, 거미, 서식지, 안전, 경쟁자, 관찰 당함, 아플 때의 행동, 운동 기술 획득, 도덕적 일탈의 몇몇 범주, 그 밖의 수십 종에 달하는 존재, 조건, 행위, 관계 등.

하지만 전문적인 도구들의 모음이라 하여 서로 차단, 격리되어 따로따로 작동한다는 의미가 아니다. 진화는 다양한 조합과 순열로 함께 상호작용하며 돌아가는 적응을 선호한다. 음식물의 섭취 여부를 결정할 때 시각과 후각과 허기짐이라는 다른 도구들을 종합하여 결정을 내리는 것을 생각해보라.

물론 그렇다고 진화심리학에서 일반적인 기제의 존재를 모조리 부정하지는 않는 것으로 보인다. 보편적 지능, 개념 형성, 유추, 작업기억, 고전적 조건화와 같은 것들 말이다. 이는 예측 불가능한 기후변화와 같은 급변하는 환경에 적응하기 위한 산물로 추정된다.

그리고 위와 같은 구체적인 하위 프로그램들을 활성화시키고 상호작용하게 만드는 것이 우리의 감정이라고 본다(위의 사례에서는 두려움). 감정은 지각, 주의, 추론, 학습, 기억, 운동 계획, 목표 고르기, 동기 우선순위, 생리 반응, 반사운동, 행동 결정 규칙, 에너지 레벨 및 노력 분배, 확률 추산, 상황 평가, 표정 등의 하위 프로그램 명령을 실행시키는 상위기제인 것이다.

✔ 감정은 아주 중요한 주제이므로 이야기가 나온 김에 잠깐 살펴보고 가자.

감정은 우리의 통념과 달리 인지의 반대가 아니다. 우리가 지각한 현재 상황에 대해 우리의 뇌가 어떤 해석을 하느냐에 따라 '우리가 느낀다고 생각하는' 감정의 종류가 결정되는데 우리는 그 해석을 자각할 수 없다. 예를 들어 몸에서 얼굴이 붉어지고 씨익씨익 숨이 가빠졌다는 신호가 왔다. 같은 몸의 상태임에도 불구하고 뇌는 상황에 따라 해석을 달리하여 분노를 느낄 수도, 당황스러워할 수도 있는 것이다. 즉 뇌가 해석한 몸이나 외부 세계의 상태에 대한 해석의 결과만이 의식에 영향을 준다고 할 수 있다. 결과적으로 감정은 인지의 반대가 아니라 함께 작용하며, 사고를 조종하는 표지marker 역할을 한다는 것이 감정에 대한 현대적 관점이다.

감정 역시 진화의 산물이다. 진화의 역사에서 드러나지 않은 (위험회피를 위한) 공포는 습득하기 어렵다는 점을 떠올려보라. 어린이들은 뱀에 대한 두려움을 가지지만 콘센트만 보면 쇠젓가락을 쑤셔넣고 싶은 충동을 갖고 있다. 조상들의 세계에 뱀은 회피해야 할 요소였지만 그 당시 아쉽게도 콘센트는 없었다. 우리의 적합도, 즉 생존과 번식에 영향을 주는 특정한 상황에서 그 상황과 연결되는 감정의 스위치가 켜지도록 진화한 것이다.

이 중 흥미와 의욕같이 '동기'를 추동하는 감정은 우리의 적합도를 극대화하는 '결정'을 내리는 데에 중요한 역할을 한다. 이에 대한 대표적인 예시는 산딸기 채집이다. 수렵채집인인 여러분은 덤불에서 산딸기를 신나게 따고 있다. 한 덤불에서 산딸기를 어느 정도 땄으면 일을 멈추고 새로운 덤불을 찾으러 떠나야 한다. '임계치 정리Marginal Value Theorem'는 현재의 덤불에서 딸 수 있는 산딸기 개수가 새로운 덤불로 옮겨감으로써 시간당 얻을 수 있는 산딸기의 개수보다 낮아질 때 우리는 행동을 멈추고 새로운 곳으로 이동해야 한다고 말해준다. 의식적으로 이를 해결하려면 복잡한 계산이 필요하다. 하지만 우리는 그런 복잡한 계산을 하지 않는다.

우리는 뭐든 적당한 시간 동안 하면 흥미를 잃는다. 인터넷에서 웹서핑을 하는 당신의 모습을 떠올려보라. 한 사이트에서 적당히 정보를 찾다가 금새 질려 다른 사이트를 찾아 떠난다. 그리고 우리가 흥미를 잃는 그 순간은 현재의 덤불에서 얻을 수 있는 산딸기의 개수가 다른 덤불에서 얻을 수 있는 개수보다 낮아지는 그 시점과 대체로 일치한다. 행동전환을 위해 복잡한 계산이 필요없도록 우리의 의욕이 일을 알아서 처리하는 것이다. 이러한 식량탐색 메커니즘은 그 유명한 도파민에 의해 추동된다. 이 얼마나 놀라운 의사결정 장치인가. 이 놀라운 기능은 너무나도 쓸모가 있어 우리는 21세기에도 여전히 동기와 감정에 의한 의사결정을 늘상 활용한다. 우리의 의식은 이를 정당화하는 데에만 사용될 뿐이다.

다른 측면의 감정을 보자. 우리를 쓸데없이 우울하게 또는 과민하게 만들어 일상생활을 영위하는 데에 불편함을 주는 부정적인 감정들은 우리의 골칫덩어리다. 이러한 부정적인 감정들은 화재감지기 원리smoke detector principle[4]로 설명이 된다.

우리의 예측 기제들은 항상 위양성과 위음성의 위험을 내포한다.[5] 하지만 위양성보다 위음성은 실제 위험에 전혀 대처하지 못하게 만든다는 점에서 훨씬 더 치명적인 결과를 가져온다. 따라서 우리의 평가, 예측 기제는 위음성을 피하는 쪽으로 조정되었을 것이며 위양성을 많이 생산할 것이다. 화재감지기처럼 일단 경보를 울리는 편이 안전하다. 감정도 마찬가지다. 개별 구체적 상황에서는 불필요한 경우도 많지만 적은 비용으로 큰 손실을 방지할 수 있다면 거짓 경보는 감수할 만한 것이다. 이러한 거짓 경보로 인한 '증상'들은 개인에게는 상당한 비용이 될 수 있지만 우리 유전자에게는 이득이 된다.

이와 같은 문제들을 해결하기 위한 도구 세트의 총체이자 진화된 심리 기제가 우리의 마음인 것이다. 대한민국 최초의 진화심리학자로 불리는 전중환 교수님[6]은 이러한 우리의 마음을 '오래된 연장통'이라 불렀다.

이왕 진화심리학 이야기가 나온 김에 몇 가지 예를 보고 가자. 진화심리학은 너무 방대한 분야를 다루기에 다 소개할 수 없으니 우리가 제일 좋아하는 것을 보고 가자. 먹는 것이다. 먹을 것을 향해 움직이고 위협으로부터 회피하는 것은 생명체의 가장 기초적인 생존을 위한 반응이다.

우리는 잡식성 동물이다. 고기를 먹는다. 고기는 이상적 음식이지만

---

4 화재감지기 원리에 대해서 더 상세히 알고 싶은 호기심이 생긴 독자라면 다음 책을 참조하자.
랜돌프 M. 네스(2020). 안진이 역. "이기적 감정". 더퀘스트. p.101

5 위양성은 사실은 음성이지만 검사가 잘못되어 양성의 결과가 나온 경우를, 위음성은 반대로 사실은 양성이지만 음성의 결과가 나온 경우를 일컫는다.

6 참고로 전중환 교수님의 스승이 바로 위에서 언급한 데이비드 버스이다.

단점이 있다. 조상님들이 사바나에서 뛰어노시던 당시에는 굉장히 구하기 힘든 음식이었다는 것이 첫 번째 단점이고 두 번째이자 치명적인 단점은 기생체가 살기 쉽다는 것이다. 그래서 기생체 회피라는 목적을 위해 역겨움이라는 기제가 발달했다. 이는 전 세계 대부분의 문화권에서 역겨움이나 사회적 금기로 여겨지는 음식들은 전부 동물성 음식이라는 사실에 의해 뒷받침된다. 그리고 역겨움의 대표적인 반응은 입을 크게 벌리고 혀를 내미는 표정을 짓는 것인데 이는 음식을 뱉어내는 것과 관련이 있는 행동이다. 위에서 언급했듯 개개의 동기체계는 독특한 감정경험(갈증, 허기, 두려움, 질투 등)과 연결된다. 이처럼 역겨움의 기본 동기가 기생체 회피라고 보는 모델을 질병회피모델이라 부른다.

우리는 몸 내부의 면역계를 가지고 있지만 질병을 회피하는 행동을 유발하는 행동면역계 역시 가지고 있다. 질병 중 특히 전염병은 우리 같은 사회적 동물에게서 치명적이다. 때문에 우리의 많은 문화적 규범도 질병회피의 목적에서 비롯된 것으로 보인다.

과학자들은 고온 다습한 기후 등으로 전염병 위험에 취약한 문화권에서는 규범에 동조하는 경향이 강하며, 외향성과 친화성의 경향이 낮아진다는 사실을 발견했다.[7] 그리고 이러한 문화권에서는 건강을 의미하는 대칭성과 전형성을 갖춘 외모에 대한 선호도가 더 높고, 외견상 다른 '형태적 이형'에 대한 혐오, 그리고 외국인 혐오가 만연한 경향이 있다. 즉 외향성, 개방성, 동조, 집단주의의 문화 차이는 병원체 유행의 생태적 변이에 의해 영향을 받는 것으로 보인다. 이렇게 보편적 심리기제가 각기 다른 환경 조건에 반응하여 각기 다른 문화적 차이를 빚어내는 것을 진화심리학에서는 유발된 문화evoked culture라 부른다.

---

7 데이비드 버스 편집. 위의 책 p.349를 참조했다.

이왕 시작한 김에 먹을 것과 관련된 내용을 하나 더 보자. 식량 수집 행태에 의해 성-특이적인 공간 전문화가 이루어졌다. 안정적으로 영양분 높은 식량을 조달하기 위해 우리의 조상들은 남성이 사냥을, 여성이 채집을 주로 하도록 성별에 따른 분업을 시행해왔다. 사냥을 주로 하던 남성들은 넓은 영토에서 사냥감을 추적하고, 사냥을 한 뒤 직선거리로 돌아와야 했으며, 채집을 하던 여성들은 구역 내에서 먹을 수 있는 식물을 찾고, 다시 그 장소를 찾을 수 있어야 했다. 거기다가 남성은 서로 간의 번식의 기회를 두고 경쟁을 해야 했으며 여성은 자신과 자식의 신체적 안전을 꾀하기 위해 위험의 존재를 더 예민하게 파악하고 은신처나 탈출로를 찾고 기억해야 했다.

결과적으로 남성은 넓은 공간의 정신지도를 그릴 수 있는 능력을 발달시켰고, 장거리 길찾기에 유용한 단서인 정위orientation를 잘 포착한다. 즉, 자신의 위치와 방향에 대한 절대적 표지인 동서남북 좌표계(이를 기본 방향이라고 부른다)를 잘 파악한다. 반면 여성은 작고 이미 관찰한 적이 있는 공간의 세부지도를 그리는 능력을 발달시켰으며 덕분에 남성보다 더 시야가 넓고 상대적 방향, 즉 전후좌우를 잘 사용하며 스캐닝, 즉 지각속도 검사에서 남성보다 뛰어나다. 또한 물체의 공간적 배치 형태를 학습하는 능력이 남성보다 더 뛰어나다. 그래서 정위보다는 지표landmark를 잘 활용한다.[8]

널리 알려진 쇼핑몰에서의 남녀 행동 차이를 생각해보라. 남성은 목표를 향해 직진하고 원하는 상품만 찾고 바로 돌아온다. 그리고 친구와 함께, 큰 걸 가져오는 일을 무엇보다 좋아한다. 협동하여 큰 사냥감을 끌고 돌아오는 모습과 전혀 달라진 것이 없다! 그리고 여성들은 공

---

8 같은 책 p.376 참조.

간과 상품의 세부 배치를 더 잘 파악한다.

이것들이 먹을 것을 찾는 전략과 관련된다는 증거는 식료품점에서 남성과 여성 모두 영양소가 상대적으로 더 높은 식품에 대한 구별과 배치 파악을 더 잘한다는 점에서 드러난다. 이러한 성차는 대부분의 문화권에서 나타나며 사춘기 때부터 꾸준히 나타난다. 심지어 설치류도 수컷이 공간 능력의 측면에서 더 뛰어나다는 것이 확인된 바 있다. 이러한 결과가 문화적 성 역할 차이에 의한 것 아니냐고? 유엔의 성 관련 발달 지수를 놓고 보았을 때 성 평등 평점이 높은 나라에서 오히려 성 차이가 크게 나타났다.[9]

여기까지 우리는 '인간'에 대한 과학적 논의들을 살펴보았다. 이제 인간'들'을 살펴보자. 우리가 '왜' 그리고 '어떻게' 지금과 같이 무리를 지어 살게 되었는가에 대한 논의다.

---

9 이러한 결과에 대해 성평등 지수가 높은 선진국일수록 개인의 자유로운 선택권이 보장되기 때문에 자유롭게 자신의 본성에 맞는 행동을 하기 때문이라는 해석이 있다.

참고서적

[저자(출간 연도). 역자. "제목". 출판사. 순]

1. 리처드 도킨스(2016). 홍영남, 장대익, 권오현 역. "확장된 표현형". 을유문화사.

현재의 정통적 진화론을 이해하기 위해 필수적으로 읽어야 하는 리처드 도킨스의 역작. "이기적 유전자"는 다들 읽었을 테니까. 도킨스도 "내가 쓴 책 중 어떠한 것도 읽지 못했다 해도 상관없다. 하지만 적어도 이 책만은 읽기 바란다."라고 했다. 그러니 읽기 바란다. 이 책의 핵심 주장은 한마디로 유전자('복제자')가 자신의 복제본을 더 많이 퍼뜨리는 과정에서 그 유전자가 포함된 개체뿐만 아니라 다른 개체와 세계마저 '운반자'로 만들어낸다는 주장이다. 대표적으로 거미줄과 흰개미의 개미집, 비버가 만들어낸 댐을 들 수 있다. 이 책을 통해 도킨스는 "이기적 유전자"에서 시작한 유전자 중심의 진화적 사고관을 전 세계로 확장시켰다.

2. 에드워드 윌슨(2011). 이한음 역. "인간 본성에 대하여". 사이언스북스.

'사회생물학'의 창시자인 에드워드 윌슨의 대표작이다. 학습, 문화, 전쟁, 협력, 도덕, 성 등 인간의 사회적 행동들의 진화적 기원을 탐구한다. 이미 고전이 된 너무나도 멋진 저서다. 인간의 유전자에 각인된 본성의 대부분은 포유류의 것이며, 그나마 인간의 것은 '수렵채집인의 그 시절 환경 상황에서의 생존'에 맞게 빚어져왔다. 스마트폰을 쓰지만 우리는 아직 수렵채집인의 몸과 정신을 가지고 있다. 그러므로 우리의 본성을 탐구하여 사회를 인간 본성에 적합하게 다시 세우는 것, 그것이 현재 지식인이 해야 할 일이라고 나는 믿는다.

3. 존 핸즈(2022). 김상조 역. "코스모사피엔스". 소미미디어.

나도 처음에는 진화와 인간에 관한 이 챕터를 정통적 진화론의 관점에 입각해서 썼다. 다른 많은 과학책들처럼. 그렇게 하는 것이 안전했을 것이다. 거기에 에드워드 윌슨의 변경된 견해를 덧붙인 정도였다. 하지만 이 책을 읽고 마음을 고쳐먹고 전부 뜯어고쳤다. 이 책을 통해서 특히 종분화와 관련해서는 신다윈주의의 정통적 견해의 설명력이 부족하고 그 외에도 다른 진화의 프로세스들이 많이 주장되고 있다는 사실을 알게 됐다. 이 챕터 초반의 내 문투가 다른 곳과 달리 상당히 조심스러웠던 것은 이 책의 영향이다.

이 책은 우주의 탄생부터 인간 지성의 출현까지, 그야말로 제대로 된 인간의 역사를 탐구하는 과정이며, 그 과정에서 현재의 정통적인 우주론과 진화이론들에 대한 무수한 비판을 담아냈다. 무비판적으로 정통적 견해를 지지해온 과학자들의 자존심에 엄청난 스크래치를 낸 문제작이다. 과학은 이렇게 스스로 발전한다.

4. 리처드 C. 프랜시스(2013). 김명남 역. "쉽게 쓴 후성유전학". 시공사.

말 그대로다. 후성유전에 대해 조금 더 알고는 싶지만 너무 전문적인 서적은 피하고 싶으신 분들에게 추천드린다. 풍성한 예시와 이해하기 쉬운 문장으로 최신의 후성유전학적 발견들에 대해 배울 수 있다.

5. 모헤브 코스탄디(2019). 조은영 역. "신경가소성". 김영사.

이 책의 부제는 '일생에 걸쳐 변하는 뇌와 신경계의 능력'이다. 그리고 바로 이것에 대해 가장 쉽고 정확하게 핵심만 짚어준 저서다. 신경가소성은 후성유전과 더불어 빈 서판론자들에게 만능처방약으로 환영받아온 개념이다. '출생 후 뇌가 변한다면 인간을 원하는 대로 개조시킬 수 있다는 빈 서판 이론이 옳구나!'하고 착각한 것이다. 이러한 오해까지 한 번에 해결할 수 있다. 우리 같은 비전공자들조차 이해할 수 있도록 쉽게 쓰였으며 게다가 무척 얇아서 가볍게 읽기도 좋다.

6. 존 카트라이트(2019). 박한선 역. "진화와 인간 행동". 에이도스.

자연선택과 성선택, 문화와 도덕 등 진화론에서 다루는 방대한 모든 주제를 인간 행동과 관련된 측면에서 탁월하게 엮어냈다. 견해 대립이 첨예한 부분에 대해서도 균형 잡힌 서술이 일품이다. 인간을 진화론적 관점에서 보고 싶은 사람들에게 제1순위로 추천하고 싶은 저작이다. 사실상 이 챕터의 모든 내용이 이 책에 다 들어가 있다. 실제로 전 세계 여러 대학에서 교과서로 쓰이는 저작이지만 교과서답지 않게 부드럽게 잘 읽힌다는 점에서도 추천할 만하다.

7. 리처드 프럼(2019). 양병찬 역. "아름다움의 진화". 동아시아.

성선택의 측면에 집중하여 아름다움과 욕구의 힘을 강조한다. 세상에는 별의별 아름다움이 다 있고, 아름다움은 그 자체로 진화의 원동력이다. 리처드 프럼은 '적응'의 관점만을 강조하는 기성의 진화적 견해들을 비판하며 자연선택만으로는 오롯이 설명할 수 없는 생물의 다양한 아름다움을 그려나간다. 특히 암컷의 성적 자기결정권을 위해 진화한 성전략들을 강조하여 기존의 수컷의 욕구 위주의 패러다임에 신선한 충격을 가한다.

8. 데이비드 M. 버스 편집(2019). 김한영 역. "진화심리학핸드북 - 1, 2". 아카넷.

그야말로 진화심리학의 모든 것을 담은 책이다. 진화심리학의 시작부터 최근의 연구, 그리고 진화심리학 특유의 연구방법론들까지 다양한 주제가 가득하다. 진화심리학은 일반인들에겐 남녀차이에 대한 연구들로 유명한데 그러한 재미있는 주제들은 당연히(!) 잔뜩 포함되어 있고 그 외에도 문화, 도덕, 종교, 동성애 등등 우리가 흥미로워할 만한 인간 심리에 대한 모든 것이 다 포함되어 있다. 사실 그럴 수밖에 없다. 총 두 권짜리 책인데 책 한 권 사이즈가 백과사전만 하다. 한국이나 미국이나 교수님들은 도대체가 '핸드북'이 무슨 뜻인지를 잘 모르는 것 같다.

9. 전중환(2019). "진화한 마음". 휴머니스트.

사실 위에 쓴 진화심리학핸드북이 진화심리학 끝판왕이지만 교양서가 아니라 논문 모음집의 성격이 있기 때문에 문외한이 접근하기는 상당히 어렵다. 그래서 진화심리학 초심자에게 추천할 책이 필요하다. 바로 이 책이다. 데이비드 버스의 제자이자 대한민국 최초의 진화심리학자라 불리는 전중환 교수님이 쉽게, 재미있고 중요한 주제들만 추려낸 진화심리학의 정수를 맛볼 수 있는 책이다.

10. 스티븐 핑커(2004). 김한영 역. "빈 서판". 사이언스북스.

인간의 본성을 부정하는 이들에 대한 비판이다. 벽돌책으로 유명하지만 내용은 간단하다. 현대 지식사회가 과학적 지식이 아닌 '빈 서판' 이론을 기반으로 하여 쌓아올려져 오는 바람에 생긴 정치, 사회, 경제적 문제점들을 탐구한다. 그리고 그들이 어떻게 터무니없는 논리로 과학자들의 '진리에의 탐구'를 비난해왔는지 어처구니없는 사례들을 더하고 이를 반박하는 수많은 연구결과를 소개한다. 사회과학도라면 반드시 읽어야 할 고전 중의 고전이다. 이 책이 고전으로 평가받는다는 것은 아직도 저자가 비판하고자 했던 현실이 여전히 현실이기 때문이다. 우리에게는 나아가야 할 길이 많이 남아 있다.

11. 칼 짐머(2018). 이창희 역. "진화". 웅진지식하우스.

위에서 진화의 세부 내용을 각각 다룬 책을 많이 소개했지만 아예 진화에 대한 초심자분들은 진화라는 것 자체와 진화론 전반에 대한 학습이 필요할 수 있다. 이미 고전으로 자리잡은 저서로 진화론의 역사부터 핵심 아이디어를 이해하기 쉽게 그려냈다. 그러면서도 균형잡힌 시각을 잘 유지했다. 진화론 초심자에게 가장 도움이 될 책이다.

12. 랜돌프 M. 네스(2020). 안진이 역. "이기적 감정". 더퀘스트.

우리의 본성, 그리고 감정과 정신에 대해 진화적 관점을 접목시킨 책이다. 저자는 의사로서 이 책을 통해 진화생물학과 정신의학 사이의 협곡에 다리를 놓는다. 학문 간 다리를 놓는다는 의미에서 통섭의 좋은 예이기도 하고 그로 인하여 얻어낸 통찰 그 자체가 굉장히 충격적인 작품이다. 인간과 삶과 사회에 대해 고민하는 인간이라면 반드시 일독을 권한다. 우리의 감정에 대한 탐구는 학문적 의미 외에도 이 책은 '왜 인간의 삶은 고통으로 가득한가?'라는 철학적 질문에 대한 답이기도 하다. 답을 찾고 싶다고? 이 책을 펼쳐보자.

13. 최재천(2012). "다윈 지능". 사이언스북스.

대한민국에서 가장 저명한 과학자 중 한 분이자, 에드워드 윌슨의 제자인 최재천 교수님이 쓴 책으로 진화론의 폭넓은 주제와 쟁점들에 대해 다룬다. 최재천 교수님 특유의 편안한 문체로 쉽게 진화생물학의 세계를 들여다볼 수 있게 해준다. 그를 수식하는 '과학전도사'라는 말이 딱 어울리는 저서.

14. Kathryn Paige Harden(2021). "The Genetic Lottery". Princeton University Press.

앞서 유전자와 환경의 상호작용으로 우리가 빚어짐을 강조했다. 그렇다면 '어떻게?'와 '얼마나?'에 대한 의문이 생기기 마련이다. 이 책은 유전자와 환경에 의해 우리네 인생이 좌우되다시피 한다는 것을 실증하며 우리의 의문을 해소해준다. 곧 한글 번역판이 출간될 예정이며 우리 책의 생명과학 파트를 검토해주신 이동근 님이 옮겼다.

- 레이 커즈와일(2007). 장시형 역. "특이점이 온다". 김영사.
- 폴 너스(2021). 이한음 역. "생명이란 무엇인가". 까치.
- 에르빈 슈뢰딩거(2021). 서인석 역. "생명이란 무엇인가". 한울.
- 국립과천과학관(2021). "과학은 지금". 시공사.
- 빌 브라이슨(2020). 이덕환 역. "거의 모든 것의 역사". 까치.
- 주디스 리치 해리스(2022). 최수근 역. "양육가설". 이김.
- 에드워드 윌슨(2005). 장대익, 최재천 역. "통섭". 사이언스북스.
- 에드워드 윌슨(2016). 이한음 역. "인간 존재의 의미". 사이언스북스.
- 에드워드 윌슨(2020). 이한음 역. "창의성의 기원". 사이언스북스.
- 최재천(2015). "통섭의 식탁". 움직이는서재.
- 장대익(2015). "다윈의 식탁". 바다출판사.
- 장대익(2015). "다윈의 서재". 바다출판사.

- 장대익(2017). “다윈의 정원”. 바다출판사.
- 존 그리빈, 메리 그리빈(2021). 권루시안 역. “진화의 오리진”. 진선BOOKS.
- 리처드 도킨스(2018). 홍영남 역. “이기적 유전자”. 을유문화사.
- 리처드 도킨스(2021). 김명주 역. “영혼이 숨쉬는 과학”. 김영사.
- 리처드 도킨스(2015). 이한음 역. “악마의 사도”. 바다출판사.
- 캐머런 스미스, 찰스 설리번(2011). 이한음 역. “진화에 관한 10가지 신화”. 한승.
- 마크 뷰캐넌 외(2017). 김성훈 역. “우연의 설계”. 반니.
- Mary K. Campbell, Shawn O. Farrell, Owen M. McDouga(2019). “생화학 제9판”. 라이프사이언스.
- 스티븐 핑커(2021). 김한영 역. “지금 다시 계몽”. 사이언스북스.
- 매트 리들리(2004). 김한영 역. “본성과 양육”. 김영사.
- 매트 리들리(2006). 김윤택 역. “붉은 여왕”. 김영사.
- 프란스 드 발(2018). 장대익, 황상익 역. “침팬지 폴리틱스”. 바다출판사.
- 샤론 모알렘(2015). 정경 역. “유전자, 당신이 결정한다”. 김영사.
- 네사 캐리(2015). 이충호 역. “유전자는 네가 한 일을 알고 있다”. 해나무.
- 빌 설리번(2020). 김성훈 역. “나를 나답게 만드는 것들”. 브론스테인.
- 데이비드 버스(2012). 이충호 역. “진화심리학”. 웅진지식하우스.
- 데이비드 버스(2007). 전중환 역. “욕망의 진화”. 사이언스북스.
- 리사 펠드먼 배럿(2017). 최호영 역. “감정은 어떻게 만들어지는가?”. 생각연구소.
- 이시카와 마사토(2016). 박진열 역. “감정은 어떻게 진화했나”. 라르고
- 전중환(2010). “오래된 연장통”. 사이언스북스.

03

그럼 인간'들'은?

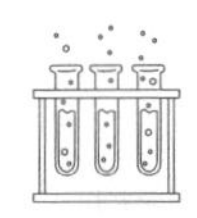

사회성

우리는 사회적 동물이다. 이는 단순히 인간이 그저 모여서 살기 때문만이 아니다. 많은 연구결과는 좋은 친구관계가 있는 사람은 실제로 더 건강하게 오래 살며, 사회적으로 고립된 사람들은 건강이 악화되며 일찍 죽는다는 사실을 보여준다. 인간은 서로가 서로를 필요로 하는 존재인 것이다. 앞에서 협력이라는 키워드가 나온 김에 어떻게 우리가 무리를 형성하게 되었는가에 대한 이론들을 잠깐 살펴보고 가자. 일단 확실한 건 10만 년 전 우리 조상들이 "사회계약"을 맺지는 않은 것으로 보인다.

인간의 사회성이 어떻게 형성되었는가에 대한 역사를 매우 간추려 정리하면 다음과 같다.

1) 육지에 살았고, 육상동물 중 드물게 큰 몸집을 갖췄다는 물리적 제약이 있었다.
2) 나무 위에서 내려와, 직립보행을 통해 사물을 쥐고 조작할 수 있도록 진화한 손이 출현했고, 이 혁신은 뇌의 통합능력을 통해 지능의 모든 다른 영역들로 확산되었다.
3) 그리고 후속 단계로써 육식을 포함하도록 식단의 변화가 일어났고,
4) 고기를 확보하기 위한 협력이 필요해졌으며, 이는 고도로 조직화

된 집단의 형성으로 이어졌다.

5) 고기, 불, 요리를 갖추고 지속적인 피신처 역할을 하는 야영지를 마련하게 됐다.[1] 내가 고기를 이렇게 좋아라 하는 이유가 다 있는 것이다!

이러한 과정을 거쳐 인간 무리 그리고 우리의 사회성이 탄생되었다. '어쩌다?'를 봤으니 이제 '어떻게?'를 살펴보도록 하자.

호모 사피엔스가 다른 사람(Hominidae. 호미니드)과 동물들을 제치고 만물의 영장 자리를 차지하게 된 원인에 대한 설명 중 우리에게 가장 잘 알려진 내용은 유발 하라리의 "사피엔스"[2]에 나오는 것이다. 즉 인간은 추상적인 허구의 이야기를 지어내서 공유할 수 있는 능력을 지녔기에 협력을 할 수 있었고 다른 호미니드들에 비해 우위에 설 수 있었다는 것이다.

조금 더 나아가 최근 진화 생물학자 마크 모펫은 그의 저서 "인간 무리"[3]에서 다른 동물들과 달리 인간은 오감을 통한 서로에 대한 식별 가능성에 제한받지 않고 정체성 표지를 공유함으로써 '익명 사회', 즉 전혀 모르는 사람과도 거리낌 없이 접촉하며 사회생활을 할 수 있는 능력을 지니게 됐다고 한다. 그리하여 인간 사회와 국가가 역사학자들이나 사회과학자들이 주장하는 것과 같은 근현대의 발명품이 아닌, 인간의 모여서 협력하고자 하는 본성에 뿌리를 둔 유서 깊은 '자연스러운' 현상이며 인간

---

1 인간 진화에 대한 서술은 문헌마다 조금씩 다르다. 여기에서는 에드워드 윌슨(2013). 이한음 역. "지구의 정복자". 사이언스북스. p.35~65를 참조했다. 독자 여러분들에게 꼭 일독을 권한다.

2 2015. 조현욱 역. 김영사.

3 2020. 김성훈 역. 김영사.

의 보편적 행동양식이라고 한다. 우리는 매일 아침 낯선 사람들이 가득한 카페에 들어가서 아이스 아메리카노를 주문하며 일과를 시작한다. 당연한 것으로 보인다. 하지만 이는 인간 사회의 기적이다. 당신이 침팬지였다면 커피 한 잔 주문은커녕 낯선 이들에게 접근하는 순간 찢겨 죽었을 것이다!

현재 우리는 점차 사회가 파편화되고 개인주의를 주장하는 이들이 많아지는 현상을 목격하며 이러한 주장에 의문을 품을 수 있다. 하지만 그런 이들이 사회에서 벗어나 가장 시간을 쏟는 일이 바로 인터넷 커뮤니티 활동이라는 아이러니 역시 목격하고 있다.

이쯤 돼서 인간의 사회성과 관련하여 요즘 인기를 얻고 있는 가설을 하나 소개하고자 한다. 아직까지 과학자들 사이에서 합의가 이루어졌다고 볼 단계는 아닌 것 같아 가설이라는 표현을 살렸다. 하지만 이 가설이 주장하는 바는 매우 인상적이고 놀라운 통찰을 드러내며, 매우 희망적이다. 바로 자기가축화 가설이다.

이 가설의 핵은 (동물이든 인간이든) 인간과 친근할수록 사회적 지능이 높고, 그러한 영리한 동물과 인간들은 점점 더 친근해지도록 스스로를 변화시켜왔다(즉 자기가축화를 했다)는 것이다.[4]

이 가설과 관련하여 가장 유명한 실험은 벨랴예프와 류드밀라의 여

---

4 조금 더 자세한, 그리고 제대로 된 설명은 다음과 같다.
"인간 자기가축화 가설은 자연선택이 다정하게 행동하는 개체들에게 우호적으로 작용하여 우리가 유연하게 협력하고 의사소통할 수 있는 능력을 향상시켰을 것이라고 가정한다. 친화력이 높아질수록 협력적 의사소통 능력이 강화되는 발달 패턴을 보이고 관련 호르몬 수치가 높은 개인들이 세대를 거듭하면서 더욱 성공하게 되었다고 보는 것이다."
브라이언 헤어, 버네사 우즈(2021). 이민아 역. "다정한 것이 살아남는다". 디플롯. p.122

우 실험일 것이다. 그들은 여우를 오직 한 가지 기준으로 번식시켰다. 오로지 인간과의 친화력이 좋은 개체들만 번식시킨 것이다. 변화는 놀라웠다. 꼬리는 동그랗게 말렸고 주둥이는 짧아졌고 이빨이 작아졌다. 한마디로 귀여워졌다! 그리고 성체가 되는 시기가 빨라졌고 더 많은 새끼를 낳았으며 호전성이 감소했다. 거기다가 이러한 변화는 유전자 차원에서의 변화에 의한 것이라는 증거가 발견되었다.

우리는 우리가 기르는 동물들이 그리 똑똑하진 않다고 생각한다. 아마 이러한 가축들은 우리가 낭만 어린 시선으로 보곤 하는 '자연 상태에서의 생존 방법'을 모두 잊어버렸기 때문이리라. 그런데 정말 그런가? 인간과 함께 해온 동물들은 다른 관점에서 엄청나게 똑똑하다. 바로 사회적 지능이라 할 수 있는 상대방(인간)의 의도를 파악하는 능력이다. 뒤에서 언급할 마음이론의 발현인 것이다. 가축들을 제외하고는 심지어 영장류도 이러한 능력을 갖기는 쉽지 않다. 하지만 개들과 앞서 언급한 류드밀라의 여우들은 사람의 의도와 손짓을 읽어낼 줄 알았다.

동물뿐만 아니다. 인간도 점점 친근해져왔다. 아니, 더 강하게 친근해졌다. 우리는 다른 동물들보다 더 많은 신경세포를 가졌고 자제력과 감정조절능력이 강하다. 이런 변화가 가장 명확하게 드러나는 부분은 우리의 해부학적 구조 자체가 변한 것이다. 유아적 모습으로. 두개골의 눈썹활[5] 돌출 정도가 줄어들고 얼굴이 짧아지고 좁아졌다. 즉, 머리가 둥글둥글해졌다. 한마디로 우리는 훨씬 덜 위협적인 모습으로 변해오고 있다. 마치 귀여운 아이처럼.

그리고 눈에는 흰자가 생겨 다른 동물들과 달리 자신이 어디를 보는지 광고를 하며, 상대의 시선을 읽을 수 있게 되었다. 이렇게 얻은 친

---

5 이마뼈에서, 눈구멍 위 모서리 위쪽 미간부터 양옆으로 뻗은 뼈의 선을 말한다.

화력을 바탕으로 우리는 협력을 할 수 있었고, 집단행동은 또 다시 사회적 관계를 연산하기 위한 신경망의 발달을 일으켜 만물의 영장이 될 수 있었다. 자기가축화 가설을 주장하는 학자들은 인간의 자기가축화가 일어난 시기를 약 8만 년 전으로 추정하며 이 시기는 인구폭발과 기술혁명이 일어난 시기와 일치한다.

스티븐 핑커는 "우리 본성의 선한 천사"[6]에서 인류 문명의 발전에 따라 인간의 폭력성이 점차 감소해왔음을 훌륭하게 논증한 바 있다. 여기서 한 걸음 더 나아가 뤼트허르 브레흐만은 그의 저서 "휴먼카인드"[7]에서 인류 문명의 발전 '덕분에' 폭력성이 감소한 것이 아니라 대부분의 인간이 '애초에' 착한 동물이라는 주장을 펼친다. 그는 이러한 우리 착한 인류를 '호모 퍼피'라 부른다. 멍멍!

굳이 전문 서적을 찾아볼 것도 없이 자기가축화 가설을 지지하는 우리네 삶과 아주 밀접한 관련이 있는 증거가 있다. 모든 문화와 시대를 막론하고 우리가 꼽는 이상적인 배우자가 가져야 할 가장 중요한 자질 리스트에는 항상 '친절함'이 포함된다는 사실을 떠올려보자. 인성이 나쁜 이성을 배우자감으로 선호하는 이는 극히 드물다. 나도 매우 친절한 사람이다. 이성에게 배우자감으로 선택됐기 때문이다. 어쨌든 이는 성선택의 관점에서도 우리가 점점 친근한 형질을 진화시켜왔다는 충분한 근거가 되지 않을까.

---

6 스티븐 핑커(2014). 김명남 역. "우리 본성의 선한 천사". 사이언스북스.
7 뤼트허르 브레흐만(2021). 조현욱 역. "휴먼카인드". 인플루엔셜.

참고서적

[저자(출간 연도). 역자. "제목". 출판사. 순]

1. 에드워드 윌슨(2013). 이한음 역. "지구의 정복자". 사이언스북스.

에드워드 윌슨의 많은 걸작 중 하나. 인간 진화의 전반적인 내용을 다루면서 인간의 조건인 사회성을 집중적으로 탐구했다. 그것 자체만으로도 매우 훌륭하고 배울 것이 많은 책이다. 그런데 그뿐만이 아니다.

이 책에서부터 윌슨은 기존의 (윌슨 자신이 이론을 유명하게 만드는 데 일조했던) 해밀턴의 포괄적합도 이론 및 학계의 정설인 유전자 선택설에 대한 지지를 철회하고 자연선택의 단위는 유전자뿐만 아니라 개체와 집단까지 포괄한다는 다기준 선택설을 주창하기 시작했다. 이에 대해서는 아직도 논쟁이 휠발하며 그렇기 때문에 가장 중요한 윌슨의 저작으로 꼽힌다.

2. 마크 모펫(2020). 김성훈 역. "인간 무리". 김영사.

이 책의 부제는 '왜 무리지어 사는가'이다. 우리는 좋든 싫든 사회 속에서 살아간다. 그것도 생판 모르는 사람들로 가득한 사회 속에서. 이는 인간 외의 생물계를 생각하면 매우 놀라운 일이다. 사회적 곤충들을 제외하곤 이러한 익명사회를 갖는 종은 매우 적고, 손톱보다 큰 동물들의 경우에는 거의 없다. 더 놀라운 것은 우리는 그럼에도 불구하고 그러한 익명사회에 소속감을 가지며 살아간다. 당연한 듯 보이지만, 생각해보면 놀라운 일이 아닐 수 없다.

이 책은 그러한 '인간 사회는 어떻게 형성되었는가? 그래서, 사회란 무엇인가?'라는 질문에 대한 최신의 과학적 논의다. 그래서 그에 대한 답은 무엇인가. 전자에 대한 답은, 그리고 무리의 개체 하나하나를 알아야 하는 동물들과 우리의 차이점은 정체성 표지와 그 표지를 알아보는 능력 덕분이라는 것이 저자의 설명이다. 그리고 인간의 무리 형성, 즉 사회는 아주 오랜 내력을 가진 인간의 친사회적 본성의 일부이며 선택의 문제 혹은 정치적 편의를 위한 구성물이 아니라는 답을 내린다. 정치사회 분야의 전공자라면 필독을 권한다.

3. 브라이언 헤어, 버네사 우즈(2021). 이민아 역. "다정한 것이 살아남는다". 디플롯.

이 책에서 저자는 자기가축화 이론을 통해 우리가 우수한 사회적 지능을 갖추게 되고, 그로 인하여 지금의 만물의 영장 지위를 누릴 수 있게 만들어준 힘이 다름 아닌 친근함 덕분이라는 사실을 강조한다. 그동안 인간들은 적자생존이라는 단어 자체에만 초점을 맞추어 현재

사회 상황을 정당화하는 데에만 이를 이용해왔고, 다윈의 이름에 먹칠을 해왔다. 이러한 편견을 멋지게 깨주는 책이다. 우리는 침팬지보다는 보노보에 가깝다.

유대는 인간의 사회관계에 있어 긍정적인 역할을 했고, 우리는 협력하도록 진화했다. 가끔 촉발되는 우리의 공격성은 대부분 집단을 지배하려는 개인에 대한 것이었다. 옥시토신은 우리가 집단 내 타인을 접했을 때에도 유대를 형성하도록 도와준다. 그리고 타인과 쉽게 친구가 되는 능력을 통해 집단행동이 가능하게 되었고 우리 뇌 자체의 신경연결망도 크게 발전하게 되었다.

결론적으로 우리가 나아가야 할 길은 명확하다. 사회의 설계를 다양한 사람과의 접촉이 가능토록 바꾸고 서로를 사랑하자. 평화롭게. 우리는 친절함 덕분에 지금의 위치에 오르게 된 동물이고, 그 친절함을 통한 협력이야말로 우리를 더 발전시킬 수 있는 원동력을 제공한다. 우리의 생존은 피도 눈물도 없는 무한경쟁 속에서의 승리가 아니라, 더욱더 많은 친구를 만드는 친화력에 달렸다

4. 뤼트허르 브레흐만(2021). 조현욱 역. "휴먼카인드". 인플루엔셜.

굉장히 충격적인 작품이다. 나나 이 글을 읽는 독자분들이나, 먹물 좀 먹었다고 자부하는 사람들이라면 인간은 믿을 만한 존재가 아니라는, 성악설에 절여진 사고를 가지고 있으며 그것을 '현실적'이라고 생각하는 데에 익숙할 것이다. 인간을 믿고 착한 마음씨를 가진 사람들을 보면 뭔가 속이 뒤틀림을 느끼며 그것은 잘못된 것이며 뭘 모르는 순해 빠진 사람이라고 (속으로) 손가락질을 해댄다. 심지어 문화생활을 즐기면서도 희망차고 아름다운 인간과 사회의 모습을 그린 작품을 보면 '순진해 빠지고 현실을 모르는' 작품이라고 비판하고, 아주 끔찍하고 저열한 모습들을 그려낸 비관적인 작품을 보면 그것이야말로 현실의 참된 모습을 그려낸 훌륭한 예술작품이라 칭한다. 하지만 정말 그런가? 인간은 그저 악한가?

바로 이 지점에 저자는 의문을 던진다. 그리고 우리가 그러한 생각을 갖게 만든 원흉이 된 각종 저작과 실험들(여기에는 마키아벨리뿐만 아니라 윌리엄 골딩의 '파리대왕', 그리고 스탠리 밀그램의 전기충격 실험이 포함된다)의 신뢰성을 잘근잘근 반박한다.

감동적이다. 나도 세상은 대놓고 나쁜 놈들과 나쁜 놈이 아닌 척 잘 포장할 줄 아는 인간들로만 가득 차 있다고 믿어 의심치 않았다. 물론 나는 무지하게 착한 사람이지만 말이다. 하지만 이제 이 책을 읽었고, 인간 사회를 새로운 눈으로 바라볼 수 있게 되었다. 원래, 우리가 바라보았어야 했던 바로 그 방식으로. 이 책에서 끊임없이 반복되는 "대부분의 사람들 내심은 매우 고상하다"라는 아이디어를 받아들이자. 여러분도 이 책을 접하고 인간에 대한 생각이 180도 변하는 경험을 해보시라.

- 유발 하라리(2015). 조현욱 역. “사피엔스”. 김영사.
- 스티븐 핑커(2014). 김한영 역. “우리 본성의 선한 천사”. 사이언스북스.
- 브라이언 헤어, 버네사 우즈(2022). 김한영 역. “개는 천재다”. 디플롯.

옥시토신과 마음이론

이토록 사회를 이루어 협력하는 것은 인간의 보편적 행동이며 더없이 중요하다. 그런데 그와 같은 사회를 형성하고자 하는 욕구는 인간 사회를 분열시키는 힘도 키운다.

부모의 아이에 대한 사랑을 유도할 때 사랑의 호르몬으로 불리는 옥시토신이 큰 역할을 한다고 알려져 있다. 아이를 포옹하고 분만하고 수유하며 사랑할 때 옥시토신 농도가 증가한다. 심리학자들은 타인의 마음을 읽는 능력을 마음이론(Theory of Mind. 줄여서 ToM이라 표기하곤 한다)이라 부른다. 그리고 이 마음이론의 신경망은 안쪽이마앞엽 겉질[1]에 위치하고, 옥시토신은 이 안쪽이마앞엽 겉질을 활성화시키고 위협을 느끼는 편도체의 반응을 둔화시킨다. 이는 사회적 유대의 기본이 된다.

아참, 호르몬 이야기가 나온 김에 호르몬에 대해서 토막 상식 하나 보

---

1 내측전전두엽Medial Prefrontal Cortex. mPFC. 자기중심적 사고 및 자기감정인식 등의 감정조절을 담당하는 것으로 알려졌다.
이 부위는 고급 자동차 브랜드 로고를 볼 때도 활성화되는 것으로 알려져 있으며 블라인드 테스트에서는 펩시를 선택함에도 실제 구매할 때는 코카콜라를 선택하는 펩시의 역설과 관련이 있다. 브랜드 네임이 중요한 이유가 여기 있다.
갑자기 뇌과학에 흥미가 당기는가? 다음 책을 참조하라.
엘리에저 J. 스턴버그(2019). 조성숙 역. “뇌가 지어낸 모든 세계”. 다산사이언스. p.322~323

고 가자. 호르몬은 일반적으로 "다세포 생물에서 복잡한 생물학적 과정을 통해 수송되어 멀리 떨어진 기관까지 이동하여 생리나 행동을 조절하는 모든 신호 분자"[2]라고 정의된다. 몸의 어디에서인가 만들어져 몸의 다른 어디론가 가서 일을 하는 뭔지 모를 물질이라는 말이다. 정의만 보면 그 구성물이 화학물질인지 단백질인지 스테로이드인지도 알 수 없고 정확히 어떤 일을 하는지도 알 수 없다. 과학 시간에 이렇게 애매한 정의를 본 적이 있나?[3] 이렇게 애매한 정의를 내린 것은 실제로 우리가 잘 모르기 때문이다. 즉 이렇게 '목적적' 정의를 내리는 수밖에 별다른 수가 없다. 단백질인 호르몬도, 스테로이드로 구성된 호르몬도 존재한다.

그리고 최근까지도 호르몬은 내분비샘endocrine gland[4]에서만 생성되는 것으로 믿어져왔으나 꼭 그렇지도 않다는 것이 밝혀지고 있다. 더욱 놀라운 것은 호르몬이 몇 종류가 있는지 조차 합의가 이루어지지 않은 상태이다. 우리는 아직도 우리 몸에 대해 놀라울 정도로 무지하다.

어쨌거나 이 옥시토신은 아이를 지키기 위해 공격적인 행동을 할 때에도 역할을 맡는다. 그래서 야생동물의 새끼가 어미와 함께 있을 때 함부로 다가가면 안 되는 것이다. 우리는 사회성을 길렀지만 그 사회성의 친밀함은 '우리 집단'에 한정된다. 그 때문에 집단을 지키기 위해서라면 물불을 가리지 않고 뛰어드는 공격성까지 함께 갖추게 됐다.

---

2 Shuster M. Biology for a changing world, with physiology (Second ed.). New York, NY.

3 사실 과학 분야에서 애매한 정의는 매우 많다. 우리는 아직도 모르는 것이 많다.

4 생산물을 혈액으로 직접 분비하는 샘을 말하고 우리가 생물시간에 지겹게 외운 갑상샘, 뇌하수체, 정소, 난소, 이자 등이 주요 내분비샘이다. 반대 개념으로 외분비샘exocrine gland은 생산물을 표면으로 분비하는 샘으로 침샘, 땀샘 등을 생각하면 된다.

정치뉴스 댓글을 보면 상대편 진영을 사람이 아닌 것에 빗대어 공격하는 사람들이 수두룩하다. 우리는 이렇게 외부자가 된 이들에게 '비인간화' 즉, '우리와 같은 종류'에 속하는 존재라는 인식을 꺼버릴 수 있는 능력을 가지고 있다. "우리의 심리는 한때는 익숙했던 것을 낯선 것으로 바꾸어놓음으로써 이러한 변화를 지휘한다."(마크 모펫(2020). 김성훈 역. "인간무리". 김영사. p.448) 또 우리는 더 없이 착하고 서로를 위하는 순박한 사람들이 외부 세력에 맞서 싸울 때는 누구보다 용맹한 집단이기주의 전사가 되는 모습 역시 많이 보아왔다.

이런 위협적인 세상에 대한 해결책은 없을까? 간단하다. 접촉이다. 다른 집단의 구성원 역시 사람이다. 심리학자들은 다른 집단 구성원들과의 대화나 같은 팀에의 소속과 같은 간단하지만 친밀감 있는 접촉을 통해 '그들도 사람이라는 사실'을 알게 되면 타 집단에 대한 부정적 감정이 사그라든다는 사실을 발견했다. 우리는 기본적으로 친근한 동물이다. 그러므로 해결책도 친밀감을 쌓아가는 데에서 찾아야 한다.

이러한 사회성은 인간의 두뇌가 커진 것에도 큰 역할을 했다고 알려져 있다.[5] 덩치가 큰 동물을 사냥하고 위협으로부터 안정적으로 살아남아 후손을 남기기 위해서는 함께해야 하기 때문에, 그리고 인간이 함께하기 위해서는 상당한 수준의 사회적 지능을 필요로 하기 때문이다.

영국 옥스퍼드대학 교수이자 세계적인 석학인 로빈 던바는 여기서 한걸음 더 나아가 생물이 형성하는 사회집단의 크기 자체가 뇌(그중에

---

5 사회적 협력의 필요 외에 급변하는 기후변화에 적응하기 위해서, 육식 비중이 늘어남에 따른 영양 상태와 두개골의 구조가 바뀌면서 뇌가 커졌다는 다른 견해들도 있다. 아마 원인은 복합적일 것이다. 이러한 견해에 대해 더 알고 싶으신 분들은 루이스 다트넬(2020). 이충호 역. "오리진". 흐름출판. p.37을 참조하자.

서도 대뇌의 새겉질neocortex)[6]의 크기에 영향을 받는다고 한다. 이를 사회적 뇌 가설Social Brain Hypothesis이라 한다. 인간의 경우 그 집단 크기는 약 150명이며 자연스레 형성되는 사회집단에서라면 어디서든 이 숫자를 볼 수 있다.

던바의 수는 어디서든 발견되는 것으로 보인다. 소규모 채집사회(수렵-채집 사회와 전통적인 농경사회)의 평균 규모, 미국의 결혼정보업체에 따른 하객 수의 평균, 편지를 보낼 정도의 막역한 사이의 평균도 대략 150명이다. 심지어 현대의 후터파 공동체도 150명 규모가 한계라고 한다. 그 규모가 넘어가면 '암묵적 규범'으로 사회를 운영할 수 없고, 법과 경찰이 필요해지며 그것은 공동체 정신에 어긋나기 때문으로 보인다.[7] 그리고 던바의 수가 유명해진 현재는 이를 바탕으로 인위적인 사회조직의 최댓값도 150명을 따른다. 군대도 그렇고 심지어 서울대 로스쿨의 최대 정원도 150명이다.

물론 비판도 있다. 단순히 두뇌 '크기'와 인간관계 규모를 비교하는 것에 대한 던바의 가정이 비판받고 있으며, 그 추정치가 들쑥날쑥하다는 점에서 '던바의 수 150' 자체는 계속해서 반론이 제기되는 상황이다.

하지만 우리가 일정 수 이상의 사회적 관계를 맺는 데에 우리 인지능력의

---

6 새겉질, 혹은 신피질은 뇌의 껍데기인 대뇌겉질의 대부분을 차지하는 얇고 넓은 신경세포층에 대한 명칭이며 우리의 고등적 사고의 대부분을 관장한다.
참고로 이 이름은 이 부위가 가장 최근에 진화하여 형성되었다 하여 '신'피질이라는 이름이 붙었다. 하지만 이러한 이름 자체에 대한 논란이 있다. 기존에 있던 구성에서 부피와 담당하는 역할이 커진 것이지 '새로 만들어진' 것이 아니라는 것이다.

7 이상 던바의 수에 대한 예시들은 다음 책을 참조했다.
로빈 던바(2022). 안진이 역. "프렌즈". 어크로스. p.70

한계가 작용한다는 통찰은 여전히 유효하고 쓸모 있다. 가장 최근 본 영화를 떠올려보자. 한 장면에서 등장하여 서로 대화를 나누는 사람들은 최대 5명이다. 그뿐인가, 우리는 여럿이 모인 회식자리에서 필연적으로 4~5명 단위로 대화가 쪼개지는 모습을 관찰할 수 있다. 뭐? 당신의 팀 회식은 그 이상의 규모의 모임인데 대화가 잘 된다고? 다시 잘 생각해보라. 당신은 부하직원들에게 연설을 하고 있는 것이지 대화를 하는 것이 아니다.

이렇게 사회적 관계는 고작 동시에 4~5인을 처리하는 것조차 버거울 정도로 엄청난 연산을 해야 하는 복잡한 작업이다. 우리의 이 뛰어난 뇌를 가지고도 말이다! 심지어 인간 중 가장 머리가 좋은 사람들인 과학자들도 사회성 측면에서는 젬병이라는 것에서 그 점을 확인할 수 있다. 물론 농담이다. 죄송합니다. 교수님들.

이왕 로빈 던바 이야기가 나온 김에 그의 연구 결과들을 조금 더 보고 가자. 인간이 이루는 집단들은 계층을 이루고 대략적으로 3배씩 커지는 경향을 보인다. 소울메이트라 할 수 있는 가장 친밀한 집단은 5명, 서로 지원을 주고받는 수렵 집단은 15명, 야영생활을 함께하는 무리는 50명, 공동체를 이루는 집단의 수이자 던바의 수의 기준이 되는 집단은 150명, 결혼과 교환이 이루어지는 거대 무리는 500명, 이름을 기억할 수 있는 인지적 한계이자 언어를 함께하는 부족은 1,500명의 규모라고 한다. 각각 나를 중심으로 하는 동심원으로 그려보라. 이를 던바는 '3의 법칙'이라 부르고, 안쪽 집단 일수록 더욱 친밀하다.

그리고 어떤 이들과 더 친하게 지내는가와 관련된 핵심 변수는 다름 아닌 시간이다. 우리는 5명의 소울메이트 친목집단에 사회적 상호작용에 쏟는 시간 중 40%를 투자하여 각각 약 8%의 시간을 함께 보내고,

15명 집단에게는 약 20%를 투자한다. 즉 집단별로 투입시간이 '지수적'으로 감소하는 것이다.[8] 시간을 함께 보낸다는 것은 결국 사회적 자본을 어떤 이들에게 더 많이 투자할 것인가의 문제다.

이사 등으로 함께 보내는 시간이 적어질수록 상호작용의 빈도가 낮아지고 이는 감정적 친밀도에 즉각적으로 반영된다. 즉 더 멀리 떨어진 동심원으로 친밀 집단의 레벨이 낮아져버리고 여기에 걸리는 시간(즉 친했던 한 친구가 먼 친구가 되는 데 걸리는 시간)은 6개월이 채 걸리지 않는다. 그리고 위에서 언급한 150명의 사회적 네트워크에서 (확대)가족은 약 절반가량을 차지하는데, 그 자리는 친족에게 우선적으로 할당되는 것으로 보이고 관계를 유지하는 데에 있어 친족보다는 친구관계를 유지하는 데 비용이 더 많이 든다. 즉 우정은 일정 기간 만나지 않으면 금세 시들어버리지만 피는 진하고 오래간다.

재미있는 건 온라인 관계다. 우리는 SNS의 발달로 우리의 인간관계 폭이 넓어졌다고 생각한다. 하지만 조사결과 우리는 이미 알고 있는 사람들과의 관계 유지를 위해 SNS를 사용하는 것으로 확인됐다. 결국 진짜 친구가 페이스북 친구'도' 되는 것일 뿐이다. 이는 우리의 친구 수가 한정적인 이유가 매체 때문이 아니라 우리의 정신 능력에서 비롯된 것이라는 사실을 간접적으로 증명한다.

같은 이유에서 처음에 페이스북이 핫했던 이유인 '모르는 사람과 연결되는 공간'이라는 점이 이제는 오히려 독이 돼서 요즘에는 사생활이 보호되는, '진짜 친구'들끼리만 연결되는 소규모 앱들이 인기라고 한다.

---

8 위 '3의 법칙'과 인간관계에서의 시간의 중요성에 대해서 더 알고 싶으신 분들은 다음 책을 참조하자.
로빈 던바(2016). 이달리 역. "사회성". 처음북스. 각 p.64, p.72 참조.

그러나 과도한 온라인 생활은 집단 간의 상호작용을 배울 기회를 박탈하고, 타협하는 방법을 배울 필요를 못 느끼게 한다는 측면에서 우리의 사회성에 부정적인 영향을 미칠 가능성이 있다. 어린이의 경우 특히.

자, 밖으로 나가자. 세상에서 진짜 사람들을 마주하며 사회성을 키워보자. 그것이 가장 중요한 인간의 조건이니까.

뇌

뇌 역시 유전자—문화의 공진화를 통해 복잡해졌다. 앞서 보았듯 그렇게 복잡해진 주된 목적은 사회적인 것으로 보인다. 그래서 다소 뜬금없지만 인간 '사회' 파트에 뇌에 대한 챕터를 집어넣었다.

우리는 발달한 뇌 덕분에 서로의 의도를 읽고 협력하는 한편, 상대 경쟁 집단의 행동을 예측할 수 있게 되었다. 앞서 본 던바의 통찰이 보여주듯 사회관계를 다루는 데에는 엄청난 계산이 필요하다. 20세가 넘은 우리는 그것에 익숙해져서 숨 쉬듯 자연스럽게 이를 행하지만, 거꾸로 생각하면 이 큰 뇌를 가지고도 배우는 데에만 20여 년이 걸리는 그 무엇보다 어려운 학습대상인 것이다. 그리고 큰 뇌는 엄청난 에너지 소비원이므로 큰 뇌를 갖기 위해 또는 유지하기 위해 우리는 식단에서 풍부한 에너지원인 육류의 섭취를 늘리기까지 해야 했다. 이러한 수고를 감수해서라도 갖추어야 할 것이 바로 우리의 사회성이다. 참으로 상찬할 만한 것이다. 우리가 이렇게 살아 있으니.

일단 우리가 뭘 들여다볼 것인지를 알아야 하니 먼저 엄청나게 간추린 뇌의 구조부터 보고가자.

뇌의 구조는 개략적으로 큼직하게 나눠서 우리가 뇌의 이미지를 떠올렸을 때 바로 보이는 부분인 큼직하고 쪼글쪼글한 대뇌cerebrum(우리 책은 고등동물의 고등사고를 다루므로 여러분은 앞으로 겉질cortex[1]이라 이름 붙은 부위들에 대한 내용을 많이 보게 될 텐데 모두 여기 소속이라 알아두면 된다. 겉질은 말 그대로 껍질이다. 여러 층의 신경세포로 이루어진 얇고 넓은 부위다. 그리고 대뇌겉질은 넓게 펴져 있기에 또 부위별로 세분화된다. 크게 우리가 흔히들 전두엽이라는 명칭으로도 부르는 이마 쪽의 이마엽 피질frontal cortex, 두정엽이라고도 불리는 이마엽 뒤의 마루엽 피질parietal cortex, 후두엽이라고도 불리는 뒤통수엽 피질occipital cortex, 위 셋의 아래에 있는 측두엽이라고도 부르는 관자엽 피질temporal cortex으로 나뉜다.[2] 우리가 관심을 갖는 인간 뇌의 고등한 기능들의 거의 대부분이 이 넓게 펴진 쪼글쪼글한 껍데기에서 발생한다), 좌뇌와 우뇌의 연결부위인 뇌들보corpus callosum, 대뇌의 중심부에 작게 자리 잡은 시상thalamus(감각을 다룬 파트에서 자주 보게 될 것이다)과 시상하부hypothalamus, 대뇌 아래 뒤통수 쪽에 자리 잡은 소뇌cerebellum, 척수spinal cord와 이어지는 뇌줄기brainstem로 나눠볼 수 있다.

이번엔 뇌에 대한 오해 몇 가지를 풀고 가보자.

우리는 계몽주의 시대 이후 인간 이성을 너무 강조해온 탓에 뇌가 생각하기 위한 고등사고를 위한 기관(일뿐)이라는 인식을 갖고 있다. 하지만 뇌 역시 수억 년에 걸쳐 진화해온 기관이라는 점을 생각해야 한다. 뇌의 근본적인 목적 역시 생존과 번식이다.

생물이 덩치가 커지고 복잡해지면서 체내의 자원들을 효율적으로 배분하고, 신체기관들을 안정적으로 통제하기 위해서 중앙통제시스템이

---

1 피질이라는 명칭이 더 익숙하신 분들도 많으실 것이다.

2 신체부위에 대해서 우리말 용어가 정해졌음에도 여전히 한자어 명칭이 훨씬 많이 사용되기 때문에 우리말 용어와 병기했다. 앞으로는 우리말 용어가 더 널리 사용될 것이라 믿는다. 의학용어위원회 사이트(http://term.kma.org)에 들어가면 더 많은 우리말 용어를 확인할 수 있다.

필요했다. 이 점을 먼저 이해해야 한다. 우리는 우리의 뛰어난 이성적 사고를 너무 신성시하는 경향이 있어 인간 뇌의 기능이 이성적 사고에 국한된다는 듯한 편견을 가지고 있다. 진화를 통해 형성된 인간 본성이 생존과 번식에 중점을 두고 있는 것과 마찬가지로 뇌 역시 근본적으로는 동일한 목표를 위해 진화해왔다. 그리고 이는 21세기 우리의 뇌에서도 여전히 가장 중요한 역할이며 우리의 행동과 감정에 강력한 영향을 미친다. 실제로 뇌의 오래된 부위들은 우리의 이성적 사고를 담당하는 부위에 영향을 미치며 거의 항상 이긴다. 그래서 나도 방금 크림브륄레 초콜릿을 하나 집어 먹었다.

뇌에 대한 또 하나의 오해는 삼위일체 뇌 가설로 알려진 파충류, 포유류, 인간의 뇌 세 단계로 나뉘어 점층적으로 우리의 뇌가 형성되었다는 견해이다. 이는 특히 공포나 용기와 관련된 본능적 행동에 관한 우리의 통념에 잘 맞았기에 널리 받아들여져 왔다. 하지만 뇌과학계에서 기각된 지 좀 된 가설이다. 여러분이 아직도 시대에 뒤처진 마케팅, 경영 저술을 읽고 파충류의 뇌 어쩌구 하고 다닌다면 요즘 학생들에게 '저 사람 이상한 소리한다.'라고 욕을 먹을 것이니 주의해서 기억해두자.

포유류의 뇌는 공통조상에서 물려받은 공통의 도구상자에서 나온다. 영장류라고 다르지 않다는 말이다. 뇌과학자들은 이를 "하나의 뇌 제조계획brain-manufacturing plan에 따라"(리사 펠드먼 배럿(2021). 변지영 역. "이토록 뜻밖의 뇌과학". 더퀘스트. p.46) 뇌가 형성되었다고 표현한다. 과학자들은 지금까지 연구한 모든 종류의 포유류 동물들에게서 뇌를 형성하는 신경세포들이 놀라울 정도로 틀에 박힌 순서대로 빚어지는 것을 관찰해왔다. 다만 부위별 성장 기간이 다르게 프로그래밍 되어 있을 뿐이다. 중요한 건 각 부위가 커나갈 시간이 얼마나 배분되어 있느냐이다. 한마디로 인간의 뇌에만 특유한 부위는 없다.

그리고 인간은 뇌가 가장 큰 동물도 아니며(고래의 뇌가 인간의 뇌보다 크다), 심지어 호모 사피엔스는 네안데르탈인보다 뇌가 작다(네안데르탈인의 뇌의 평균 용량은 약 1,400~1,500cc로 추정되고 현대인의 경우 평균 약 1,350cc이다). 단순히 뇌 크기로 지능을 비교하기 힘든 이유이다.

이제 뇌에 대한 우리가 몰랐던 재미있는 사실들을 살펴보자.

우리는 뇌를 컴퓨터에 비교하는 것에 익숙하다. 그리고 아직까지 우리가 생각하는 컴퓨터는 입력이 주어지면 미리 입력된 규칙에 따라 결괏값을 내놓는 연산기계의 이미지이다. 하지만 뇌는 전혀 그런식으로 작동하지 않는다. 최근 과학자들은 우리가 '생각'한다는 것 자체도 뇌가 유전적인 기본 설계 배선, 그리고 과거의 경험을 통해 즉석에서 날조해 낸 결과일 뿐이라는 사실을 밝혀냈다.

즉 우리의 뇌 속에서 '논리적인 법칙을 따라 단계 단계 이루어지는 추론', '고정된 신념'은 존재하지 않으며 우리의 생각은 그때그때 즉흥적으로 날조된다는 것이다. 프로이트적인 내면세계에 대한 '들여다봄'은 존재하지 않는다. 그렇기에 그러한 '내면의 세계'와 '사고의 법칙'을 찾아서 이를 인공지능 등의 연구에 적용하려는 시도는 한계에 봉착했다.[3] 그리하여 지능의 작동 규칙을 찾으려는 시도는 버려지고 본격적인 인공신경망의 시대가 열린 것이다. 이에 대해서는 뒤에서 잠깐 다루도록 하겠다.

정해진 규칙이 없다는 점은 '신념'과 '선호'에 대해서도 마찬가지로

---

3 이러한 뇌의 애드립을 자세히 배우고 싶다면 다음 책을 읽어보자.
닉 채터(2021). 김문주 역. "생각한다는 착각". 웨일북.

작용한다. '펩시가 좋니 코카콜라가 좋니?' 이러한 선호를 물어보는 질문에 대한 우리의 답은 질문 질문마다 즉석에서 날조된다. 우리의 내면에 어떠한 고정된 '신념'이 존재하는 것이 아니다. 우리가 매일 주변에서 보듯이 정치인들이 똑같은 정책을 내더라도 어떤 정당이 내느냐에 따라 사람들의 호불호는 달라지며 심지어 그 오락가락하는 일관성 없는 자신의 관점을 정당화하기까지 한다. '이성'의 이름으로 말이다.

이러한 우리의 뇌가 행동하는 모습이 바로 우리가 여론조사 기관을 그다지 신뢰하지 못하는 이유이고, 사람의 정치적 신념이라는 것이 얼마나 덧없고 유약한 것인지를 보여준다. 똑같은 쟁점이라도 질문에 따라 그때그때 답이 달라지는 것은 딱히 사람들이 줏대가 없어서 그런 것이 아니라 뇌의 작동을 고려할 때 오히려 자연스러운 것이다. 예로부터 영리한 변호사와 정치인들은 이러한 인간의 특성을 잘 이용해왔다.

또 다른 뇌에 대한 새로운 사실은 병렬형 네트워크 조직이라는 점이다. 우리가 맞닥뜨린 하나의 문제 상황은 그 대상과 관련된 수없이 많은 뇌의 신경회로 혹은 기둥들을 발화시킨다. 그리고 그 각각의 회로는 신경세포들로 구성된 '층'으로 이루어지며 다른 회로들과도 연결되어 상호작용한다. 그리고 회로들의 상호작용, 즉 네트워크가 최종적으로 하나의 행동을 빚어낸다. 회로들 간의 대화와 토론을 통해 우리 생존에 가장 적합하거나 근사한 해답을 찾아내는 것이다.

여기서의 핵심 아이디어는 우리가 일반적으로 생각하듯 뇌가 특정 행동나 사고를 담당하는 기능적인 일부 구역들로 나뉘어진 것이 아니라(이러한 관점을 국지화localized라 부른다) 수많은 구역의 신경세포들이 포함되는 하나의 네트워크로써 작동한다는 것이다.

과거에는 뇌의 특정 부위를 다친 사람을 조사하거나, 특정 부위에 자극을 주는 방식으로 연구를 했기에 뇌의 특정 부위와 특정 기능을 하나씩 짝짓는 방식으로 연구를 해왔다. 하지만 이제는 fMRI 기술 덕분에 살아 있는 사람의 뇌 활동을 전체적으로 볼 수 있다. 물론 아직까지 해상도의 한계는 있지만 이로써 밝혀진 것은 뇌가 특정 기능을 담당하는 특정 세포 또는 특정 부위들의 합으로 작동하는 것이 아니라 주어진 문제를 해결할 때마다 관련된 무수히 많은 회로들이 상호작용하는 방식으로 문제해결이 이루어진다는 사실이다.

하지만 이 책의 내용을 비롯한 여러 뇌에 관한 글에는 뇌의 '특정 부위'가 특정 문제를 해결할 때 관여한다는 식의 서술이 많다. 그러한 특정 부위는 사실상 하부 네트워크를 구성하는 일부라고 해석해야 할 것이다. 그리고 그러한 특정 하부 네트워크는 한 가지 특정 문제를 해결할 때에만 활성화되는 것도 아니다.

그러나 여전히 뇌가 국지화되어 있다고 보는 관점은 뇌를 설명할 때 강력한 설명력을 발휘하며 뇌가 '어느 정도'로 국지화되어 있는지는 여전히 논쟁거리이다.[4]

뇌가 네트워크로서 작용함으로써 생기는 한 가지 안타까운 결과는 우리가 일반적으로 한 번에 한 문제만 해결할 수 있다는 것이다. 자기계발이나 동기부여 강의에서 굉장히 많이 써먹는 유명한 실험이 있다. 여러분도 한 번쯤 본 적이 있을 것이다. 시청자들은 농구하는 사람들의 비디오를 보며 패스 횟수를 세도록 주문받는다. 시청자들은 열심히 공을 쳐다보고 훌륭하게 미션을 완수했다. 그런데 영상이 끝나고 실험자들이 던진 질문은 뜬금없이 '고릴라를 보셨나요?'이다. 어리둥절하다. 그

---

4 이러한 국지화 논쟁에 대해 흥미가 생기신 분들은 다음 책을 참조하자.
매튜 콥(2021). 이한나 역. "뇌 과학의 모든 역사". 심심.

런데 동영상을 다시 돌려 보면 농구하는 사람들 사이로 어처구니없이 고릴라가 지나갔다. 인형탈 주제에 쓸데없이 털도 보송보송하고 동작도 우스꽝스럽기 그지없다. 그런데도 불구하고 왜 눈앞에 있던 걸 못 봤나? 우리의 뇌는 공의 움직임을 쫓는 데에 집중하고 있었기 때문이다. 뇌는 이렇게 우선순위를 부여하며 한 가지 일에 주의를 집중한다. 그리고 주의를 집중하는 한 가지에만 몰두한다.[5]

책을 쓰다 배가 고파 간식으로 먹을 라면을 끓이는 것과 같은 우리가 일상적으로 행하는 간단한 행위조차도 상당한 인지능력을 필요로 하며 복잡한 뇌의 네트워크 작용을 요한다. 그 상태에서 다른 일을 추가적으로 함께 한다면? 잠깐 친구와 카톡을 하느라 라면 물이 끓어 넘쳤던 경험을 다들 한 번쯤 해봤을 것이다.

인지 작용이 네트워크에 의해 이루어지기 때문에 중첩되는 부분이 생기는 것이다. 기찻길에 두 노선이 겹치는 구간이 존재한다. 그러면 먼저 한쪽 라인의 기차를 먼저 보내고 다음 기차를 통과시켜야 한다. 그래서 동시에 인지능력을 요하는 여러 과제를 해결할 수 없다. 그럼 번갈아 하면 되잖아? 수행과제를 교체하는 데에도 시간과 노력이 소요되기 마련이다. 연구들에 따르면 이렇게 오락가락하면서 여러 행위를 하는 경우 효율이 상당히 떨어진다.

다만 해당 행위에 사용되는 네트워크들이 중첩적이지 않는 경우, 훈련을 통해서 한 가지 일을 자동화해버리는 방식으로 멀티태스킹을 할

---

5 이런 현상을 '부주의맹'이라 부른다. 그리고 이런 부주의맹은 작업기억 용량 차이에 기인한다는 견해가 있다. 다음의 기사를 참고하자.
사이언스타임즈. "보이지 않는 고릴라의 비밀". 2011. 4. 20.
https://www.sciencetimes.co.kr/news/%EB%B3%B4%EC%9D%B4%EC%A7%80-%EC%95%8A%EB%8A%94-%EA%B3%A0%EB%A6%B4%EB%9D%BC%EC%9D%98-%EB%B9%84%EB%B0%80/

수 있다. 우리는 라면 하나 가지고도 쩔쩔매지만 평생을 요식업에 바쳐온 백종원 아저씨는 뚝딱뚝딱 별다른 시간 지연 없이 수십 개의 재료를 번갈아 손질해가며 여러 요리를 동시에 조리할 수 있는 것이다. 요는, 멀티태스킹이 예외라는 것이다. 이것이 바로 우리가 운전 중 휴대전화 사용을 금지[6]한 이유다.

또한 이 책을 읽는 학생분들은 조심해야 할 사실. 산만하게 멀티태스킹을 하는 학생은 GPAGrade Point Average. 평균평점가 더 낮다는 연구도 있다. 내가 바로 집중력이 떨어져서 여러 과목 책을 한꺼번에 펴놓고 오락가락하며 공부하는 녀석이었고, 덕분에 내 성적은 항상 좋지 않았다. 그러니 꽤나 믿을 만한 연구다. 다만 너무 좌절할 필요는 없다. 약 2.5%의 비율로 슈퍼태스커가 존재한다고 알려져 있다.[7] 이들은 멀티태스킹을 해도 각각의 일들을 따로 할 때에 비해 성과가 떨어지지 않는다. 거기다 일반적인 과제 해결능력도 대부분의 사람들보다 뛰어나다고 알려져 있다. 하지만 '그런 사람이 있다'와 '여러분들도 그럴 것이다'는 전혀 다른 의미이다. 김칫국부터 마시지 마시라.

그리고 뇌가 네트워크라는 사실은 아까 앞에서 본 '복잡계 시스템'의 특성과 연결된다. 뇌는 자기조직화 시스템으로서 작동한다. 뇌는 복잡한 연결망을 형성하며 우리가 맞닥뜨리는 문제에 대한 최선의 해법을 최대한 국소적으로 실현하도록 구성되어 있다. 자기조직화 시스템이라는

---

6 도로교통법 제49조 제1항.
모든 차 또는 노면전차의 운전자는 다음 각 호의 사항을 지켜야 한다.
10. 운전자는 자동차 등 또는 노면전차의 운전 중에는 휴대용 전화(자동차용 전화를 포함한다)를 사용하지 아니할 것.

7 데이비드 바드르(2022). 김한영 역. "생각은 어떻게 행동이 되는가". 해나무. p.210 참조.

말은 지방자치제도를 떠올려보면 이해가 갈 것이다.[8]

갑자기 또 복잡계 얘기가 나오니 머리가 복잡해지고 두통이 오려고 하니 재미있는 사실들을 보고 가자. 우리 뇌에는 두 개의 평형 시스템이 있다. 하나는 습관 체계고, 또 하나는 의도적이고 의식적인 분석이 필요한 작업을 하는 시스템이다. 이 두 가지 인간 행동은 각각의 경우 실제로 활성화되는 뇌의 영역부터가 다르다.

그리고 이때 사용되는 우리의 기억 또한 두 가지로 나뉜다. '회사에서 나와서 집으로 돌아가기'와 같은 '절차' 기억과 '사건' 기억으로. 그리고 습관 시스템은 '절차 기억'에만 접근을 한다. 그렇기에 우리가 '집으로 가는 길에 우유를 사러가야지'라고 생각을 했지만 집으로 가는 '습관적인 행동'에 우리의 몸을 맡기는 순간 '우유를 산다'는 사건기억은 잊어지고, 어느 순간 빈손으로 집 문앞에 선 나 자신을 발견하게 된다. 아내가 퇴근길 우유 심부름을 시켰을 때 이를 잊어버린 여러분, 훌륭한 변명거리가 생겼다. '원래 내 뇌가 그렇게 작동하는 걸 어쩌겠어?!' 물론 그렇게 말하기 전에 차를 덥혀두는 것이 좋을 것이다.

그런데 이런 습관적 행동과 의도적 행동이 완전히 다른 것인가? 아니다. 의도적 행동이라도 반복적으로 행하면 신경세포들 간의 시냅스 연결이 형성되고 강화되면서 실제로 뇌 구조 자체가 바뀌며 구조가 바뀌어버린 뇌가 행동의 반복을 강화한다. 훈련을 통한 습관화가 되는 것이다. 이런 자동수행은 앞서 말했던 멀티태스킹의 핵심이기도 하다. 하나의 행동을 습관화 될 정도로 훈련을 해두면 그 부분은 자동처리가 되며 우리는 손쉽게 다른 일을 한꺼번에 할 수 있다. 하지만 동시에

8 디크 스왑(2021). 전대호 역. "세계를 창조하는 뇌 뇌를 창조하는 세계". 열린책들. p.48 참조.

두 가지 의식적인 행동을 하는 것은 불가능하다.

그런데 훈련은 물리적 반복만이 유일한 방법인가?

신경과학자들은 '상상'으로 몸을 움직일 때, 실제 몸이 움직일 때와 같은 운동겉질 영역이 활성화되고, 실제 움직일 때와 신호의 차이가 거의 구분되지 않는다는 것을 알아냈다. 운동선수들이 하는 '심적훈련'이 실제로 도움이 되는 것이다.

내 상상뿐 아니라 남이 운동하는걸 보는 경우에는 어떤가? 우리 뇌, 그중 운동앞겉질[9]에는 거울 뉴런mirror neuron이 존재한다. 거울뉴런 덕분에 우리는 '신체를 직접 움직일 때', '그 움직임을 상상할 때', '움직임을 관찰할 때' 같은 뇌 영역을 사용한다! 따라서 우리는 타인의 아픔에 '공감'을 하며 숙련된 운동선수를 보면서 운동 실력을 향상시킬 수 있는 것이다. 물론 보는 것으로 신경회로가 점화되려면 이와 관련된 신체 경험이 있어야 한다.

이 거울뉴런은 우리가 타인의 마음을 읽는 데 지대한 영향을 끼친다. 앞서 언급한 마음이론의 물적 기반인 셈이다. 그리고 인간의 사회적 행동 중 가장 중요한 모방행동, 즉 미러링mirroring은 역시 거울뉴런들에 신경학적 토대를 둔다. 어린이들이 부모의 표정, 몸짓을 따라하고 여러분이 좋아하는 사람의 행동을 따라하는 것은 이 신경세포들 덕분이다. 이는 행동모방뿐만 아니라 타인의 고통에 공감하고, 타인의 의도와 감정을 이해하는 능력의 바탕이다.

거울뉴런들은 무의식적으로 운동신경motor system을 조종하고, 우리가 타인에게서 보는 행동을 우리 뇌에서 촉발한다. 뇌에서 행동을 시뮬레

---

9 대뇌 이마엽에서, 중심 앞 이랑 바로 앞쪽에서 몸의 운동을 조절하는 데 관여하는 겉질 부분을 말한다.

이션하고 산출될 결과를 평가할 수 있는 것도 거울뉴런 시스템 덕분이다. 이런 식으로 원활한 동맹, 협동, 집단 형성, 집단 결속이 발생하여 공동체의 사회적 접합제로 구실한다. 요는 우리는 거울뉴런들을 통해 서로 연결되어 있다는 것이다.

기억 이야기가 나왔으니 기억과 학습에 관한 사실도 알아보고 가자. 독자 여러분들은 학습과 교육에 관심이 많은 사람들일 것이 분명하니 말이다.

기억은 우리의 경험 하나하나에 짝지어진 뇌의 물리적 변화를 통해 형성된다. 뇌의 물리적 실체는 그대로 있고 그 속 어딘가에 기억이 디지털적 방식으로 저장되는 것이 아니다. 그리고 기억은 암기공부 그 이상이다. 우리는 과거의 경험과 기억을 통해 현재의 상황을 해석한다. 그렇기에 기억은 자아관념과 정체성을 유지하고 일관적인 '나'라는 개념을 인식하는 데 필수적이다. 나는 기억한다, 고로 존재한다.

사실 기억에 대해서는 학자마다, 상황마다 분류하는 방식이 다르다. 지속 시간에 따라서 단기, 장기기억으로 나누기도 하고 유형에 따라 절차, 개념, 작업, 서술기억 또는 명시적, 암묵적 기억 등으로 나누기도 한다. 또 장기기억 중에서 지식과 사실에 대한 의미기억과 자신의 경험, 특정 시간과 장소와 연관된 일화기억을 나누기도 한다. 이 책의 이전 부분에서의 기억 관련 서술이나 다른 교양서에서 배운 기억에 대한 내용들이 어지럽게 느껴졌다면 기억의 분류 기준이 여럿 있기 때문이다.

일반적으로는 지속 시간에 따른 장기기억long-term memory, 그리고 기능적 측면에서 서술기억declarative memory와 절차기억procedural memory, 그리고 작업기억working memory을 많이 사용한다.

서술기억은 자신의 생일과 같이 언어로 표현할 수 있고 외우고 있는 지식들을 의미하며, 절차기억은 자전거 타는 방법을 떠올려보면 된다. 작업기억은 계산문제 해결을 떠올리면 된다. 문제를 해결하기 위해 문제를 보았을 때 문제는 단기기억에 들어가지만 결론을 내기 위한 계산 방법은 장기기억에 있다. 작업기억은 단기와 장기기억이 만나는 지점이다. 작업기억은 바로 항상 가동되고 있는 '지금 이 순간'의 찰나의 기억이며 빠른 문제해결에 필수적인 기억이다. 컴퓨터를 아는 분이라면 하드드라이브와 휘발성 메모리인 RAM의 차이를 떠올려보시라. 여기에는 약 15~30초의 시간 동안, 약 다섯에서 아홉 개의 정보가 보관된다.[10] 장기기억의 형성은 해마가 관여하지만 이 작업기억은 앞에서 계속 언급됐던 고등기관인 이마앞엽겉질에서 이루어진다.

일반적으로 우리가 외워서 사용하는 서술기억에는 해마hippocampus와 안쪽관자엽이, 나머지 암묵적 기억들은 편도체amygdala, 소뇌cerebellum 등이 관여한다고 알려져 있다.[11] 해마는 기억에서 특히 중요한 역할을 하는 것으로 알려져 있는 뇌의 중심부에서 살짝 아래쪽에 위치한 부위다. 해마는 우리에게 닥친 하나의 상황에서 접수되는 수많은 감각입력들(나는 지금 내 방에서/ 귀여운 내 애완토끼 샤샤를 보며/ 엘비스의 노래를 들으면서/ 샤샤의 똥냄새를 맡으며/ 키보드를 두들기고 있다)을 통합하여 2022년 7월 12일에 두 번째 책을 탈고하고 있던 내 하루에 대한 하나의 기억을 주조해낸다.

다만 이 부위들이 기억의 형성에 관여한다는 것과 기억이 그곳에 저장되어 있다는 다른 말이다. 현재의 연구에 따르면 기억은 뇌의 어딘가에 숨겨져

---

10 리사 제노바(2022). 윤승희 역. "기억의 뇌과학". 웅진지식하우스. p.55 참조.
11 다음의 기사 참조. 정신의학신문. 2021. 9. 19. "기억, 그리고 자아"
http://www.psychiatricnews.net/news/articleView.html?idxno=31782

있는 하드드라이브에 저장되는 것이 아니라 수천 개의 신경세포 회로에 퍼뜨려져 분포하게 되는 것으로 보인다. 하지만 그렇다고 뇌 전체에 골고루 퍼져 있는 것은 아니다.

직장인들이 가장 많이 듣는 소리 중 하나는 “니 없어도 회사는 잘 굴러간다.”라는 말이다. 슬프지만, 사실이다. 왜 그런가? 당신의 업무를 다른 이들도 어느 정도는 알고 있다. 그렇지만 회사 사람들 전부가 당신의 업무를 알고 있지는 않다. 당신의 업무 중 일부만이라도 조금씩 다른 직원들이 각각 알고 있기에 당신이 없어도 회사는 잘 굴러간다. 우리의 기억 체계도 그러하다. 한 사람에게 집중되지 않고, 그렇다고 모든 사람에게 퍼져 있지도 않고 적당히 퍼져 있도록 하는 것이 핵심이다. 물론 우리 회사는 나 없으면 안 돌아간다(고 믿고 싶다).

그래서 기억이 어떻게 형성되는가? 일단 기억의 과정을 살펴보자. 우리가 주의를 기울이는 대상으로부터 감각 정보를 입수하고 신경신호로 변환하는 단계가 필요하다. 이를 부호화encoding 단계라고 한다. 그리고 이렇게 접수된 신경신호를 관련된 다른 신경회로들과 연결하여 패턴을 만들어내는 강화consolidation 과정이 이루어진다. 그리고 이후 신경세포의 물리화학적 변화를 통해 지속적인 저장storage이 이루어진다. 그렇게 기억을 힘들게 만들어낸 이유는 써먹기 위함이다. 새로운 상황에서 연관된 패턴이 활성화되면 이전에 저장하였던 연관된 기억이 인출retrieval 된다.[12] 그리고 이 과정 자체가 기억이다. 정적인 정보 하나가 아니라.

요는 기억은 머릿속에 쑤셔 넣는 저장작업뿐만 아니라 인출작업까지 포함하

12 기억의 단계 구분은 문헌마다 조금씩 다르지만 여기서는 다음 책의 구분을 사용했다.
리사 제노바(2022). 윤승희 역. “기억의 뇌과학”. 웅진지식하우스. p.28

는 개념이라는 것이다. 여기까지 이루어져야 우리가 써먹을 수 있는 기억이 된다. 그래서 효과적인 학습을 위해서는 반복해서 외우기만 할 것이 아니라 외운 것을 꺼내보는 연습 또한 필요하다. 공부를 할 때 그냥 멍하니 인터넷 강의를 듣고 반복해서 보기만 하는 친구들보다 직접 스스로 문제를 풀어보며 기억을 인출해나가는 과정을 거친 친구들이 더 문제를 잘 풀 수 있는 것이다.

그래서 특히 기억의 인출과 관련하여 뇌는 하드드라이브보다는 검색엔진에 가까운 듯 보인다. 상황에 의해 기억이 필요하게 되면 뇌는 우리가 마주친 문제 상황에 맞는 연관된 수많은 회로의 부분적인 수많은 기억들을 찾아서 불러온 뒤, 그중 최적의 답(혹은 최적의 근사치)을 걸러내는 작업을 한다. 순간적으로, 우리도 모르는 사이에 말이다. 그리고 그 최적의 답을 통해 뇌는 우리가 지금 어떠한 상황에 닥쳤는지를 인식하고, 그 상황과 현재의 몸의 상태를 해석하여 이에 맞는 감정과 동기를 촉발한다. 그러면 이제 그것이 우리를 행동하도록 이끈다.

계속해서 기억의 형성과 관련된 사실들을 살펴보자. 이마앞엽겉질에서 순간적으로 이루어지는 '찰나'의 작업기억이 해마에서 강화되는 '장기'기억이 되기 위해서는 먼저 우리가 주의를 기울여야 한다. 뇌는 우리가 주의를 기울이는 것, 그리고 의미가 있는 것만 기억한다.

기억 기계는 해마와 인근영역에 그물망처럼 서로 연결된 신경세포 속에서 돌아간다. 앞서 언급했듯이 축삭돌기와 가지돌기가 전기화학 신호인 신경전달물질을 주고받고, 이 신호는 축삭과 가지돌기 사이의 시냅스 틈새를 통해 신경세포의 수용체에 이르는 연결패턴을 구성한다. 그리고 이 시냅스 연결강도는 새로운 경험과 과거 회상을 통해 세지고 약해지는 변화를 일생토록 계속한다. 과거의 경험을 떠올리거나 비슷한 경험을 할 때에는 연결은 재점화되어 기억이 공고화된다. 그래서 우리가 공부할 때 계속해서 반복학습을 하는 것이다.

먼 과거의 일을 기억할 때에는 이 연결이 약해져 있는 상태이고, 해마의 활성화는 감소한다. 그리고 대신 자기중심적 사고를 관장하는 안쪽이마앞엽겉질[13]이 활성화된다. 오래된 일을 떠올릴수록 정확히 저장된 기록보다는 자기 자신과 관련된, 자신이 중요하게 여기는 부분에 집중한다는 의미이다.

그리고 우리가 기억을 형성할 때에는 안쪽이마앞엽겉질과 사회적 인지 수행에 관여하는 해마곁parahippocampal이 같이 점화되어 그 경험의 '개인적 의미'와 '사회적 의미'를 같이 기억한다. 그리고 나중에 우리가 그 경험의 기억을 되살릴 때 친구들과 느꼈던 감정과 그 경험이 자신에게 뜻하는 의미를 함께 기억하며, 이렇게 자신이 주인공인 하나의 기승전결을 갖춘 이야기가 탄생한다. 사회적으로 중요한 사건이 있었을 때를 떠올리면 그 사건 자체에 대한 기억이 아니라 그때에 "내"가 하고 있던 일과 "나"의 상황이 떠오르는 것을 한 번쯤 경험해봤을 것이다. 우리는 뇌가 상황과 감각을 해석하여 의미를 부여한 내러티브를 기억하는 것이지 하나의 고정된 장면을 기억하는 것이 아니다. 뇌의 기억 기능 역시 우리의 성공적인 생존과 번식을 위해 생겨난 것이다. 암기공부를 할 때도 이야기를 만들어서 외우는 기법들은 뇌의 이러한 특성을 이용한 것이다.

재미있는 것은 우리의 기억은 완벽하지 않다는 점이다. 우리의 뇌는 스냅사진들을 엮어 연관성을 만들어내고 그 순간순간의 우리의 감정을 관찰해 나름의 의미를 덧붙여 강조, 배열하여 통일된 이야기를 엮어낸다. 그리고 그 기억에 빈 구멍이 있는 경우, 우리의 뇌는 지식창고에서

---

13 내측전전두엽피질medial prefrontal cortex, MPFC

그 논리의 빈틈을 채워줄 조각을 찾아온다. 그래서 우리의 기억은 완벽하지 못하고 쉽게 오염되며 억제된다. 법률가들은 증인의 증언에 대해 평가할 때 '진술의 일관성'에 굉장히 높은 점수를 주는데, 오히려 법정에서 완벽한 과거의 진술을 하는 증인은 수사관들의 언급이나 뉴스 보도 등에 의해 오염된 기억을 가지고 있을 가능성이 크다.

그래서 궁극적인 질문은 다음과 같다. 뇌는 우리 몸을 어떻게 제어하는가?

세부적으로는 논란이 많다. 하지만 지금까지 밝혀진 사실에 의해 내릴 수 있는 결론을 대략적으로 정리하면 다음과 같다.

일단 외부 세계에 대한 현재의 입력이 필요할 것이고 이것을 담당하는 것이 감각기관들이다. 그리고 우리는 감각기관으로 받아들인 정보들을 바탕으로 세계에 대한 패턴과 공식들을 우리의 신경세포 속에 수없이 많은 기준틀로 만들어 저장한다.[14] 시각을 예를 들면 우리가 본 대상이 무엇이고, 우리의 몸을 기준으로 어느 정도의 위치에 있는지를 입력해둔다. 그리고 그 상황과 관련된 어떤 일들이 발생했는지도 함께 입력한다. 즉 우리 또는 외부 환경·대상의 동적인 변화를 파악해가며 '외부의 상황 및 대상'과 '우리 신체부위'에 상응하는 지도를 만들어 그곳에 기록한다.

우리의 뇌는 20대까지(20대 이후에도 계속 뇌의 새 회로들이 형성되고 없어지지만 20대까지 대부분의 작업이 끝난다) 이러한 방식으로 세상의 지도를, 자신만의 지도를 만들어 저장한다.[15]

---

14 기준틀이라는 용어, 그리고 뇌의 세계지도 작성 방법에 대한 아이디어에 흥미가 생기신 분은 다음 책을 읽어보자.
제프 호킨스(2022). 이충호 역. "천 개의 뇌". 이데아. p.114 참조.

15 그래서 대한민국의 엘리트들이 20대 중반까지 열람실에 틀어박혀 비슷한 수준

그 후 필요한 상황이 닥치면 우리는 그 상황에 맞는 기준틀을 불러와 상황을 해석하고, 앞으로 발생할 상황과 우리가 해야 할 행동을 예측하며, 새로운 감각 정보를 받아들임과 동시에(또는 보다 먼저) 이에 따라 행동한다. 이 과정에서 기존의 경험으로 배운 여러 규칙에 따라 행동을 해야 할지 말아야 할지, 다른 상황에 의해 기존의 규칙에 따른 행동을 억제해야 할지(예를 들어 혼자 넓은 공간에 있으면 큰 소리로 노래를 불러도 되지만 주변에 사람이 있는 상황이라면 자제해야 한다. 부끄럽잖아)를 결정하는 병렬적인 여러 알고리즘이 복잡하게 개입하고 우리 뇌 네트워크의 가장 고급기능이 활용된다. 이 어려운 작업들에 대한 세부적인 메커니즘은 아직도 과학자들 사이에서 확실하게 합의된 바는 없는 듯하다.

기존 정보와 패턴들을 적용만 하는 것도 아니다. 새로운 상황이 기존의 정보와 맞지 않으면 새롭게 들어온 감각 정보들을 통해 우리의 뇌는 기존의 세계지도를 업데이트한다. 우리의 뇌도 어느 정도 앞에서 배운 베이즈주의적으로 작동하는 것이다. 아무튼 그래서 우리는 예상치 못한 상황에 놀라면 습관적인 몸의 움직임을 뒤늦게 멈추느라 움찔하게 된다.

이러한 인지와 행동의 알고리즘은 기본적으로 물리적 세계에 대응하여 우리가 살아남기 위해 진화한 것이지만, 인간의 경우 이 세계모형을 통한 알고리즘은 수학, 민주주의나 법과 같은 추상적 개념에까지 확

의 아이들끼리 시험성적 경쟁에만 몰두하는 현 상황은 문제가 많다는 것이 내 개인적인 생각이다. 세상에 대해, 그리고 인간과 사회를 포함한 세상의 작동원리에 대해 배워가야 할 소중한 나이에 비슷한 경제적 상황과 수준의 또래들과 암기 공부에만 치우치면 뇌 속에 대부분의 사람들이 속한 진짜 세상에 대한 지도를 형성하지 못한다. 그러한 사람이 사회의 중요한 의사결정을 하는 자리에 가는 것은 모두를 위해 바람직하지 못하다.

장됐다. 한 분야의 전문가는 단순히 관련 지식이 많은 사람이 아니라 경험을 통해 그 상황에서 어떻게 사고하고 행동해야 하는지에 대한 기준틀을 익힌 사람이다. 수학을 배운 사람은 방정식을 보면 기존의 방정식들을 풀어나갔던 경험에 비추어 그것을 어떻게 이해하고 활용해야 하는지를 '보면 안다'. 방정식에 대한 기준틀을 익힌 것이다. 하지만 우리가 볼 때 방정식은 그저 외계어이다. 그래서 나는 이 책에 수학공식들을 최대한 배제했다.

뇌 파트를 마무리 지으며 조금 철학적인 이야기를 해볼까 한다. 인간의 의식이다.

철학자이자 뇌과학자인 안토니오 다마지오는 위에서 본 바와 같이 유기체인 우리의 주변 세계와 우리 몸 내부를 파악하는 기준틀 또는 이미지들을 그려내는 융합작용, 그리고 그 마음속 경험들의 합 자체를 의식작용으로 본다. 도대체 뭔 소리야? 조금 더 자세히 보자.

이러한 작용의 기초는 앞서 언급한 것과 같이 생명 자체의 유지를 위한 항상성의 명령에 따른 물리, 화학적 능력이다. 이 기능들은 영양분 섭취, 포식자로부터의 회피와 방어, 문제해결전략 생성 등과 같은 기초적 지능을 수반한다. 여기까지는 박테리아도 가지고 있는 지능이다. 여기에 앞서 배운 우리 유기체의 구조와 주변 세계에 대한 기준틀과 이미지를 담은 '마음'과 이러한 이미지들을 '해석'하는 작용, 그리고 유기체의 내부 상태에 대한 척도인 '느낌'이나 그 느낌을 유기체 자신에게 '귀속'시키고 이를 '자각'하기 위한 소유권 확보 작용이 더해진다. 이러한 작용들의 총합이자 결과로 우리가 상찬해마지않는 인간의 의식이 탄생했다고 본다.[16]

---

16 조금 더 정확히 다마지오의 말을 옮기자면 의식은 정서emotion, 느낌feeling, 그리

인간 의식의 비밀은 대표적인 '어려운 문제'다. 하지만 이를 '어려운 문제'로 이름 붙이고 이에 대한 과학적 탐구를 비꼬고 회피하는 태도는 인류 발전에 아무런 도움이 되지 못할 뿐더러 진리를 탐구한다는 이들이라면 절대로 취해서는 안 될 태도이다. 지금도 수많은 과학자가 인간 의식의 비밀을 찾아내기 위해 밤낮으로 고군분투하고 있다. 21세기의 인간 발전의 영웅은 이들 중에서 나올 것이다. 아니다. 이들과 이들의 탐구에 관심을 갖고 응원하는 여러분 모두가 영웅이다.

고 느낌에 대한 느낌을 통해 출현했다고 한다. 다마지오는 우리가 사용하는 일상언어와 전혀 다른 의미로 이 흔한 단어들을 설명하기에, 본문에서는 일부러 이 용어들을 피했다.

여기서 정서란 우리의 뉴런을 활성화시키는 세계(외부)와 몸(내부)의 자극에 대한 무의식적 반응을, 느낌은 고통과 같은 원초적인 혹은 공포와 같은 정서적인 '상태'와 동시에 또는 그 뒤를 이어 발생하는 '마음의 상태'를 지칭한다.

다마지오의 우리 의식에 대한 과학과 철학세계에 더 관심이 생기신 분들은 그의 저작 "느끼고 아는 존재"(2021. 고현석 역. 흐름출판), 또는 "느낌의 진화"(2019. 임지원, 고현석 역. 아르테)를 참고하자.

감각

메타버스 시대가 도래하면서 인간의 감각에 대한 지식이 갈수록 중요해지는 추세이다. 그도 그럴 것이 '메타버스 세계를 우리가 얼마나 실감나게 느끼게 만드느냐'라는 문제를 해결하기 위해서는 우리의 감각에 대한 이해가 필수적이기 때문이다. 그리고 감각에 대한 이야기를 뇌에 대한 이야기와 이어서 하는 것은 완벽히 타당한 논의 순서이다. 우리가 무엇을 볼 때 시각 정보 중 시신경에서 직접 오는 것은 약 10%뿐이다. 나머지 구멍은 시각 이미지에 대한 뇌의 해석에 달려 있다. 시신경을 때리는 광자는 아무 색깔도 없고, 음파에서는 아무 소리도 나지 않으며, 분자는 아무 냄새도 나지 않는다. 하지만 우리는 세상을 보고 음악을 즐기며 맛있는 냄새를 맡는다. 나는 지금 철학 이야기를 하고 있는 것이 아니다. 실제 세계는 우리가 받아들이는 것과 정말 다르다.

복잡한 뇌의 작용의 첫 단추에 해당하는 감각은 문제가 많은 과정이다. 많은 철학자와 과학자들이 이미 강조했듯, 우리의 감각은 지극히 불완전하다. 우리가 '실제 세계'를 보는 것은 불가능하다.

시각을 예를 들어보자. 우리는 우리 눈앞의 세상을 완벽하게 펼쳐진 모습으로 본다. 그러나 실제로 우리의 눈은 굉장히 좁은 범위의 스냅샷을 찍는다. 가만히 있는 것 같은 눈은 사실 쉴 새 없이 빠르게 움직이며 우리가 '보기를 원하는' 곳의 스냅샷을 찍어댄다. 그리고 우리는 그 불완전한 누더기들을 조합해 뇌에서 해석해낸 결과를 '본다'. 그리고 그 해석 자체는 과거의 경험의 영향을 받는다. 전쟁터의 군인은 숲 속에서 튀어나온 총을 든 사내를 보았다. 하지만 실제로 그가 본 것은 막대기를 든 소년이었다. 즉 우리는 우리 뇌가 보기를 예상했던 것을 본다. 뇌는 기본적으로 과거 경험에 기반한 예측기관이기 때문이다. 신경세포는 입력되는 감각데이터와 일치하는 패턴으로 일찌감치부터 발화하고 있으며, 감각 데이터 자체는 예측을 확인하고 새로운 정보를 업데이트 하는 용도로 사용된다. 어떻게 이러한 기적이 일어나는가? 앞서 말했듯 우리의 뇌는 과거의 경험에 대한 기억을 활용하기 때문이다.

이 예측에 유용하게 사용되는 것이 패턴 찾기와 은유이다. 우리 뇌는 가장 자연스러운 패턴을 찾아내고 가장 자연스러운 이야기를 만들어내려고 애쓴다. 한 분야의 천재로 불리는 이들은 패턴 찾기에 최적화된 사람들이다. 천재는 아니더라도 그 분야의 현상에 익숙해지면 패턴을 능숙하게 찾아 익숙하게 예측할 수 있다. 그것이 우리가 갖춰야 할 전문성의 본질이다.

예를 들어 작은 건물 뒤, 살짝 옆에 조금 더 큰 건물이 있을 때 뒤의 가려진 건물은 ㄱ자로 보인다. 하지만 우리 뇌는 보이는 대로 'ㄱ자 모양의 건물'이 있다고 인식하지 않고 과거 경험에 비추어 자연스러운 패턴인 '가려서 ㄱ자 밖에 보이지 않지만 완전한 모양의 큰 건물'이 있다는 사실을 알아차린다. 이러한 예측은 비어 있을 때보다 가려졌을 때 더 열심히 활성화되는 것으로 보인다. 인터넷에서 많이 봤을 것이다. 군데군데 빈 구멍이 뚫린 사진보다 낙서로 가려진 사진을 마주했을 때 우리는 더 큰 관심을 보이고, 더 잘 짐작하고, 빈 곳을 잘 채워넣는다. 정보가 부족하다고 행동을 미루면 위험하기 때문이다. 바위 뒤에 가려진 호랑이의 꼬리를 발견했다면 '꼬리밖에 없네'하고 감탄할 것이 아니라 즉시 위험(즉 완전한 모습으로의 호랑이)을 예측하고 도망가야만 살아남을 수 있는 것이다.

결과적으로 우리가 듣고 보는 것은 뇌의 해석이다. 인간은 예상한 대로 듣고 본다는 흔해 빠진 말은 그냥 하는 말이 아니라 우리의 지각이 실제로 작동하는 모습이다. 뇌는 수억 년을 통해 진화된 기제와 과거의 경험을 통해 맞닥뜨린 모호한 감각 데이터 조각들을 해석해서 우리의 세계를 창조해낸다. 그리고 이를 통해 뇌가 궁극적으로 해내고자 하는 것은 현재 우리가 맞닥뜨린 상황에 대해 무엇을 해야할지를 판단하고 우리 몸을 제어하여 우리가 잘 살아 있도록 하는 것이다. 그래서 우리 뇌는 기존에 이미 작성된 기준틀로 현재의 상황을 해석하고 이를 감각기관과 주고받는다.

이제 각각의 감각을 나누어 이야기를 해보자.

먼저 시각을 보자.

시각은 가장 중요한 감각이다. 우리는 먹이를 찾고 배우자를 찾고 위험한 대상에게서 도망치기 위해, 그리고 최기욱 작가의 끝내주게 재미있는 책들을 읽기 위해 시각을 활용한다. 듣기만 해도 엄청 중요해 보인다. 실제로 중요하기 때문에 뇌에서도 감각 중 시각을 담당하는 부위들이 가장 크다. 대뇌겉질의 약 1/3이 시각에 관여한다. 우리가 이 모든 것을 할 수 있게 만드는 아주 소중한 감각이다.

하지만 이 소중한 것이 엔지니어의 관점에서 볼 때 이해하기 힘든 설계로 이루어져 있다. 일단 대뇌겉질에서 시각을 담당하는 부분들은 눈이랑 거리가 멀다. 뒤통수 쪽에 위치한다. 그리고 눈 자체도 혈관이 앞에 있고 빛을 검출하는 세포들이 눈 뒤쪽에 있는 형태이다. 그래도 앞서 말했듯, 우리의 뇌가 그러한 거슬리는 혈관들을 해석하여 보정, 그런 게 '우리 눈에' 보이지 않도록 해준다.

시력은 날 때 완성된 상태가 아니라 출생 후 점차 발달한다. 명암부터 대상에 초점을 맞추는 법, 움직이는 물체를 포착하는 법, 색 구분이 차례로 발달하여 6개월 정도에 입체시가 완성이 된다. 성인과 같이 시력이 1.0이 되는 시기는 6세 무렵이라고 한다. 참고로 시력 1.0이 의미하는 것은 대단한 것이 아니고 6미터 거리에서 눈이 좋은 사람이 잘 볼 수 있는 것들을 잘 볼 수 있다는 뜻일 뿐이다.

눈은 (구형) 카메라와 같은 원리다.

빛을 굴절시키는 렌즈, 말 그대로 수정체는 눈 뒤에 펴져 있는 스크린인 망막에 초점을 모아준다. 눈이 잘 안 보이는 사람은 잘 보려할 때 눈을 찌푸린다. 그러면 근육의 움직임으로 인해 수정체의 곡률이 변화해 빛을 휘게 하는 정도가 바뀌고 초점이 달라져서 잘 볼 수 있는 것이다. 그리고 빛을 조절하는 조리개 역할을 하는 홍채가 있다. 그렇게 눈 뒤로 빛이 모인 스크린, 망막에는 신경세포와 빛을 감지하는 세포들이 드글거린다. 망막의 중앙에는 가장 또렷한 화면을 비추는 중심와[1]가 있고, 그곳에서 옆으로 살짝 비껴나가면 혈관과 신경다발이 안쪽으로 빠져나가는 지점이 있는데 여기가 바로 맹점이다.

망막에 있는 시각 세포에는 로돕신이라는 시각 수용체가 있다. 이는 몸의 신호전달을 관장하는 G 단백질 결합 수용체G protein coupled receptor, GCPR의 일종인 옵신에 레티날이 결합한 형태이다. 이 레티날은 빛을 받으면

1 황반중심오목이라고도 한다.

분자구조가 쭉 펴져 있다가 빛이 없으면 꺾인다. 이렇게 빛을 감지하는 것이다.

시각 세포는 생물시간에 배웠듯이 원뿔모양의 원뿔세포와 막대 모양의 막대세포로 나뉜다. 원뿔세포는 색을, 막대세포는 빛과 어둠을 감지한다. 원뿔세포는 중심와에 극도로 몰려 있지만, 막대세포는 전체적으로 퍼져 있으며 숫자도 훨씬 많다. 대략 원뿔세포는 600만 개, 막대세포는 1억 2,000만 개이다. 낮에는 원뿔세포가 주로 활성화돼 있다가 주변이 어두워지면 자연스레 막대세포로 전환이 되는데 이 변화는 놀라울 정도로 자연스러워 우리는 어둠 속에서는 세상이 거의 흑백으로 보인다는 사실조차 파악하지 못한다.

원뿔세포가 중심와에 몰려 있는 바람에 우리가 '선명하게' 볼 수 있는 범위는 무척이나 좁다. 지금 이 글을 읽고 있는 여러분들은 한 번에 모든 글자를 보고 있다고 착각하지만 몇 개의 글자 덩어리들만이 있는 작은 창을 쉴 새 없이 움직여가면서 전체로서의 글을 인식하고 있는 중이다. 이 창의 크기는 좁아서 대충 다섯 개 정도의 글자만 한 번에 인식할 수 있다. 그래서 책을 읽을 때 중요치 않은 부분을 읽을 때 슥슥 넘어가면서 읽는 것이 가능한 것이고, 책의 중요 부분을 제대로 읽고 싶은 경우에는 필사를 하면서 한 글자 한 글자씩 짚어나가는 작업이 필요한 것이다.

그리하여 앞서 언급했듯이 시각세포가 시상으로 전달하는 이미지는 눈의 중심와 부분에서 포착한 극히 좁은 범위를 제외하고는 화질도 낮은 스냅샷이다. 게다가 시각세포가 아예 없는 맹점도 있다. 그래서 눈은 '전체' 세계의 이미지 확보를 위해 쉴 새 없이 움직인다.

응? 여러분 눈동자는 지금 가만히 있는데 무슨 소리냐고? 못 느끼는 것일 뿐이다. 엄청나게 빠른 속도로 움직이고 있다. 그것도 쉴 새 없이. 이를 안구 도약이라고 부른다. 약 120밀리초ms 간격으로 쉴 새 없이 움직이는데 약 1초에 4번꼴로 스냅샷을 찍는 셈이다. 그리고 우리 뇌는 이걸 아주 자연스럽게 보정한다. 최신 고급 카메라에나 있는 이런 '흔들림 보정' 기능이 우리 몸에는 자연적으로 탑재되어 있는 것이다.

보정 얘기가 나와서 그런데 뇌에서는 색 보정도 이루어진다. 예를 들어 빨간색 물체가 있다고 하자. 그런데 그 원래의 빨간색 물체는 주변의 빛과 그림자에 의해서 한 가지 빨간색을 나타내지 않게 된다. 당연하다. 색이라는 것의 정의 자체가 빛을 흡수하는 정도 아닌가(정확히는 색은 특정 파장의 빛의 총량을 기준으로 할 때 반사된 파장의 빛의 비율이다). 빛에 따라 달라지는 것이 당연하다. 그런데도 우리는 그 물체를 모두 같은 빨간색으로 인식을 한다. 카메라에는 이러한 색상 보정 기술이 아주 최근에야 들어왔다. 애플 사용자라면 한 번쯤 들어봤을 트루톤True Tone이 그것이다.

아 그리고 눈의 움직임 얘기가 나와서 관련된 재미있는 사실 하나. 여름철 우리를 성가시게 하는 모기놈을 떠올려보자. 이 녀석들을 잡으려고 열심히 눈으로 쫓아가다보면 어느 순간 온데간데없이 사라져 있다. 이는 모기가 방향을 바꾸는 속도가 우리 눈이 움직이는 속도보다 빠르기 때문에 일어나는 현상이다. 모기가 4차원 세계로 뿅! 하고 사라진 게 아니란 말이다.

또 하나의 인간 시각의 중요한 점은 얼굴의 앞, 같은 방향에 두 개의 눈이 달려 있다는 것이다. 이 두 곳에서 들어오는 시각 정보를 통해 우리는 입체감과 거리감을 느낄 수 있다. 두 눈이 있음으로서 서로 다른 두 개의 상이 들어온다. 이 둘의 차이를 양안 시차라고 부른다. 이 상들 간의 차이를 조합해 입체감을 느끼는 것이다. 그리고 두 눈이 한 대상을 볼 때 두 눈과 대상이 이루는 각도를 통해 물체와의 거리를 측정한다.

3D 영상 기술도 이러한 우리의 시각을 이용한 것이다. 개략적으로 설명하자면 다음과 같다. 두 대의 카메라를 눈의 거리를 감안해 간격을 띄운 후 두 개의 영상을 찍어 두 개의 영상을 겹쳐 화면에 띄운다. 그리고 각 영상 중 신호가 일치하는 하나의 영상만 걸러서 한쪽으로 보내주는 특수 안경을 끼고 보면 각 눈에 다른 영상이 들어온다. 그러면 끝이다. 다른 두 영상을 각 눈으로 보는 게 끝이라고? 나머지는? 나머지는 우리 뇌가 알아서 처리한다. 이 두 개의 다른 영상들을 알아서 조합해 입체로 인식하는 것이다.

그리고 시각은 한 번에 대상 전체를 파악하는 것이 아니다. 각각 대상의 위치, 명암, 윤곽 형태, 음영, 색, 움직임 등의 요소를 처리하는 회로들의 협업으로 구성된다. 재미있게도 인간의 얼굴 형상만을 전문적으로 담당하는 시각회로도 있다. 사회적 동물인 우리에게 몹시 중요한 요소이다. 우리가 어둠 속에서도 쉽게 사람의 얼굴을 파악하고 인터넷에서 유행하던 사진처럼 바삭바삭 잘 익은 초콜릿 쿠키 속에서도, 강아지 엉덩이에서도 사람의 얼굴 형상을 찾아내는 것은 다 이러한 우리 시각의 특성 때문이다. 어쨌든 그래서 하나의 회로가 잘못되면 문제가 생길 수 있다. 예를 들어 지금 어떤 물체를 손에 잡고 움직이고 있는데도 불구하고 그 물체가 도대체 무엇인지 알아채지 못하는 현상이 벌어질 수 있다.

최종적으로 듬성듬성하고 화질도 좋지 않은 깜박이는 이미지들이 시상을 통해 대뇌겉질 중 시각을 담당하는 부위에 도착할 때면 뇌는 온 힘을 다해 그것을 해석하여 선명한 갖가지 색이 가득한 완전한 영상을 만들어낸다. 실제로 뇌의 시각을 담당하는 피질에 도달하는 신호 중 눈의 시각세포에서 온 것은 10~20%밖에 안 된다고 한다. 나머지는 전부 뇌에서 만든 신호들이다. 뇌가 새로운 감각을 받아들이고 기존의 패턴과 비교하고 의미를 해석하며 우리의 세계를 만들어내는 것이다. 우리가 보는 것은 대상 그 자체의 특성이 아니라 뇌가 그려낸 것이다. 한때 인터넷을 달궜던 드레스 사진의 색상이 '파랑/검정'인지 '흰색/금색'인지 논쟁은 누가 잘못된 것이 아니다. 그 드레스는 아무 잘못이 없다. 거기에 색을 입힌 뇌의 연산이 다 다른 게 문제다. 우리의 뇌의 다양성을 고려했을 때 이 정도의 혼동은 전혀 이상한 것이 아니다. 이 얼마나 놀라운 지각의 세계인가!

이제 청각을 보자. 사실 생물시간에 청각을 담당하는 기관들의 구조는 상세히 배웠을 테니 간략히 핵심만 잡고 넘어가자. 일단 우리의 얼굴 양 옆에 튀어나온 만두 같은 녀석은 일종의 안테나다. 지나가는 소리를 잡아채는 것이다. 그리고 소리가 그 안쪽으로 들어오면 고막을 마주하게 된다. 고막은 귓속으로 잡혀온 소리를 떨림으로 변환한다. 그리고 그 떨림은 작은 뼈 세 개를 통해 증폭되며 더 안쪽으로 전달된다. 이제 여러분이 잘 아는 달팽이관이 나온다. 달팽이관 속에는 작고 가느다란 털[2]들이 가득하여 지나가는 음파의 흐름에 몸을 맡기고 흐느적거리며 신호를 만들어내고, 이 신호가 뇌로 전달된다. 그리고 뇌는 이 신호를 받고 해석하여 상황을 파악한다. 간단하다.

소리 자체는 그렇다 치자. 우리 음악 마니아들은 스테레오 사운드에

---

2 진짜 털이 아니라 털세포다.

환장을 한다. 스테레오 소리에서 느껴지는 공간감은 어떻게 생겨나는 것인가? 눈이 거리를 인지하는 것과 조금 비슷하다. 우리 두 귀는 머리 양 측면에 달려 있기에 음원과 삼각형 구도를 이룬다. 우리는 어느 쪽 귀에 먼저 들어오는지, 그리고 양 귀에 도착하는 시간의 차이가 얼마나 되는지를 감지한다. 이 정보들을 통해 계산하면 음원의 위치를 알 수 있는 것이다.

그런데 귀는 청각만 처리하는 기관이 아니다. 몸의 균형을 유지하는 중요한 역할도 한다. 공사장에서 쓰이는 수평계를 아는가? 공사장은 안 가보셨더라도 아마 중학교 '기술'시간에 한 번쯤 보았을지도 모른다. 수평기 안에는 작은 공기 방울이 있어 정중앙에 공기 방울이 오도록 조절하여 수평을 맞출 수 있도록 한다. 딱 이런 역할을 하는 젤이 가득한 기관이 귓속에 있다. 그리고 우리 귀는 기울기뿐만 아니라 상하좌우 움직임과 가속도도 파악한다.

이제 냄새를 맡아보자. 후각은 가장 저평가된 감각이다.

실제로 시청각에 비해 연구도 훨씬 덜 이루어졌다. 그래서 우리는 아직도 모르는 것이 많다. 하지만 후각 역시 몹시 중요한 감각이다. 우리는 잡식동물이기에 많은 것을 섭취할 수 있지만 그렇기에 조심해야 한다. 수많은 선택지 중에서 영양가 많고 좋은 음식은 취하고 위험한 음식은 피하기 위해서는 음식을 날카롭게 구별할 수 있는 능력이 필요하다. 냄새 얘기하는데 왜 먹는 얘기냐고? 코감기에 걸렸을 때를 생각해보라. 여러분의 혀는 멀쩡하지만 맛을 느끼지 못한다. 우리는 역겨운 맛의 약을 억지로 먹어야 할 때 코를 막는다. 즉 맛을 제대로 즐기기 위해서는 후각이 필수적이다. 우리가 느끼는 음식의 아름다운 풍미에서 냄새가 차지하는 비중은 70에서 90퍼센트에 달한다고 한다.

그래서 실제로 우리 몸도 다양한 종류의 냄새를 구별할 수 있도록 설계됐다. 우리 몸에는 아까 시각에서 언급한 신호전달을 관장하는 G 단백질 결합 수용체의 종류가 대략 800~900종이 있는 것으로 알려져 있는데 이 중 후각 수용체가 약 400~500종이다. 대략 절반이다. 덕분에 우리는 엄청나게 많은 냄새를 구별할 수 있다. 속설에 의하면 대략 1만 가지 향을 구별할 수 있다고 하나 이보다 훨씬 큰 수를 제시하는 과학자들도 많다. 어쨌든 우리의 후각은 생각 외로 정말 다양한 냄새를 구별할 수 있다. 비록 우리의 친구 개들의 뛰어난 후각에 밀려 그리 민감하지 않다는 편견이 있지만 말이다.

그럼 우리는 냄새를 어떻게 맡는가? 너무나도 간단해 보이는 이 질문에 대해 꽤 오랜 세월동안 두 가지 견해가 첨예하게 대립했다. 하나는 진동설이고 하나는 형태설이다. 진동설은 말 그대로 냄새는 특정 물질에 의한 것이 아니라 진동이라는 것이다. 형태설은 냄새는 냄새분자에 의해 나는 것이고, 그 냄새분자를 후각수용체가 인식한다는 견해다. 진동설이 직관적인 설명력으로 꽤 오래 지지를 받았다. 냄새 맡는다고 물체가 닳아 없어지지 않으니 그럴싸하다. 게다가 비슷하게 생긴 분자에서 다른 향이 나고 전혀 다른 모양의 분자에서 비슷한 향이 나는 모습이 관찰되는데 이는 진동설의 강력한 지지 근거로 작용해왔다.

그러나 현재 정설은 형태설이다. 코 안쪽에 있는 후각 수용체에 향기 분자가 결합하면 자물쇠에 들어맞는 열쇠가 들어오듯 딸깍 문이 열린다. 이온채널이 열리며 나트륨과 칼슘이온이 들어오며 전기 신호를 뿜어내고 이것이 뇌에 전달된다. 아까 위에서 언급한 비슷하게 생긴 분자에서 다른 향이 나고 전혀 다른 모양의 분자에서 비슷한 향이 나는 이유는 후각 수용체가 인식하는 것은 향기 분자 모양의 전체가 아니라 '일부'와 수용체가 결합하기 때문이라고 설명된다. 즉 분자 전체의 형태가 아니라 수용체와 결합하는 부위의 형태가 중요하다는 의미이다.

또 재미있는 것은 후각은 우리 오감 중 유일하게 시상하부를 거치지 않고 바로 후각피질로 간다는 점이다. 그래서 냄새를 맡으면 관련된 기억이 그렇게 선명하게 떠오르는 것이 아닌가 하는 견해가 있다.

그런데 후각을 담당하는 수용체들은 서로 엄청난 상호작용을 한다. 그리고 현재까지 알려진 향기 물질은 수만 종에 달하는데 한 가지 향기물질이 한 가지 수용체만 활성화시키는 것도 아니다. 그러다 보니 색을 섞으면 검은색, 빛을 섞으면 흰색이 나타나는 것과 달리 냄새는 섞이면 엄청나게 복잡한 결과가 나온다. 즉 1+1=2 같은 공식으로 예측할 수 없다. 아직까지는. 후각은 앞으로 더 많은 연구가 필요한 분야이고 밝혀질 것이 많은 미지의 세계이다.

우리가 가장 사랑하는 미각은 어떠한가.

혀의 유두는 맛봉오리[3]가 모여 있는 것이고 이 맛봉오리에 미각을 담당하는 세포들이 위치한다. 이 맛봉오리는 우리 몸에 약 5천~1만 개가 존재한다고 알려져 있으며 혀에만 있는 것도 아니다. 쓴 약을 먹을 때 여러분들은 쓴 맛을 피하기 위해 혀를 요리조리 돌려가며 약이 혀에 닿는 것을 피한 채로 삼키는 고생을 한다. 그렇게 난리를 쳤음에도 쓴 맛이 느껴졌을 것이다. 목 안쪽에도 맛봉오리들이 있기 때문이다. 그러니 앞으로는 쿨하게 그냥 삼키도록 하자. 물론 맛봉오리들의 대부분은 혀에 있긴 하다.

3 '미뢰'라고 많이들 알고 있을 것이다.

아, 참고로 옛날 옛적에 과학을 배우신 분들이라면 단맛, 신맛, 짠맛, 쓴맛 이렇게 4가지 기본맛을 느낀다고 배웠을 텐데 한 가지가 추가됐다. 우리가 너무나도 사랑하는 감칠맛이다. 아마 서양 과학자들은 동양인들보다 감칠맛에 익숙지 않아서 이를 기본맛의 일원으로 받아들이는 것이 늦지 않았나 싶다. 1997년에 감칠맛을 내는 글루탐산을 감지하는 수용체가 발견되었고 이제는 교과서에도 다섯 번째 기본맛으로 적혀있다.

그리고 또 한 가지 토막 상식, 다섯 가지 기본 맛들이 혀의 각 부위에 나눠져서 담당된다는 '썰'은 전혀 근거가 없는 것으로 밝혀졌다. 옛날에 과학을 배운 여러분들이 과학 책에서 본 혀의 부위별 담당하는 맛이 그려진 '혓바닥 지도'는 이제 잊도록 하자.

재미있는 것은 다섯 가지 맛의 수용체가 다 똑같지 않다는 것이다. 단맛, 감칠맛, 쓴맛과 신맛, 짠맛의 수용체는 각각 앞에서 설명한 G 단백질 결합 수용체와 이온 통로 수용체로 작동 원리가 조금 다르다.

맛은 수용체와 쉽게 결합해야 잘 느껴진다. 어떤 맛을 제일 못 느낄까? 우리 몸은 에너지원을 필요로 하고 이것은 탄수화물, 즉 당류다. 그래서인지 우리는 다른 맛들에 비해 단맛에 둔감하다. 당류를 많이 섭취하도록, 이 몸에 꼭 필요한 것을 많이 먹도록 진화한 것이다. 그렇기에 인류는 끊임없이 더욱더 강렬한 단맛을 갈망해왔다. 그리하여 식품업체는 더욱더 강한 단맛을 내는 제품을 만들어냈고 지금은 어디서나 쉽게 뇌가 녹아버릴 것 같은 달콤한 밀크 초콜릿을 먹을 수 있게 된 것이다. 너무 행복하다.

입 안쪽에는 맛을 느끼는 녀석들 말고도 다른 신경세포들이 우글거린다. 덕분에 엄청나게 예민하며 온갖 감각들이 뒤섞이는 곳이다. 매운 것을 먹으면 우리 뇌는 입이 실제로 뜨겁게 데이고 있다고 생각한다. 그리고 멘솔 담배는 뜨거운 연기에도 불구하고 시원하게 느껴진다. 그렇게 예민한데 입 안쪽을 다쳤을 때 다른 부위에 비해서 통증이 덜한 이유는 뭔지 궁금할 것이다. 우리 침에는 오피올핀opiorphin이라는 모르핀보다 강력한 진통제가 있기 때문이다. 물론 아주 극소량이다.

아참, 입 안쪽을 본 김에 하나 더 보고 가자. 입에는 1,000여 종의 세균들이 득시글거린다. 그것도 밝혀진 것만 그렇다. 이들은 여러분의 지독한 아침 입 냄새를 만드는 데 일조하고 술잔을 돌리거나 음식을 함께 먹음으로써 쉽게 '공유'된다. 한마디로 우리의 입은 세균들의 환승역이다. 뭐 그렇다고 너무 겁먹을 필요가 없다. 우리가 들이마시는 공기 중에도, 우리가 만지는 모든 물건에도 세균들이 득시글거린다. 그저 우리는 모르고도 잘 살 뿐이다. 뉴스에서 어디에 균이 있다는 얘기만 들으면 기겁하고 락스를 닥치는 대로 뿌려대는 행동은 지양할 필요가 있다. 함께 사는 균들과 나쁜 균을 구분할 줄 아는 지혜가 필요하고 이러한 지혜는 과학으로부터 나온다.

그리고 후각과 미각 역시 우리 머릿속에서 만들어진다. 우리는 음식의 시각적인 측면이 어떠한지, 소리가 바삭한지, 심지어 가격이 어떠한지, 다른 사람들의 평가가 어떠한지와 같은 '사전 지식'에 의거해 맛을 해석한다. 맛 전문가들이 블라인드 테스트를 할 수 밖에 없는 이유이다. 그리고 그 맛에 즐거움을 부여하는 것 역시 우리의 뇌다. 항상성을 유지해주는 것만 해도 고마운데 우리의 인생을 살 '맛'까지 나게 해준다! 뇌야 고마워!

센서

감각 이야기를 한 김에 인류가 인간의 감각을 흉내 내어 만든 감각 기계, 즉 센서를 잠깐 살펴보자. '스마트'라는 단어가 붙은 모든 장비는 센서 기술의 발전 덕분에 탄생한 것이다. 많은 사람이 자동화기기는 컴퓨터 칩을 넣으면 뭔가 알아서 우리가 원하는 결과를 '뽕!'하고 내놓는 것이라 생각한다. 생각의 단계가 하나 빠졌다. 우리는 스마트한 기기들을 떠올릴 때 그 기기들의 '지능'에 주목하지만 이는 정보처리라는 중간 단계를 위한 것이다. 시작은 센서에서부터이다. 기계의 구성품 중 우리의 오감에 해당하는 것이다.

우리가 세상을 받아들이는 기관들을 떠올려보자. 눈이 세상을 보고 우리의 뇌가 그것을 해석한 뒤 몸을 움직여 행동을 한다. 기계들도 마찬가지다. 다음의 과정을 거치는 것이다.

입력-변환과정-연산-변환과정-출력, 그리고 출력된 결론을 가지고 이루어지는 피드백이 이루어진다. 이것이 스마트 기기의 작동방식이다. 기기가 스마트하게 연산을 하려면 주위의 세상을 검지하여 측정한 후 CPU가 연산을 할 수 있도록 전기적 신호로 만들어야 한다. 외부의 자극은 대부분 전기적 신호가 아니기에 연산 기능만 갖춘 CPU가 이를 처리할 수 없다. 그래서 센서 기술이 중요하고 어렵다.

스마트폰, 자율주행 자동차 등의 혁신은 모두 센서 기술 덕분에 가능한 것이다. 센서의 종류는 정말 무수히 많지만 전통적으로 변위/힘/온도/광/자기의 변화를 측정하는 센서로 기능에 따라 크게 분류되고 구체적으로 온도, 습도, 유량, 터치센서, 광센서, 가속도 센서, 라이다 등의 수 없이 많은 센서들이 있다. 우리가 사용하는 스마트폰만 해도 이미지센서, 가속도, 각속도 센서, 압력센서, 터치스크린, 온습도, 혈당, 가스센서 등 센서의 종합선물세트다. 이러한 센서가 있다는 것 자체가 의미하는 것은 이 값들의 변화를 '측정'할 수 있다는 것이다. 측정해야 비로소 인식할 수 있다.

센서는 외부 신호에 대해 물리, 화학, 생물학적 특성의 변화를 이용해 전기적 신호로 변환해주는 부품이라 할 수 있다. 즉 환경의 변화에 따라 특성이 변하는 재료 또는 현상을 이용한다. 예를 들어 고전적인 온도 센서의 경우 온도가 올라감에 따라 일정한 길이만큼 늘어나는 재료들의 특성을 이용해 온도 변화를 감지한다. 전기적 방식의 온도 센서의 경우 온도 변화에 따라 재료의 전기적 저항이 변화하는 것을 이용한다.

센서들의 종류는 너무 많으므로 우리가 실생활에서 자주 사용하는 몇 가지만 간단히 원리를 알아보고 가자.

우리가 지금도 쉴 새 없이 만지고 있는 터치스크린이다. 스마트폰 이전 기기들에도 투박한 터치스크린이 달려 있는 경우가 많았다. 터치스크린의 역사는 스마트폰이 나오기 수십 년 전부터 시작됐다. 영화에서나 큰 기관에서 기기들의 작동 패널을 본 적이 있을 것이다. 연배가 조금 되신 분들이면 PDA에서도 본 적이 있을 것이다. 지금은 음식점이나 관공서의 키오스크에서 많이 볼 수 있다. 주로 2010년도 이전에 나온 터치스크린들은 스마트폰과 달리 감압식 센서를 이용한다. 즉 압력을 느끼는 것이다. 쉽게 설명하면 화면을 누르면 눌린 화면이 화면 뒤에 있는 전기가 통하는 막을 눌러 전류에 변화가 생기게 하고 이 변화를 감지하는 것이다.

정전식보다 훨씬 싸고 뭘로 눌러도 되기 때문에 장갑을 낀 손으로도 이용 가능하다는 장점이 있어서 지금도 군수품이나 공장에 사용되는 기기들의 패널에 많이 사용되고 있다. 하지만 터치감이 훨씬 투박하고 반응속도도 느리며 멀티터치도 구현하기 힘들다는 단점이 있다.

스마트폰에는 정전식 터치스크린이 사용된다. 정전식 센서는 정전용량의 변화를 이용한다. 쉽게 설명하면 전기가 흐르고 있는 액정에 손이 닿으면 전자가 손 쪽으로 이동하고 이 전기적 상태 변화를 감지하는 것이다. 우리가 사랑하는 그 부드러운 넘김은 정전식으로 구현된 것이다. 정전식 터치스크린은 화면을 선명하게 구현할 수 있고 멀티터치가 가능하다. 하지만 전기가 통하는(즉 전도성이 있는) 손가락 같은 물체로 터치해야 하기 때문에 물이 많은 환경에 취약하고 비싸다. 그래서 겨울철에 일반 장갑을 낀 상태로는 터치할 수 없고 전도성이 있는 특수 장갑을 사용해야 스마트폰을 즐길 수 있는 것이다.

스마트폰 얘기가 나온 김에 우리가 아주 요긴하게 사용하는 스마트폰의 기능인 위치측정 방식을 알아보자. GPS다. 일단 GPS 수신기는 GPS 위성에서 쏘아져오는 파동을 받는다. 그리고 자신의 위치를 계산한다. 일단 전파의 속도는 약 300,000km/s로 정해져 있으니 전파를 쏘았을 때부터 받는 데까지 걸리는 시간을 정확히 측정하면 거리가 나온다. 이 시간측정은 굉장히 정밀해야 하기 때문에 현대의 우리가 시간을 정의하는 데에 사용하는 세슘 원자시계를 사용한다. 어쨌든 이렇게 전파를 받았는데 하나만 받으면 안 된다. 삼변측량trilateration이라는 기법을 어디서 들어본 적이 있을 것이다. 세 점에서 떨어진 거리를 알면 현재의 위치를 알 수 있다. 그래서 GPS 위성 세 개가 필요하다(실제로는 정확도를 위해 네 대 이상이 사용된다). 위성 세 개가 커다란 '구' 세 개를 그리고 각각에서 떨어진 거리를 삼변 측량하는 것이다. 거기에 스마트폰에는 초기 위치에서의 위치변화를 계산하여 상대위치를 결정할 수 있는 센서도 포함되어 두 방식이 혼용된다.

위성 얘기가 나온 김에, 지구 주변에는 수많은 통신위성들이 떠있다. 그리고 지구에는 수많은 송신기와 수신기가 있다. 우리가 영화에서 자주 본 접시안테나들이다. 송신기들이 위성에 전파를 쏘고 위성에서 '튕겨져' 나오는 전파를 수신기가 받는다. 위성통신의 원리 자체는 이렇게 아주 간단하다.

그리고 통신 얘기가 나온 김에, 위성통신과 와이파이 덕분에 우리는 더 이상 '케이블'을 사용하지 않는다고 착각한다. 우리 눈에 안 보이니까 생각하지 못하는 것이다. 하지만 여전히 90% 이상의 국제적 데이터들이 해저 케이블을 통해 송수신된다. 우리는 인터넷을 통해 전 세계가 연결되어 있다는 것을 표현한 그래픽을 많이 봐왔다. 동그란 지구에 깡총깡총 점선 또는 실선으로 포물선들이 그려져 있다. 소름끼치게 활짝 웃는 온 국가의 아이들의 얼굴과 함께. 그런 그래픽은 마치 세계가 무선으로 연결된 듯이 표현되어 있지만 전 세계는 해저 케이블을 통해 '실제로' 연결되어 있다. 해저 케이블의 길이는 참고로 약 90만km에 달한다. 앞에서 말했듯, 숫자 하나만 보면 이것이 얼마나 긴 길이인지 감이 안 오겠지? 지구의 지름이 약 1만2천km다. 어마어마하다. 아직까지는 위성통신보다 싸고 빠르고 안정적이기에 여전히 우리는 케이블에 의존하는 것이다.

여러 센서를 더 소개하고 싶지만 다른 것들은 계측공학 교과서로 미루고 요즘 핫한 자율주행 자동차에서 핵심적인 기술만 보고 마무리하도록 하자. 라이다(LiDAR. Light Detection And Ranging)라고 불리는 녀석이다. 한때 자동차를 길에 달리게 하기 위해서 GPS로 '경로'만 추적하면 될 것이라 생각하던 시절이 있었다. 하지만 '실제' 도로 주행을 위해서는 경로뿐만이 아니라 당장 눈앞의 지형지물을 인식해야 한다. 이를 위해 사용되는 센서가 라이다이다. 라이다는 레이더(RaDAR. Radio Detection And Ranging. 전자파를 쏘아 물체에 반사되는 것을 분석한다. 저렴하게 원거리의 대상을 감지할 수 있다는 장점이 있다. 하지만 파장이 크고 전자파의 특성상 정밀한 측정이 힘들다)와 빛Light의 합성어이다. 뉴스에서 자율주행 자동차가 시험운행 할 때 차 위에 택시처럼 뭔가 붙어 있고 그것이 빙글빙글 돌아가는 것을 보았을 것이다. 그게 바로 이 녀석이다. 간략히 보면 사방으로 레이저를 쏘아 빛이 반사되어 되돌아오는 것을 3차원으로 측정하는 원리다.

하지만 빛을 이용하는 특성상 날씨의 영향을 많이 받고 아직까지 측정거리가 짧아 고속주행에 이용하기 힘들다는 단점이 있다. 그래서 요즘은 아예 사람이 눈으로 보면서 운전하는 것처럼, 카메라와 머신러닝 기술을 결합하여 라이다 없이 직접 '보고' 피해야 할 것들을 학습하여 알아서 피하는 기술이 연구 중이다.

자율주행차는 곧 다가올 현실이다. 인간들이 도로 위에서 숱하게 저지르는 실수들을 생각하면 자율주행 차가 훨씬 우리에게 안전한 도로를 제공할 것이라는 사실은 자명하다. 믿기지 않는다면 교통사고 전담 판사님께 여쭤보시라. 별의별 사건사고들이 다 있다. 하지만 여전히 자율주행 기술 도입을 두고 철학적 딜레마가 양산되고 있다. 일단 이 기술이 인간 운전자보다 훨씬 안전하고, 앞으로 자율주행이 대세가 될 것이라는 기본 전제를 깔고 보다 생산적인 논의를 하는 건설적인 자세가 필요할 것이다. 문제를 해결하려면 현재 주어진 초기조건initial condition을 제대로 파악해야 한다.

✔ 검사용 키트. 왜 두 줄인가?

검측 얘기가 나온 김에 시국에 맞춘 주제를 하나만 더 보자. 검사용 키트. 왜 두 줄일까? 일단 이는 과학시간에 배운 항원-항체반응을 응용한 것이다. 항원-항체 반응은 외부 물질(항원)이 몸에 들어오면 몸에서 이 물질에 특별히 결합하는 우리 몸의 수호자(항체)를 만들어내 항원을 해치우는 면역반응이다. 검사 키트가 이 원리를 이용한다는 것은 시료에 존재하는 항원에 키트에 있는 항체가 반응하여 결과를 '줄'로 표시한다는 얘기다. 즉, 키트에 줄이 뜨면 우리가 찾고자 하는 성분이 시료에 들어 있는 것이다.

그래서 왜 한 줄이 아니라 두 줄인데? 키트 구조를 보면 시료를 직접 떨궈주는 부분이 있고 그와 좀 떨어진 곳에 줄이 하나, 거기서 좀 더 떨어진 부분에 줄이 또 하나가 생긴다. 시료와 가까운 부분의 줄을 검사선, 그와 조금 더 떨어진 시료에서 먼 곳의 줄을 표준선 또는 대조선이라고 부른다. 우리는 검사선이 시료와 무관한 다른 요인에 의해 생긴 것이 아니라는 것을, 즉 시료가 제대로 흡수되어 끝까지 잘 퍼져나갔는지를 확인해야 하므로 이런 구조를 사용하는 것이다. 그래서 검사선으로 우리가 잡아내고자 하는 항원이 존재한다는 사실을 체크하고, 그 시료물질이 잘 흡수돼서 잘 퍼져나갔다는 것을 체크하기 위해 대조선이 존재한다. 그래서 두 줄이 그렇게 중요한 것이다. 앞으로 두 줄이 떴다고 공포에 떨거나 좋아하는 친구가 있으면 옆에서 두 줄의 원리를 알려주도록 하자. 친구관계가 돈독해질 것이다. 어떤 식으로든.

인공지능과 빅데이터

뇌 이야기를 시작했으니 인공지능으로 뇌 이야기를 마무리해야겠다.

2016년 알파고 이후 인공지능 분야는 폭발적으로 성장하게 됐다. 이는 그보다 몇 년 전부터 꾸준히 체력을 키워온(그러나 알파고의 등장 전까지는 거품이 아니냐는 논란이 계속됐던) 빅데이터 기술 덕분이다. 왜?

아직도 사람들은 아직도 인공지능하면 알고리즘을 떠올린다. 학교에서도 많이 배웠고 우리가 직관적으로 이해할 수 있는, if-then 구조의 우리가 명령어를 입력하면 그에 따라서 결론을 내리는 단순한 함수의 프로그램 말이다. 그리고 아직도 사람들은 인공지능이 그러한 프로그램의 확장판 정도 되는 것이라고 생각한다. 아니다. 게임의 규칙 자체가 바뀌었다.

쉽게 표현하면 이전에는 우리가 주어진 규칙을 단순 적용하는 기계에 불과했다면 머신러닝의 시대가 오면서 데이터만 가지고도 스스로 규칙을 찾아내고 적용하는 시대가 된 것이다. "머신러닝은 명시적인 프로그래밍 없이 컴퓨터가 학습하는 능력을 갖추게 하는 연구 분야다."(오렐리앙 제롱(2020). 박해선 역. "핸즈온 머신러닝 제2판". 한빛미디어)

그리고 빅데이터 기술 덕분에 이 명제는 '어마어마한' 데이터와 '어마어마한' 규칙들로 바뀌게 되었다. 데이터가 늘어나면 어떤 알고리즘을 사용하는지와 무관하게 정확도가 상승한다. 이것이 바로 대중의 지혜the wisdom of crowds요, 빅 데이터의 위대함이다.

그러니 먼저 데이터 기술을 잠시 살펴보자.

모든 분야에 '스마트', '자동화'라는 말이 붙는 시대다. 대부분의 사람들이 그 의미를 '뿅!' 하고 알아서 뭔가가 튀어나오거나 조절되는 것으로 생각한다. 하지만 이러한 스마트 시대의 바탕에는 데이터 과학이 숨어있다. 센서만 숨어 있는 것이 아니었다!

데이터 과학의 결과물은 어디서나 볼 수 있다. 넷플릭스에서도, 스팸메일에서도, 유튜브의 맞춤형 광고에서도 데이터는 엄청난 위력을 발휘하고 있다. 판매, 마케팅 분야에서 특히 활발히 활용되고 있고, 우리가 영화 '머니볼'[1]에서 보았듯 프로 스포츠에서도 활용되며, 정부에서도 스마트 도시, 정밀 의료 프로젝트 등으로 데이터 과학을 활용한다. 모든 것이 디지털화 되면서 데이터는 쉴 새 없이 쌓여왔다. 이제 그것을 제대로 활용할 시기가 된 것이다. 심지어 민주주의에서도 마찬가지다. 데이터 분석 컨설팅 회사 '케임브리지 어낼리티카Cambridge Analytica'가 맞춤형 정치 광고로 브랙시트와 2016 미국 대선의 여론을 조작했다는 스캔들로 전 세계가 뒤집힌 지 얼마 되지 않았다. 민주주의는 모든 이들에게 충분한 정보가 돌아가고 이를 바탕으로 모든 개인이 의사결정을 내린다는 전제하에서 작동된다. 시민들이 데이터가 누구에 의해, 어떻게 저장, 관리되고 그것이 어떻게 이용되는가를 모른다면 적어도 민주주의의 설계자들이 구상했던 민주주의는 더 이상 존재할 수 없다. 이제 데이터 과학은 민

---

1 베넷 밀러 감독의 2011년 작품. 브래드 피트가 주연으로 빌리 빈 역을 맡았다. 마이클 루이스의 책 "머니볼(2011. 김찬별, 노은아 역. 비즈니스맵)"을 원작으로 했다.

주시민 교양의 하나로 자리매김해야 할 것이다.

데이터 기술들은 기본적으로 엄청나게 많은 데이터 속에서 패턴을 찾는 작업이다. 구슬이 서 말이라도 꿰어야 보배라는 말에 딱 어울리는 작업들이다. 굉장히 복잡한 '통계적 방법론'들이 적용되며 데이터들의 연관성과 분류 기준, 연결망 등을 분석해내고(이러한 작업들을 데이터 분석data analysis이라 한다), 시각화하여(데이터는 인간이 인지할 수 있는 규모를 넘어서기 때문에 인간이 인지할 수 있도록 시각화가 필요하다. 시각화 기술 자체가 데이터 기술의 큰 줄기 중 하나다. 그도 그럴 것이 결국 데이터 기술은 기술자들을 위한 것이 아닌, 의사결정자들을 위한 것이니 의사결정자들에게 '보여주기' 쉽게 만드는 것이 상당히 중요하다) 의사결정에 유용한 정보들을 이끌어낸다. 이에 대한 깊은 이야기를 다루기 시작하면 통계학 저술이 되어버릴 것이 분명하므로 이 정도 아이디어라는 것만 짚고 넘어가도록 하자(사실 이 책 맨 앞의 통계적 방법론들을 설명한 부분에 데이터 분석에서도 사용되는 방법론들이 살짝 들어가 있다).

참고로 조금 더 깊은 관심이 생기신 분은 데이터 분석 작업을 위한 오픈소스 프로그램 R이라는 것이 있고 누구나 쉽게 무료로 다운받을 수 있다[2]는 사실을 알아두고 가자.

그런데 사실 데이터 분석 기술 자체보다는 진정으로 중요한 것은 어떤 질문을 던질 것인가, 해당 영역의 중요 속성은 무엇인가, 이를 위해 어떤 데이터들이 필요한가와 같은 우리가 해결하고자 하는 문제와 관련된 분야에 대한 지식과 통찰이다. 소위 말하는 도메인 지식domain knowledge을 갖춰야 하는 것이다. 기술 하나만 가지고는 문제를 해결할 수 없다. 때

---

2 http://cran.r-project.org/
얼른 다운받고 R을 이용한 데이터 분석 관련 서적을 한 권 사면 된다.

문에 데이터 과학자들은 다양한 사람들과의 협업이 필수적이고 데이터 과학자들에게 일을 맡기려는 의사결정자도 이 사실을 알아야한다. 자동화 공정에 데이터를 맡기면 모든 문제에 대한 답이 '뽕!'하고 튀어나오는 일은 절대로 없다. 데이터 과학은 데이터를 이용해 통찰과 깨달음을 얻는 것이다. 우리 기업에서 데이터 분석가를 불렀는데 우리 분야의 전문가가 아님에도 불구하고 현업 사람들에게 아무런 질문도 하지 않고 정량적, 기계적 분석만 하고 있다면 엉망이 된 결과를 받아볼 확률이 높다. 반대로 아무리 훌륭한 데이터 분석가를 불렀어도 의사결정자가 제대로 된 질문을 던지지 않았다면 그 결과는 무의미한 자료에 불과하다.

이렇게 통계적 방법을 통해 데이터 자체를 가지고 노는 분야가 데이터 과학의 큰 줄기 중 하나라면 또 다른, 가장 핫한 줄기는 인공지능을 위한 데이터이다.

아까 잠시 언급했듯 현재 머신러닝은 인공신경망 기술에 기반을 두고 있다.[3] 이는 쉽게 말하면 말 그대로 우리의 뇌의 '구조'를 따라한 것으로 그 핵심은 엄청난 수의 병렬연산이다. 우리 뇌 속의 신경세포들은 수직적으로 연결된 신경세포 '층'으로 이루어진 회로의 일부로서 존재하며 각 층의 뉴런들이 수직적은 물론, 수평적으로 서로 다른 회로에 무

3 이전까지만 해도 인공지능 개발은 논리를 중시하며 학습을 연역의 역순으로 보는 기호주의자(Symbolists), 신경망에 기반을 두고 두뇌를 모방하고자 하는 연결주의자(Connectionists), 컴퓨터에서 진화를 모의시험하며 유전자 프로그래밍을 통해 적합한 답을 찾아가고자 하던 진화주의자(Evolutionaries), 학습이 확률 추론의 한 형태라 보던 베이즈주의자(Bayesians), 유사성 판단을 근거로 추정하고 배우도록 하는 유추주의자(Analogizers)들 간의 다툼이 있었다. 그리고 대략 2014년도를 기점으로 연결주의자들의 인공신경망이 현재 인공지능 개발의 대세가 되었고 이를 토대로 다른 방법들을 결합해 회로를 발전시켜나가고 있다.
이런 인공지능계의 학설대립에 관심이 있으신 분들은 아래 책을 참조하자.
페드로 도밍고스(2016). 강형진 역. "마스터 알고리즘". 비즈니스북스.

수히 연결되어 있다. 이러한 층층이 그리고 겹겹이 연결된 뇌의 신경망을 본 따 입력과 출력 사이에 엄청나게 많은 층을 거쳐 여러 단계의 연산이 이루어지도록 구성된 회로들을, 병렬로 여러 개 배치하여 인공신경망을 구성한다. 인공신경망 기술에도 종류가 여러 가지가 있는데 이렇게 뉴런으로 이루어진 층들이 수십 개에 달하는 신경망을 심층 신경망 DNN. Deep Neural Network이라 한다. 이런 층층이 그리고 겹겹이 이루어진 네트워크 연결의 힘으로 그전까지는 힘들었던 비선형적인 관계까지 학습해낼 수 있게 된 것이다.[4]

CPU와 GPU의 차이가 바로 이러한 병렬연산이다. 그래픽 카드는 고사양 게임의 구동에 주로 사용되지만 병렬연산을 한다는 특성(화면이 엄청나게 많은 점으로 구성된다는 사실은 알고 있을 것이다. 그 점들이 동시적으로 시시각각 변화하는 모습을 계산해내기 위해 그래픽카드에서는 병렬연산이 필수적이다) 때문에 인공지능 개발자들의 필수품이 됐다. 그래서 AMD 등 다른 업체들의 부상에도 불구하고 인공지능 시장을 선점한 NVIDIA가 아직도 대체 불가능한 그래픽 카드 기업으로 우뚝 서 있는 것이다.

인공지능을 컴퓨터에 비유하는 우리의 습관 때문에 우리는 여전히 if−then 형식의 명령문을 입력하면 그대로 따르는 계산기계로 인공지능을 생각하고 이 생각을 거꾸로 확장하여 뇌 또한 그러리라 생각한다. 실제로 수십 년간 인공지능 연구자들은 그런 식으로 일반적 지능

---

4 정확히는 네트워크 내의 뉴런(인공신경망에서 뉴런은 각각 하나의 '함수'라고 생각하면 된다)들에 비선형 함수를 사용해서 비선형적 학습을 가능케 한다. 네트워크 내 모든 뉴런이 모두 선형 함수로 구성되어 있다면 전체 신경망도 선형적 학습만 가능하기 때문이다. 각각의 뉴런은 입력값을 받아 함수에 넣어 결괏값을 연산한 후 다음 네트워크에 그 결괏값을 입력해주는 단순한 기능을 한다.

의 작동 공식을 찾아내려 해왔다. 명령 하나로 컴퓨터에게 하나의 간단한 계산을 시킬 수 있으니, 여러 명령을 찾아서 입력해놓으면 언젠가는 하나의 일만 하는 것이 아닌 '지능'을 이루어낼 수 있다고 생각한 것이다.

하지만 최근이 되어서야[5] 그 틀을 깨고 서로 무수히 연결된 망 자체가 수많은 데이터를 통해 스스로 학습하여 규칙을 찾아낼 수 있다는 딥러닝Deep Learning으로의 패러다임 전환이 일어났고, 인공지능의 비약적 발전이 일어났다. 딥러닝은 쉽게 말해 수많은 데이터와 이에 매칭된 정답을 입력하면 스스로 풍부한 규칙을 찾아내는 시스템이다. 그래서 2010년경 빅데이터 붐이 일고 나서야 인공지능이 다시 기지개를 켤 수 있었다. 컴퓨터에게 학습시킬 엄청난 분량의 데이터를 다루는 방법이 필요했던 것이다. 이런 기본적인 아이디어에 연산을 보다 효율화, 정교화하기 위해 앞서 보았던 몬테카를로 시뮬레이션이나 베이즈공식 등의 방법들을 추가적으로 사용한다.

우리 뇌에는 대략적으로 1,000억 개의 뉴런과 100조 개의 시냅스가 존재한다. 그래서 100조라는 숫자가 중요하다. 일론 머스크 등이 공동 투자하여 설립한 'OpenAI'사가 2020년 출시한 범용 자연어 처리 모델인 GPT－3(Generative Pre－Training 3)는 현재 최고의 자연어 처리 모델로 꼽히는데, 인공지능이 학습을 통해 생성한 파라미터(매개변수라고도 한다. 입력값을 원하는 출력값으로 만들어주는 조절장치라 보면 된다. 당연

---

5 사실 인공신경망의 초기 모델인 퍼셉트론Perceptron은 1958년, 즉 인공지능 연구의 초창기에 등장했다. 하지만 너무 시대를 앞선 기술이었다. 이를 학습시킬 수 있을 만한 기술과 학습을 위한 데이터 기술이 없었던 것이다. 그렇게 인공신경망 기술은 암암리에 겨우 명맥만 이어왔고, 이후 수십 년간 규칙 기반 시스템이 대세가 됐다.

히 이것이 많을수록 정교한 조절이 가능하다)의 개수가 1,750억 개이다. 그리고 GPT-4 모델이 100조 단위의 파라미터를 학습시키는 것을 목표로 개발 중이다. 이쯤 되면 머지않은 미래에 정말 인간의 지능이 인공지능에게 따라잡히는 순간(레이 커즈와일의 '특이점')이 올지도 모른다.

데이터에 기반한 현재의 기술들이 우리의 의사결정을 크게 도와주고 있다는 사실은 자명하다. 하지만 그것이 '인간에 대한' 의사결정에 적용되는 경우 문제가 생길 수 있다. 인간이 형성해온 데이터가 편견을 담고 있다면 그 데이터로부터 배운 알고리즘은 편견을 영속화할 수 있다.

내 일과를 살펴보면 깨어 있는 시간 중의 대부분의 시간은 SNS에 접속하여 활동 중인 것으로 나타날 것이다. 그러면 이 데이터에 기반한 알고리즘은 나를 '쓰레기'라고 평가하고 취업을 못하게 할 것이다. 결과적으로 나는 백수가 되어서 깨어 있는 시간 모두를 SNS에 쏟아붓게 될 것이다. 그런데 정말 내가 쓰레기인가? 아니다. 아시다시피 난 아주 훌륭한 인재다.

더 자주 언급되는 예시를 보자. 치안이 좋지 않아 경찰의 순찰을 늘려야 하는 지역을 선정할 때 인종이나 계급에 대한 편견이 그득히 담긴 데이터를 기반으로 삼으면 결과적으로 가난한 동네가 선정될 것이다. 그러면 경찰은 그 동네에 순찰을 더 자주 돌게 될 것이고 가난한 동네의 아이들이 더 많이 잡혀갈 수밖에 없다. 그러면 경찰집단에서는 훌륭한 검거율을 자랑할 것이고 훌륭한 알고리즘을 이용한 모범행정 사례라는 평가를 받을 것이다. 그야말로 자기충족적 예언이 되는 것이다. 그런데 이것이 우리가 원하던 결과인가? 데이터 과학 자체는 도덕성을 내포하지 않는다. 데이터 자체가 문제일 수 있다.

이런 경우를 방지하기 위해 데이터를 수집하는 단계에서 의도적으로 노이즈를 집어넣어 '누구'에 대한 정보인지를 가리는 방법, 데이터를 중앙집중식으로 저장하지 않고 데이터의 '부분'을 각각의 모델을 통해 훈련시킨 뒤 학습이 완료된 모델을 합치는(그래서 데이터는 여전히 부분적으로 쪼개져 있는 상태를 유지하는) 방법 등이 논의된다.[6]

기술은 발전할 것이고 더 많은 데이터가 수집될 것이며 데이터에 기반한 의사결정은 더 자주 일어날 것이다. 그렇다면 이런 개인의 데이터에 대한 적절한 규제가 필요하다. 이와 관련되어 가장 유명한 것은 유럽의 GDPR일 것이다.

유럽연합의 개인정보보호법General Data Protection Regulation, GDPR은 위와 같은 문제가 생기는 "자연인의 개인적인 특성을 평가하기 위해 수행되는 모든 형태의 자동화된 개인 정보 처리"를 "자동화된 의사 결정"이라 부른다. 어떻게 부르든 좋다. 중요한 건 이러한 경우 나를 쓰레기로 평가하고 취업을 시키지 않은 기업에 대해 무언가 조치를 취할 수 있어야 한다는 것이다. 이런 사항에 대해서 정보주체는 이의를 제기하고, 설명을 요구할 수 있고, 자신의 견해를 표명하고, '사람'을 개입시켜 재검토를 요구할 권리를 가진다.[7]

아무튼 결론적으로 지금 인공지능 기술의 비약적인 발전은 뇌의 구조를 흉내 낸 인공신경망 기술 덕분이다. 이를 기반으로 여러 가지 기능을 더해가며 점차 정교화해나가고 있다. 하지만 인간 의식의 정확한

---

6 이러한 두 방법을 차등 프라이버시differential privacy, 연합 학습federated learning이라 부른다.
존 켈러허, 브렌던 티어니(2019). 권오성 역. "데이터 과학". 김영사. p.203 참조.

7 김상현(2022). "유럽연합의 개인정보보호법, GDPR". 커뮤니케이션북스. p.21, p.51 참조

기작은 아직까지 명확히 합의된 바가 없고, 우리가 인위적으로 짝지어 준 답을 배우는 방식에는 한계가 있다. 그렇기에 특정 문제만을 해결하기 위한 현재의 기술을 뛰어넘은 우리가 진정으로 원하는 '범용' 인공지능이 출현하기 위해서는 또 한 차례의 패러다임 전환이 필요하다는 견해[8]도 있다.

자세한 사항에서 결론이 어찌 나든 우리 세대는 죽기 전에 기계 지능이 인간 지능을 뛰어넘는 특이점을 경험할 것이다. 기술은 곧 준비될 것이다. 그러나 특이점을 맞이할 우리 세대가 운이 좋은 세대가 될 것인가 운이 더럽게 나쁜 세대로 평가될 것인가, 도라에몽의 시대가 될 것인가 터미네이터의 시대가 올 것인가는 그때의 엘리트들이 그 기술을 얼마나 잘 이해하고 있는지에 달려 있을 것이다.

8 이러한 견해와 인공지능의 미래에 대해 더 알고 싶은 분은 다음 책을 참조하자. 제프 호킨스(2022). 이충호 역. "천 개의 뇌". 이데아.

참고서적

[저자(출간 연도). 역자. "제목". 출판사. 순]

1. 로빈 던바(2022). 안진이 역. "프렌즈". 어크로스.

우정에 관한 연구의 최전선에 있는 로빈 던바가 데이터 과학으로 무장하여 인간관계의 네트워크를 분석한 결과를 담고 있다. 주제는 우리가 가볍게 여기는 것들이지만 책의 내용은 그렇지 않다. 책에서 다루고 있는 연구들의 골자는 위에서 설명했기에 여기서는 생략한다. 각종 이론과 실험 결과들로 가득해 정보량이 굉장히 많아 읽는 데 꽤나 시간이 걸린다. 하지만 그 속에서 빛나는 통찰은 우리 모두가 눈여겨보아야 할 것이다. 점차 각박해지는 개인주의화되는 사회 분위기 속에서 우리의 본질을 찾기 위해서, 그리고 우리 개인의 복리를 위해서. 인류애를 충전하고 싶으신 분들에게 추천한다.

2. 루이스 다트넬(2020). 이충호 역. "오리진". 흐름출판.

지구인들을 위한 빅히스토리 작품이다. 우리는 "총, 균, 쇠"를 통해 우리의 문명이 현재에 이르게 된 조건 중 가장 중요한 것이 다름아닌 '부동산'이라는 것을 배웠다. 그리고 이 작품은 그 점을 더 깊게 파고들어갔다. 지질학적 시간의 관점에서 바라보았을 때 찰나의 순간에 지나지 않는 호모사피엔스의 문명뿐만 아니라 인류의 탄생과 진화, 그리고 현재의 문화에 '지구의 활동들'이 얼마나 지대한 영향을 끼쳤는가를 탐구한다.

이 책은 크게 사피엔스의 탄생과 이동, 그리고 번성, 우리 문명의 토대가 된 재료들, 지형과 해류와 기류에 따른 우리의 무역과 전쟁, 그리고 에너지의 측면에서 우주의 활동이 우리에게 미친 영향을 다룬다.

그러나 단순한 역사적 사실의 나열에 그치지 않고 그 토대가 되는 지구활동에 대한 과학적 설명까지 이해하기 쉽게 서술하고 있다는 점에서 높은 점수를 주고 싶다. 지구과학, 진화와 생명, 재료공학, 무역과 전쟁, 그리고 에너지까지 두루 다루고 있는 종합교양서이다.

3. 리사 펠드먼 배럿(2021). 변지영 역. "이토록 뜻밖의 뇌과학". 더퀘스트.

방대한 뇌과학의 최전선을 누구라도 이해하기 쉽고 재미있게 풀어쓴 책이다. 이렇게 얇고 작은 책에 이 모든 것이 들어 있다니 그저 놀라울 따름이다. 뇌에 대한 우리의 잘못된 오해와 기본적 사항, 그리고 새로운 발견들이 담긴 종합 선물세트와 같은 책이다.

뇌는 기본적으로 신체예산을 효율적으로 관리해 생존할 수 있도록 해주는 기관이라는 점, 뇌는 경험과 감각을 바탕으로 끊임없이 예측하고 반응하는 메커니즘을 가졌다는 점, 그리고 뇌를 통한 능동적인 감정 경험을 통해 사회적 현실이 창조된다는 점을 인상 깊게 설명한다.

4. 디크 스왑(2021). 전대호 역. "세계를 창조하는 뇌 뇌를 창조하는 세계". 열린책들.

제목만 보면 뇌의 창조성을 다룬 것 같지만 음악, 미술 등 예술 분야에 국한되지 않고 개인의 성격, 지능, 직업과 경험을 통하여 뇌와 환경의 상호작용이 어떻게 이루어지는지, 뇌에 관한 질병과 형법의 문제 등 온갖 인문, 사회과학 분야의 문제를 뇌와 유전자 그리고 그 둘의 환경과의 상호작용으로 풀어낸다.

엄청나게 방대한 분야를 다루고 있는 만큼 한 문장 한 문장이 논문 하나의 요약이라 할 정도로 방대한 지식이 축약되어 있다. 그럼에도 불구하고 잘 읽힌다. 문장이 굉장히 부드럽고 다루는 내용 자체가 몹시 흥미롭기 때문이리라. 복잡한 부분을 서술할 때는 이미지 자료도 적극적으로 활용하였다.

더욱더 마음에 드는 부분은 실험결과로 증명된 부분과 아직 논의가 이루어지고 있는 부분을 명확히 밝혀 서술하여 독자들은 우리가 명확한 지식으로 받아들여야 할 부분과 추후 논의를 기다려 추가적인 탐구를 해나가야 할 부분을 분리해서 받아들일 수 있다. 이게 진정한 과학적 접근방법이 아니겠는가.

인간에 대해 공부하고자 하는 학생이라면 인간이 어떻게 형성되는지 현재까지 과학적으로 밝혀진 바를 알아나갈 수 있다는 점에서 일독을 권한다.

5. 닉 채터(2021). 김문주 역. "생각한다는 착각". 웨일북.

뇌과학의 최신 성과 중, 우리의 정신이 뇌가 그때그때 즉흥적으로 만들어낸 허구라는 점에 집중한 서적이다. 즉 우리 의식의 작동 '규칙'이나 프로이트적인 정신의 깊은 내면세계가 존재한다는 우리의 통념은 착각이라는 것이다. 우리의 통념을 시원하게 깨준다는 점에서 높은 점수를 주고 싶은 책이다. 신비로운 우리의 의식세계를 제대로 살펴보고 싶다면 이 책을 펼쳐보자.

6. 리사 제노바(2022). 윤승희 역. "기억의 뇌과학". 웅진지식하우스.

뇌과학의 많은 분야 중 기억에 집중한 저작이다. 소설가이기도 한 저자의 유려한 말솜씨가 돋보이는 작품이다. 그렇다. 그 유명한 "스틸 앨리스(2015. 민승남 역. 세계사)"의 저자이다. 물론 책 전체 주제에도 충실해 기억의 작동원리를 이야기하듯 이해하기 쉽게 설명한다. 거기다가 부록으로 '기억을 위해 당신이 할 수 있는 일들'을 수록하고 있다. 공부를 하고자 하는 이들이라면 그야말로 안 읽을 수가 없는 책이다.

7. 데이비드 바드르(2022). 김한영 역. "생각은 어떻게 행동이 되는가". 북하우스.

많은 뇌과학 책이 나왔지만 그중에서 이 책을 가장 특징적으로 만드는 것은 우리 뇌의 가장 똑똑한 지점, 이마엽 중 특히 이마앞엽겉질의 작용기작을 다루었다는 점이다. 이마앞엽겉질은 우리 뇌가 계획을 세우고, 그 계획을 계속 추적하고, 여러 단계의 뇌 상태에 영향을 미쳐 우리의 목표를 정확한 행동과 일치시키는 정교한 메커니즘인 인지조절cognitive control을 가능케 하는 부위이다. 인지조절은 우리가 일을 효율적이고 깔끔하게 해내게 해주는 아주 중요한 능력이다. 규칙을 '언어로' 배워서 아는 것은 문제해결에 충분치 않다. 일을 제대로 해내기 위해서는 인지조절 능력이 필수적이다. 이 복잡한 규칙 적용 네트워크를 명쾌하게 설명해주는 정말 탁월한 저서이다. 이 책에서 배운 내용들을 조금 더 다루고 싶었지만 책의 취지상 한두 문장으로 퉁치고 넘어갈 수밖에 없다는 점이 가장 아쉬운 책이다.

8. 최낙언(2022). "감각 · 착각 · 환각". 예문당.

특이하게도 식품공학을 전공하고 제과회사에서 근무하시던 식품업계 종사자인 저자분이 쓴 책이다. '맛'에 대한 탐구를 꾸준히 이어나가고 있는 분이신데 맛의 기원을 찾다 보니 감각을 연구하게 되고 감각을 연구하다 보니 뇌과학까지 연구하게 되었다. 그렇게 완성된 책이 이 책이다. 저자의 이러한 탐구정신에 찬사를 보낸다. 감각과 이를 받아들이고 해석하는 우리 뇌의 작동원리에 대해 아주 재미있게 읽을 수 있는 정말 맛있는 책이다.

9. 빌 브라이슨(2020). 이한음 역. "바디: 우리 몸 안내서". 까치.

어린 시절 "나를 부르는 숲"[9]으로 빌 브라이슨을 처음 접했다. 너무 웃겨서 심심할 때, 우울할 때마다 읽어 거의 10회독은 했던 작품이다. 그때까지만 해도 빌 브라이슨의 이름에 붙는 수식어는 "세상에서 제일 웃긴 여행작가"였다. 그런데 그가 공전의 히트를 친 과학도서 "거의 모든 것의 역사"를 내더니 이제 아예 본격 과학작가로 전향한 듯하다. 내가 한국의 빌 브라이슨이 될 수 있을까? 두고 보자.

"바디"는 우리 몸 구석구석을 살펴보며 작동원리와 특징에 대해 최신의 연구들을 알차게 균형 잡힌 시각으로 보여준다. 아쉽게도 주제가 주제이다 보니, 그리고 정보량이 엄청나게 많다 보니 빌 브라이슨 특유의 시니컬한 유머가 그리 드러나지 않는다는 것이 단점이지만

---

9 빌 브라이슨(2018). 홍은택 역. 까치.

정말 책 한 권으로 우리 몸에 대한 최신의 지식을 얻고자 하는 분에게는 교과서보다 더 좋은 책이다.

10. 이병렬(2011). “센서 계측공학”. 홍릉과학출판사.

대학생 때 배운 계측공학 책이 사라진 지 오래라(내 기억 속에서 사라진 것뿐만 아니라 실제로 잃어버렸다. 저런) 센서 파트 서술에 참조하기 위해 도서관을 뒤지다 이 책을 발견했다. 사실 문과분들은 자동화 장치에 “센서”가 필요하다는 사실 자체를 모른다. 즉 센서라는 개념 자체가 없는 사람이 대부분이기에 센서가 뭘 하고 왜 필요한지만 간략하게 다루었지만 이 책을 따라서 센서기술과 신호처리방법을 개략적으로라도 익혀두는 것이 보다 상세한 이해에 좋다.

센서는 최첨단 기술들의 핵심 중의 핵심이다. 컴퓨터칩만 가지고 자동화 장치가 돌아가지 않는다. 센서가 어떻게 작동하는지를 알아야 현재의 기술로 무엇이 가능하고 무엇이 불가능한지를 알 수 있다. 이걸 모르고 엔지니어를 비롯한 실무자들에게 업무를 지시하거나 비전을 제시하는 일은 불가능하다.

11. 앨런 튜링(2019). 노승영 역. “지능에 관하여”. HB Press.

컴퓨터 과학의 아버지 앨런 튜링의 다음과 같은 주요 논문 및 강연을 수록한 선집이다.
- 지능을 가진 기계[Intelligent Machinery] (1948)
- 계산 기계와 지능[Computing Machinery and Intelligence] (1950)
- 지능을 가진 기계라는 이단적 이론[Intelligent Machinery, a Heretical Theory] (1951)
- 디지털 컴퓨터가 생각할 수 있을까?[Can Digital Computers Think?] (1951)
- 체스[Chess] (1953)

나 같은 컴퓨터 과학 분야에 대한 완전한 문외한도 이해하기 쉬우면서도 인간의 지적능력과 그것을 기계에 구현하는 방법에 대한 놀라운 통찰을 느낄 수 있는 저작이다. 튜링의 컴퓨터는 저장부[Store], 실행부[Executive unit], 제어부[Control]로 구성된다. 어?! 오늘날의 우리에게도 익숙한 구상이다. 앨런 튜링은 이러한 생각을 70년 전에 해냈다. 그리고 이 최신의 과학이 수십 년 전에 쌓여진 튜링의 어깨 위에 서 있다는 것, 그리고 그의 예견과 그리 다른 모습들이 아니라는 것을 깨닫고 놀라움을 금치 못했다.

잠깐 그의 천재적인 발상인 ‘흉내 게임’을 여기서라도 언급하고 가자. 그렇다. 앨런 튜링의 삶과 천재성을 다룬 영화의 제목 ‘이미테이션 게임’이 바로 여기서 나온 것이다. 흉내 게임은 “기계가 생각할 수 있을까?”를 “게임에서 기계가 사람의 역할을 맡으면 질문자가 이를 알아맞출 수 있을까?”로 바꾸어놓은 혁명적 발상이다.

"게임에는 남자A, 여자B, 질문자C 세 사람이 참여한다. 질문자는 나머지 두 사람과 격리된 방에 있다. 게임에서 질문자의 목표는 둘 중에서 누가 남자이고 누가 여자인지 알아맞히는 것이다. 두 사람은 X와 Y로 지칭되며, 게임이 끝나면 질문자는 'X는 A이고 Y는 B다'라고 말하거나 'X는 B이고 Y는 A다'라고 말한다.
(...) 게임에서 A의 목표는 C가 자신을 못 알아맞히게 하는 것이다. (...)
게임에서 세 번째 참가자 B의 목표는 질문자를 돕는 것이다.
'이 게임에서 기계가 A의 역할을 맡으면 어떻게 될까?'"

– 계산 기계와 지능 Computing Machinery and Intelligence 中

12. 존 켈러허, 브렌던 티어니(2019). 권오성 역. "데이터 과학". 김영사.

데이터 과학자들이 어떤 일을 하는 사람들이고, 그 분석 원리들에 어떤 것들이 있는지를 간략하고도 상세히 다룬 책이다. 이 작은 사이즈의 책에 이론부터 실무적인 내용까지 이 모든 것이 들어가 있다는 것이 놀랍기만 하다. 빅데이터에 대해 수많은 책이 나와 있지만 찾아보면 '와! 많은 데이터! 뭐든 다 할 수 있는 만능기술!' 같은 뜬구름 잡는 소리만 하는 경영, 경제 서적이 99%이다. 그러한 책 시장에서 아주 보기 드문 유용한 책이며 빅데이터와 인공지능의 시대를 살고 있는 우리에게 꼭 필요한 책이다.

13. 박상길(2022). "비전공자도 이해할 수 있는 AI 지식". 반니.

인공지능은 이래저래 관심이 많던 분야라 전부터 많은 책을 읽어왔지만 대략 2016년을 기점으로 한 머신러닝의 대부흥 시대 이후에 나온 책들은 거의 접하지 못했다. 그러던 차에 인공지능 엔지니어인 저자가 집필한 이 책을 읽고 눈이 번쩍 뜨이는 경험을 했다. 그새 이토록 많은 발전이 있었구나.

목차를 보자마자 엔지니어의 글 특성이 보여서 반가웠다. 그는 인공지능 '총론'부터 지리하게 서술하고 뒤에 작게 예시들을 나열하는 방식을 택하지 않았다. 아예 책을 크게 알파고, 테슬라, 구글, 스마트 스피커, 파파고, 챗봇, 내비게이션, 유튜브 추천 알고리즘 등으로 우리가 직접적으로 매일 접하고, 궁금할 만한 주제들로 분류를 해서 나눠놓고 그 안에서 AI의 핵심기술과 논리들을 자연스레 녹여 넣었다. 중요한 것이 뭔지 아는 사람의 서술방식이다. 독자로서 그저 감사할 따름이다. 거기에 정겨운 삽화까지! 정말 간만에 접한 잘 만들어진 기술공학 책이다.

- 로빈 던바, 클라이브 갬블, 존 가울렛(2016). 이달리 역. “사회성”. 처음북스.
- 엘리에저 스턴버그(2019). 조성숙 역. “뇌가 지어낸 모든 세계”. 다산사이언스.
- Frederick L. Coolidge(2021). 이성근, 오미경 역. “진화신경심리학”. 하나의학사.
- 정신의학신문 네이버포스트 [中 “기억, 그리고 자아”, “중독의 뇌과학” (1), (2)] https://post.naver.com/my.naver?memberNo=23841638
- 안토니오 다마지오(2021). 고현석 역. “느끼고 아는 존재”. 흐름출판.
- 마크 험프리스(2022). 전대호 역. “스파이크”. 해나무.
- 제프 호킨스(2022). 이충호 역. “천 개의 뇌”. 이데아.
- 디크 스왑(2015). 신순림 역. “우리는 우리의 뇌다”. 열린책들.
- 미겔 니코렐리스(2021). 김성훈 역. “뇌와 세계”. 김영사.
- 매튜 코브(2021). 이한나 역. “뇌과학의 모든 역사”. 심심.
- 김재익(2020). “의식, 뇌의 마지막 신비”. 한길사.
- 박문호(2017). “박문호 박사의 뇌과학 공부”. 김영사.
- 대니얼 카너먼(2018). 이창신 역. “생각에 관한 생각”. 김영사.
- 리처드 탈러(2021). 박세연 역. “행동경제학”. 웅진지식하우스.
- 정용택(2013). “센서 물리학개론”. 홍릉과학출판사.
- 삼성디스플레이 뉴스룸 “[디스플레이 심층 탐구] 풀스크린 스마트폰 디스플레이의 비밀” https://news.samsungdisplay.com/
- 고응남(2020). “4차 산업혁명 시대의 정보통신 개론”. 한빛아카데미.
- 연세대학교 공과대학(2019). “공학의 눈으로 미래를 설계하라”. 해냄출판사.
- 페드로 도밍고스(2016). 강형진 역. “마스터 알고리즘”. 비즈니스북스.
- 캐시 오닐(2017). 김정혜 역. “대량살상 수학무기”. 흐름출판.
- 제임스 글릭(2017). 박래선, 김태훈 역. “인포메이션”. 동아시아.
- 이안 굿펠로, 요슈아 벤지오, 에런 쿠빌(2018). 류광 역. “심층 학습”. 제이펍.
- 브레트 란츠(2019). 윤성진, (주)크라스랩 역. “R을 활용한 머신러닝 3/e”. 에이콘.
- 오렐리앙 제롱(2020). 박해선 역. “핸즈온 머신러닝 제2판”. 한빛미디어.

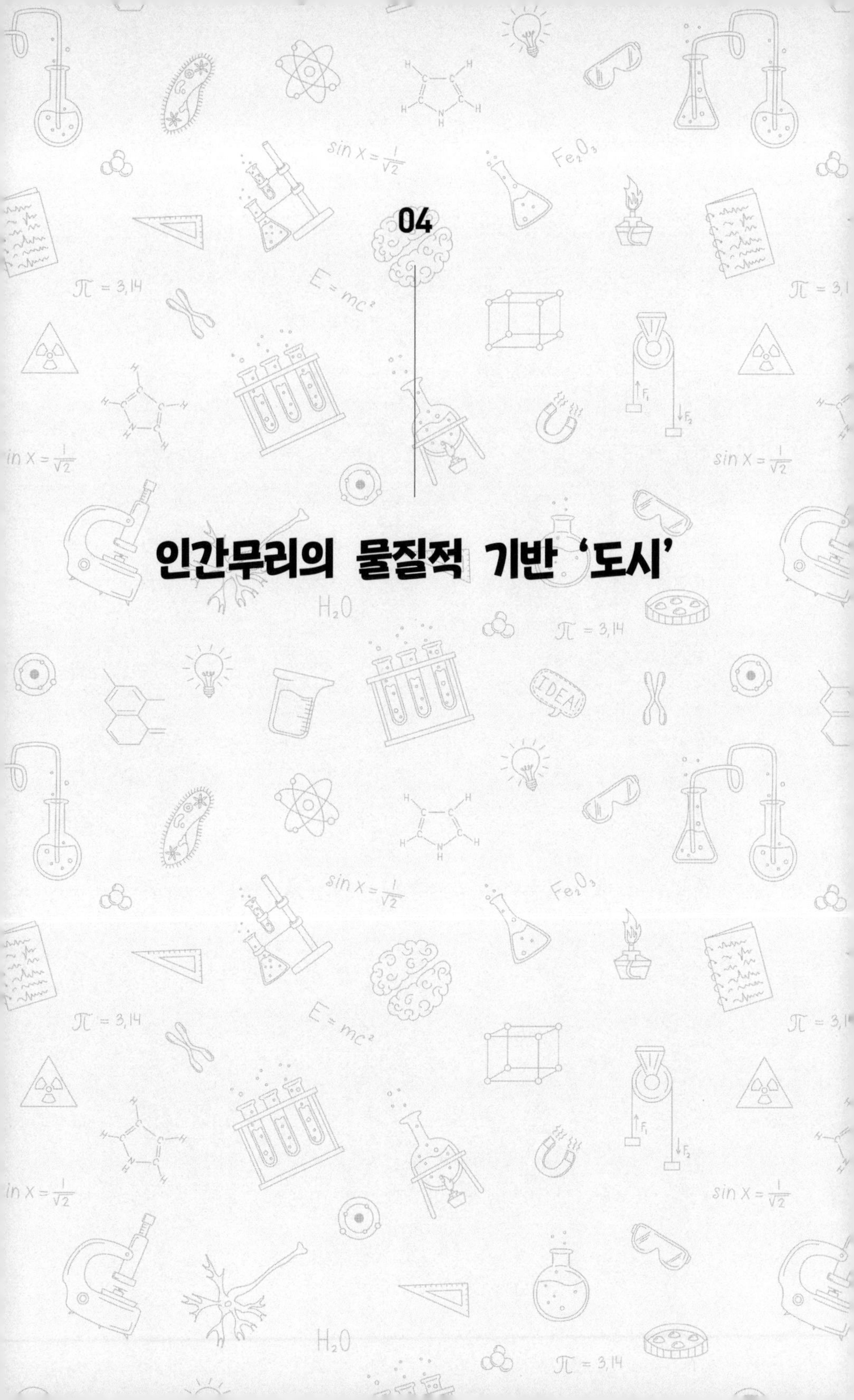

04

인간무리의 물질적 기반 '도시'

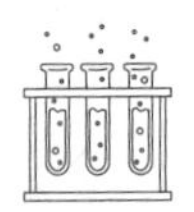

도시

인간과 인간무리에 대해 알아보았으니 좀 더 스케일을 키워보자. 인간이 살고 우리의 삶의 터전이 되는 곳, 우리 인간무리의 물질적 토대인 도시에 대해 알아보자.

이미 전 세계 인구의 절반 이상이 도시에 거주하고 있고 이 비율은 갈수록 더 높아질 것이다.[1] 하지만 우리는 평생을 도시에서 살아왔고 앞으로도 도시에서 살 것이면서도 도시가 어떻게 이루어지고 살아 숨쉬는지 알지 못한다.

여러분이 어떤 곳에 새롭게 도시개발을 하려 한다. 무엇을 가장 먼저 생각해야 할까? 무엇이 도시가 유지되는 데에 있어 가장 필수적인 요소인가? 아 물론 여러분과 일가친척들이 그 동네 대지를 10만 평 정도 미리 사뒀고 나무도 몇 그루 심어놨다는 사실을 제외하고 말이다.

여기서 여러분의 궁금증을 자아내기 위해 감질나게 잠깐 다른 얘기를 해보겠다. 약 오르지? 그래도 나름 알찬 얘기다. 기왕 상식 서적을 보는 김에 도시계획에 관련된 상식 하나 알고 넘어가자. 브와젱 계획[2]

---

1 UN 세계 도시화 전망(World Urbanization Prospect)에 따르면 2018년 기준 세계 인구의 54%가 도시에 거주 중이다.
https://population.un.org/wup/

2 르 코르뷔지에가 제시한 파리를 초고층건물을 활용한 초고밀도의 신도시로 탈

과 빌라 사보아로 유명한 프랑스의 건축가 르 코르뷔지에는 도시계획의 근본원리로 다음을 꼽았다.

1) 도심지의 혼잡을 완화할 것, 2) 인구밀도를 높일 것, 3) 교통수단을 늘릴 것, 4) 식수 면적을 늘릴 것.

기왕 르 코르뷔지에가 나온 김에 그가 꼽은 근대 건축의 5원칙도 한번 보고가자. 건축을 공부한 사람이라면 다들 아는 개념이고 따라서 현대 건축에 지대한 영향을 미친 개념이니 알아두면 지나가다가 건물들을 보면서 아는 척 하기 좋을 것이다. 지금의 건물들에도 모두 적용되어 우리가 너무나도 익숙하게 마주하는 것들이다.

1) 필로티(기둥을 통해 건축구조를 땅에서 떼놓는 방식), 2) 자유로운 파사드(건물의 전면부를 말한다), 3) 자유로운 평면, 4) 가로로 긴 수평창, 5) 옥상정원.

정말 훌륭한 상식책 아닌가!

우리 책은 과학과 기술에 관한 것이니 이 정도만 하고 우리의 답으로 넘어가자.[3]

이 문제는 결국 현대의 도시인들의 생존을 위해 무엇이 가장 필수적인 것인가에 대한 것이다. 답은 바로 물과 에너지다.

바꿈시키고자 했던 계획이다. 비록 파리에는 적용되지 못했으나 이를 통해 르 코르뷔지에는 지금 우리가 살고 있는 현대 도시의 이미지 그 자체를 세웠다고 봐도 과언이 아니다. 그의 도시계획에는 극도의 효율성과 인간을 위한 아름다움이 공존했다. 그는 1930년대에 이를 제시했다.

3 도시계획에 대한 르 코르뷔지에의 더 자세한 견해를 공부하고 싶으신 분들은 다음의 멋진 책을 참고하자.
르 코르뷔지에(2007). 정성현 역. "도시계획". 동녘.

물

먼저 물을 보자. 생명은 물이 없으면 생존할 수 없다. 아무리 강한 사람이라도 밥을 먹지 않고 최대 1개월을 버틸 수 있는 것에 반해, 물이 없으면 수일 내로 죽는다. 물은 기화열과 융해열이 높아 온갖 산업에서 냉각제 역할을 톡톡히 해내고 있으며, 어는 속도가 늦어 겨울철에 해양생태계를 유지해낸다. 그리고 우리가 화학시간에 배운 대로 극성을 가져[1] 온갖 것들을 녹여 용매로 사용하기도 좋다. 또한 얼기도 전인 영상 섭씨 4도에 가장 큰 밀도를 가져 해양생물들이 겨울에도 살 수 있는 환경을 조성해주어 우리가 빙판 낚시를 즐길 수 있게 해준다.

---

1 중고등학교 물화생지에 해당하는 내용은 다루지 않기로 했지만 그래도 너무 중요하니 잠깐만 언급하고 가자. 물은 잘 알다시피 H_2O 즉 산소원자 한 개와 수소원자 두 개로 이루어져 있다. 그리고 산소원자와 수소원자는 전자들을 공유한다. 물 분자 모형은 많이 보았을 것이다. 곰돌이 얼굴처럼 생겼다. 가운데에 커다랗게 있는 얼굴이 산소다. 이 산소가 곰돌이 귀에 해당하는 수소에 비해 덩치도 더 크고 인력도 더 세기 때문에 전자를 더 많이 공유한다. 즉 전자들이 산소 쪽으로 많이 쏠려 있다. 전자들은 전기적으로 (−)전하를 띠고 있다는 사실은 다들 배웠을 것이다. 덕분에 산소 쪽으로 (−)전하가 쏠리고 수소쪽은 (+)전하를 띠게 된다. 다른 많은 분자들의 경우 (−)과 (+)이 평형을 이루는 것에 반해 물은 한쪽으로 쏠려 부분적으로 (−)과 (+)이 나뉘는 것이다. 그래서 물 분자가 극성을 갖는다고 표현하는 것이다. 이 특징 덕분에 다른 물질들을 쉽게 녹이고(찢어버리고), 다른 물 분자와 강력한 수소결합을 하는 것이다((−)전하를 띠는 산소원자가 (+)전하를 띠는 다른 물 분자의 수소원자를 끌어당기므로).

우리는 수도꼭지를 틀면 어디서나 물을 얻을 수 있기에 이렇게 소중한 물의 존재를 너무나도 당연한 것으로 여기지만 이러한 수도는 엔지니어링의 절정이자 현대 도시를 가능케 한 일등공신이다. 그런데도 물이 어디서 어떻게 오고 어디로 가는지에 대해서 아는 사람은 거의 없다. 일반인들이라면 몰라도 된다. 그저 언제 어디서나 누릴 수 있는 엔지니어링의 정수를 즐기면 된다. 하지만 도시를 조직하려는 이들은 거기서 만족하면 안 된다. 물이 어떻게 오고 가는지를 알기 위해서는 상하수 시스템을 이해해야 한다.

우리가 로마에 대한 이야기를 들을 때, 특히 로마의 위대함에 대해 강조하는 이야기를 들을 때 귀가 아프도록 듣는 이야기 중 하나는 당시 전 세계 유일무이한 상하수도 시스템을 갖췄다는 것이다. 그리고 로마인들은 그 위대한 성과를 사람들이 당연하게 여기지 않도록 분수와 목욕탕을 통해 시민들에게 그 위대함을 잔뜩 뽐냈다. 하지만 땅도 턱없이 부족하고 경제적 효율성을 신성시하는 우리나라에서는 그런 자원 낭비를 대놓고 하는 장소는 찾아보기 힘들기에 상하수도는 우리가 보이지 않는 곳에서 조용히 제 할 일을 한다. 그런데 우리나라가 전 세계에서 제일 잘하고 있는 것 중 하나가 바로 상하수도다. 우리나라에 여행 온 외국인들이 감탄해마지않는 것 1순위가 언제 어디서나 쉽게 접할 수 있는 깨끗한 물의 존재라고 한다. 잠깐 토막 상식으로 우리나라에는 “수도법”에 의해 세워진 ‘상하수도 협회’도 존재하고 있는 것을 아는가? 알 리가 없다. 변호사들도 “수도법”이라는 게 있는지도 모르는 사람들이 태반이다. 사실 나도 자료 조사하면서 처음 알았다. 하하. 원래 이렇게 열심히 공부했으면 아는 척 자랑 한번 해주는 게 정신건강에 좋다. 어쨌든 우리는 수도꼭지를 틀면 언제라도 안정적으로 물을 사용할 수 있고, 그것도 아주 깨끗한 물을 즐길 수 있다. 많은 이들이 아무 생각 없이 물을 사용하고 있지만 이것은 현대 사회의 기적이다.

물의 이동 시 고려해야 할 사항들

본격적인 상하수도 시스템에 들어가기 앞서, 먼저 물을 어떻게 이동시키는지와 물의 이동 시 고려해야 할 사항들부터 보자. 물은 높은 곳에서 낮은 곳으로 흐른다. 중고등학교에서 배운 위치에너지 덕분이다. 그런데 이렇게 대자연의 힘에만 일을 맡길 수는 없다. 수원지의 물은 보통 낮은 곳에 위치하고 우리가 물을 사용할 장소는 상대적으로 높은 곳에 위치하기 때문이다. 그리고 물이 관을 통해 지나가는 과정에서 생기는 마찰 손실도 고려해야 한다. 관의 거리가 멀고 분기점이 많을수록 에너지 손실은 크다. 그래서 우리는 물의 원활한 공급을 위해 펌프라는 기계를 사용한다. 학창 시절 오락실에서 열심히 밟던 그게 아니라 전기에너지를 운동에너지로 바꿔 물의 에너지를 높여 멀리 보내주는 기계다.

수두water head는 물의 에너지, 압력 등을 물기둥의 높이(미터m 단위)로 나타낸 개념이다. 펌프는 물에 에너지를 공급, 이 수두를 높여줌으로써 높이, 멀리 물을 보내는 역할을 한다. 물을 보낼 때는 어떤 관을 통해 얼마나 멀리 보낼지, 이에 따른 관에서의 마찰에 따른 수두 손실이 얼마나 될지를 계산하고 꼭 필요한 만큼의 성능을 가진 펌프를 사용해야 경제적이다.

마찰에 따른 수두 손실은 Darcy－Weisbach 공식[1]에 의해서 구하는데 말로 표현하면 다음과 같다.

거칠고 좁은 관으로, 빠르고 멀리 보낼수록 마찰 손실은 커진다. 관 사이사이에 밸브나 분기점이 많을수록 마찰 손실이 더 커지는 것은 당연하다. 따라서 물의 운송비용을 아끼기 위해서는 펌프가 최대한 덜 밀어줘도 되도록 큰 관을 통해 최대한 멀리 보낸 뒤 작은 관으로 분기시키고(우리의 혈관 구조를 생각해보라. 심장에 무리가 가지 않도록 굵은 동맥이 필요한 지점까지 길게 뻗어나간 뒤 얇은 모세혈관으로 분기되도록 최적화되어 있다!), 높은 곳에서 낮은 곳으로 흐르도록 수로를 설계하는 것이 합리적이다.

그런데 이 물을 보낼 때 발생하는 재미있는 현상이 있다. 사이폰 효과 siphon effect라고 불리는 현상이다. A 수조와 B 수조가 있고 A 수조가 더 높은 곳에 위치하며 A 수조와 B 수조를 이어주는 거꾸로 된 U자 모양의 관이 있다고 하자. 이 거꾸로 된 U의 윗부분은 A 수조의 수면보다 높다. 원래대로라면 A 수조의 물을 그 높이까지 끌어올리기 위해 펌프의 작용이 필요하다. 그런데 A 수조의 물의 표면에 작용하는 대기압이 마법을 발휘한다. 거꾸로 된 U자관에 있는 물의 무게보다 대기압이 A 수조의 물 표면을 아래로 누르는 힘이 더 크다. 이 때문에 우리는 손안 대고 코를 풀 수 있다. 대기압이 알아서 물을 밀어주고 A 수조의 물이 거꾸로 된 U자관을 통해 B 수조로 쫄쫄쫄 흘러 내려가게 된다. 이 현상

---

1 말로 안 표현하면 다음과 같다.

$$h = f\frac{l}{d}\frac{v^2}{2g}$$

h는 마찰로 손실되는 수두, f는 관의 재질이나 상태에 따른 마찰계수, l은 관의 길이, d는 관의 직경, v는 속도, g는 중력가속도를 의미한다.

을 이용해 우리는 더 적은 힘을 가진 펌프로 더 많은 일을 할 수 있다.

갑자기 이 얘기를 왜? 상식이라면서 왜 펌프 설계 이야기?

사이폰 효과는 우리가 가장 자주 쓰는 기계장치이며 우리를 끔찍한 푸세식 변기에서 구원하여 위생적 측면에서 인류의 복지를 극대화한 인류 역사상 최고의 발명품인 양변기에 사용되기 때문이다. 변기 뒷면을 잘 보면 옆으로 누운 S자 관이 보인다(아쉽게도 요즘은 배관이 안 보이게 가려져 있는 형태의 변기도 많다). 이 누운 S자 배관의 높은 곳은 변기물의 높이보다 높은데 사이폰 효과 덕분에 대기압의 힘을 받아 우리의 변기물은 역류하지 않고 한 번에 깔끔하게 내려간다. 고마워요 사이폰!

물이 관 속에서 이동할 때 또 하나 재미있는 현상이 일어난다. 사실 실무자 입장에서 재미있지는 않다. 기계와 배관 설계 엔지니어들은 이 현상이 일어나는 것을 막기 위해 엄청난 계산을 해대야 한다. 수격현상, 영어로 water hammering이라고 불리는 현상이다. 말 그대로 물이 배관을 망치처럼 쾅쾅 때려대는 현상이다.

이는 급격한 밸브 작동이나 펌프의 정지로 인해 잘 흘러가던 물기둥(수주)이 분리됐다가 다시 하나로 쾅!하고 합쳐질 때 발생한다. 뒷차가 급발진해 서행하던 앞 차를 들이받은 상황을 생각하면 된다. 끔찍하다. 특히 공업용수의 경우 사람보다 몇 배는 더 큰 펌프를 이용해 엄청난 유량의 물을 엄청난 압력으로 흘려보내기 때문에, 이런 급격한 물기둥의 합체로 인한 충격은 평균적인 물의 흐름을 고려하여 설계된 배관이 견디기 힘들어 배관이나 주요 기기들의 파손 원인이 되곤 한다. 유튜브에서 water hammering을 검색해서 물이 배관을 얼마나 무섭게 광광 쳐대는지 한번 구경해보시라. 혹시 수도관에서 이러한 소리가 난다면 즉시 수리기사를 불러야 한다. 이러한 현상이 발생하는 것을 방지하기 위해 엔지니어들은 유량을 적당히 조절하거나 밸브를 여닫는 속도를 최적화하여 물기둥이 분리되지 않고 부드럽게 흐를 수 있도록 한다. 물론 안타깝게도 현실은 항상 계산한 대로 굴러가지 않는다.

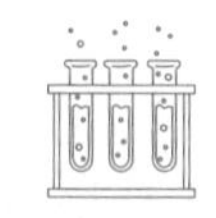

상하수도

이제 본격적으로 상하수도로 들어가자. 사람이 사는 곳에는 물이 필요하다. 사람이 산다는 단 하나의 이유만으로 도시에서는 마시고, 요리하고, 세탁과 목욕은 물론(가정용), 화재 발생 시 소화용, 공업용, 관개용, 발전용 등 정말 다양한 용도로 다양한 곳에서 물이 필요하다.

과거에는 대부분의 도시에서 물을 지하수를 통해 공급받았다. 하지만 사회가 발전하며 도시 인구는 지하수가 감당할 수 없을 정도로 늘어났다. 물을 어디선가 대량으로 끌어와야 했다. 그것도 안정적으로.

그뿐인가. 물을 많이 썼으면 하수와 폐수가 생긴다. 이를 그냥 아무데나 버리면 우리가 사용하는 하천과 지하수가 엉망이 되어버리고 전염병의 원인이 된다. 역사시간에 배운 인류를 괴롭힌 수많은 전염병의 태반은 오염된 물이 원인이었다. 위생적인 물 공급과 적절한 하수처리는 도시를 존속시키는 데 필수적이다. 하지만 우리는 이를 너무나도 모른다. 그러니 이제라도 알아보자.

상수도는 크게 보면 취수시설에서 정수장으로, 정수장에서 송수관로를 타고 배수지로, 배수지에서 급·배수관로를 타고 사용처로 흘러가는 시스템이다.[1]

---

1 조금 더 세분화해서 보자면 다음과 같은 순서다.

상수도 계획은 도시의 인구, 사용수량에 따른 급수량을 추정을 한 뒤, 예상되는 급수량보다 취수가능량이 높은 수원을 찾고 시설 규모를 결정하고 설계와 시공을 하는 순서로 이루어진다.

역시 취수원 선정이 가장 큰 문제다. 우리나라의 경우 전체 취수량의 90% 이상이 댐과 하천에서 오는 물이다(그중에서도 대략 댐이 반, 하천이 나머지 반 정도를 차지한다). 국가 산업 발전에 따라 물 수요는 점차 늘어나고 있지만 댐을 더 지을 곳이 없고, 개발 비용 등의 이유로 수자원 개발이 점점 어려워지고 있다. 그래서 한 번 사용한 물을 처리하여 재활용할 수 있게 하는 시설인 중수도가 점차 중요해지고 있다.[2]

어쨌든 일단 수원을 선정하면 관리가 필수적이다. 수원 주변에 공업시설이나 관광시설이 들어서면 수질이 악화되므로 주로 산림을 조성(이런 수원보호를 위해 조성하는 산림을 특히 수원림이라 한다)하는 것이 바람직하다. 수원림은 땅을 붙들어 비가 왔을 때 혼탁한 물이 수원에 방류되지 않게 해주고, 산사태도 막아주는 일석삼조의 효과가 있다.

이제 취수시설을 설치해야 된다. 취수시설에는 취수문, 취수탑, 취수틀 등이 사용된다. 취수문은 말 그대로 열린 공간에 물의 흐름과 수직이 되게 문을 설치해 여닫는 구조로 이루어져 있고 문 앞에는 이물질 유입 방지를 위한 그물망mesh 스크린이 설치된다. 물을 문 안으로 들여오는 구조이기 때문에 취수를 위해서는 충분한 수위를 확보해야 하고 취

수원 → 취수 → 도수 → 정수 → 송수 → 배수 → 급수 → 수요자
급수와 배수를 개념상 구별하기 힘든데 배수관에서 분기되어 가정에 물을 공급하는 것이 급수다. 우리는 급식을 먹고 급수를 마신다고 기억하자.

2 이와 관련하여 우리나라의 경우 "물의 재이용 촉진 및 지원에 관한 법률(약칭: 물재이용법)"이 물의 재이용을 규율하고 있다. 변호사들은 이런 법도 있다는 사실을 알아두자!

수댐[3]을 하류에 설치하는 경우가 많다.

취수탑은 어느 정도 수심이 있는 안정적인 흐름을 가진 하천에 설치되고 임의의 수심에서 깨끗한 수질의 물을 취수할 수 있도록 수위에 따라 여러 단의 취수구를 설치한다. 이 취수구에 역시 이물질 방지를 위한 스크린이 설치된다. 가끔 저수지에 놀러 가면 볼 수 있는 뜬금없이 물속에서 튀어나온 등대같이 생긴 못생긴 콘크리트 구조물이 바로 이 취수탑이다. 이제 우리 '이야 저수지에도 등대가 있네!' 같은 무식한 소리는 하지 말자.

취수틀은 말 그대로 물속에 콘크리트 틀을 매몰시켜 웅덩이를 만들어놓고 그 바닥에 구멍을 뚫고 취수관을 설치해 물을 끌어들이는 방식이다. 호수에 콘크리트로 만든 욕조를 던져 넣었다고 생각하면 된다. 이 외에도 취수관거, 침사지 등의 취수시설이 있다.

이제 끌어온 물을 정수장까지 보낸다. 취수 지점부터 정수장까지 보내는 것을 도수, 정수장에서 정수처리한 물을 배수지까지 보내는 것을 송수라고 부른다. 물을 관을 통해 보내는 모습은 앞에서 따로 봤으니 넘어가도록 하자.

상수도의 하이라이트는 뭐니 뭐니 해도 정수다. 정수는 말 그대로 수원지의 물을 우리가 사용할 수 있을 만큼 깨끗하게 만들어주는 과정으로 수원의 수질에 따라 방식은 다르지만 크게 가라앉히고(침전), 걸러내고(여과), 약품처리(소독)하는 세 단계로 이루어져 있다.

침전은 말 그대로 찌꺼기(슬러지)들을 가라앉히는 것이다. 찌꺼기들

---

3 댐은 기능에 따라 다음과 같이 분류된다. 물을 모아두는 저수댐, 위와 같은 취수를 위한 취수댐, 산사태를 막기 위해 물의 흐름을 안정화시키는 사방댐이 있다. 일반적으로 우리가 생각하는 댐은 저수댐이다.

이 가라앉으려면 물이 흐르는 속도가 느려야 한다. 그런데 물의 속도는 흐르는 관이 좁을수록 빠르다. 그렇기 때문에 상대적으로 좁은 관에서 흐르던 물이 넓디넓은 침전지로 가게 되면 물의 속도가 확 느려지고 물이 침전지를 천천히 지나는 동안 서서히 찌꺼기들이 가라앉는다. 그래서 정수장은 굉장히 넓은 면적을 요하는 것이다. 이 과정에서 찌꺼기들이 잘 뭉쳐서 빨리 가라앉도록 하는 약품인 응집제를 첨가한다. 가라앉은 찌꺼기들은 바닥에서 기계식으로 제거된다.

여과는 말 그대로 필터를 통해 걸러주는 것이다. 이 필터 층에 사용되는 재료의 대부분이 자갈과 모래이다. 커다란 통 바닥에 큰 자갈부터 작은 자갈, 모래 순서로 쌓은 뒤, 위에서 물을 부어 차례차례 걸러지며 내려가도록 하는 것이다. 바로 이것과 똑같은 자연적 과정을 통해 지하수가 생성된다. 그렇기 때문에 지하수가 그토록 맑고 깨끗한 것이다. 자연의 힘이란!

소독은 매우 작은 병원성 미생물들을 제거하기 위해 실시한다. 우리가 잘 아는 수돗물의 염소Cl_2는 이때 뿌려지는 것이다. 물에 염소를 넣으면 차아염소산HOCl이 생성되는데 이것이 H^+와 OCl^-로 분해되면서 강한 살균작용을 일으켜 여과수의 세균을 박멸한다.

이렇게 정수된 물은 배수지에 저류되었다가 사용처로 보내진다. 배수지는 어느 지역에 물을 보내야 하는지에 따라 인구별 필요 용수량을 계산하여 크기를 설계하고 필요한 지역에 최대한 가깝게(도시 중심부에 두면 좋으나 실제로 그렇게 하긴 힘들다), 그리고 높이 지어야 한다. 사용처로 보내기에 충분한 에너지가 필요하기 때문이다. 높은 곳에 지을 수 없다면 배수탑(또는 고가탱크)을 이용하거나 강한 펌프를 사용해야 한다. 이는 모두 상대적으로 비경제적이다. 혹시 지나다니다 거대한 츄

파춥스처럼 생긴 철 구조물을 본 적이 있는가? 그게 바로 물(또는 기름)을 높이 저장해두는 고가탱크다.

배수지의 물은 주로 도로 밑에 매설되는 배수관을 타고 나와 급수관으로 분기되어 각 가정으로 보내진다. 보통 저층의 가정집에서는 배수관의 수압으로 바로 수도꼭지까지 올라오지만 배수관의 수압이 모자란 경우, 건물의 층수가 높은 경우 등에는 충분히 높은 위치에 물탱크를 설치해 펌프로 물탱크까지 보낸 뒤 물을 모아두었다가 급수하도록 한다. 건물 옥상에 있는 물탱크들이 바로 이 용도다.

물이 필요한 수도꼭지에서 제대로 흘러나올 수 있도록 하는 압력 계산은 효율성과 배관 상태 등을 고려해야 하므로 무작정 세게 할 수 없고 충분한 수압과 경제성, 안정성 사이에서 줄다리기를 잘해야 한다. 그 줄다리기가 매우 어렵기 때문에 우리가 항상 집을 보러 다닐 때 수도를 틀어보고 변기 물을 한번씩 내려보는 것이다.

이제 진짜 중요한 것이 나온다. 하수도이다. 사람들은 아무도 자신의 똥이 어디로 가는지 관심을 갖지 않는다. 하지만 우리는 알아야 한다. 그것이 진정한 엘리트니까.

우리의 똥은 어디로 가는가? 물을 받아온 곳에 그대로 다시 버리나? 옛날에는 그랬다. 하지만 똥에는 말도 안 되게 많은 미생물들이 우글거리고 이는 수두룩한 질병의 근원이다. 우리가 똥을 더러워서 피하게 진화한 이유가 다 있는 것이다. 병원균이 득시글한 오수는 반드시 따로 처리를 거친 후 방류해야 한다(참고로 국가에 따라, 도시에 따라 오폐수를 '사람의 똥이 섞인' 물인 블랙 워터와 그렇지 않은 물인 그레이 워터로 나누어 처리하는 경우가 있고 다 같이 처리하는 경우가 있다. 세탁물 정도는 쉽게 정화

처리해 가정용으로 재사용하는 것이다. 우리나라의 하수도는 그렇게까지 상세히 구분하지 않고 처리하고 있다. 즉 우리나라에서는 똥물이든 아니든 하수는 다 같은 하수다. 사실 대부분의 주요도시들이 다 그렇다). 도시를 새로 설계코자 하는 사람이라면 이러한 상하수도의 기능을 반드시 고려해야 한다. 똥으로부터 자유로워져야 진정한 현대의 도시라 할 수 있다.

하수는 각 가정 등의 사용처에서 나와 대부분 공공도로 밑에 있는 하수관을 통해 내려간다. 이때 하수관은 관 속이 꽉 차서 흐르는 형태가 아니다. 펌프로 물을 밀어주는 상수도와 달리 하수도는 중력의 힘을 빌려 질질질 흐르도록 한다. 이때 하수량을 계산해서 큰 사이즈의 배관을 설계하여 관의 윗부분은 보통 비어 있는 상태로 흘러내려가게 된다. 그러면 비가 내려 하수관에 흐르는 물이 많아졌을 때 똥을 비롯한 '건더기'들은 대부분 가라앉고 윗부분에는 상대적으로 깨끗한 물이 흐르게 된다. 그래서 하수관의 윗부분에서 작은 관을 뽑아내어 상대적으로 깨끗한 물을 (마실 엄두는 안 나지만) 처리하지 않고 공공수역으로 바로 보낸다. 이를 어려운 말로 하수관거 월류수sewer overflows라고 한다.

이는 빗물과 오수를 같은 하수관을 통해서 보내는 '합류식' 시스템의 경우이다. 일정량 이상의 물을 바로 방류하여 하수처리 용량에 과부하가 걸리는 것을 막아주고 상대적으로 덜 오염된 빗물을 별도의 장치 없이 간단히 걸러주며 시공이 간단하므로 과거에는 모두 이런 시스템이었다.

우수관(빗물)과 오수관(똥물)을 따로 두는 '분류식' 하수관 시스템에서는 오염된 월류로 인한 걱정이 덜하다. 오수는 전부 처리장으로 가도록 하고 우수만 월류되게 하는 것이다. 최근에는 정부도 수질오염방지를 위해 이를 적극 권장하고 있다. 최근의 연이은 홍수사태에서 보았듯, 분류식 시스템은 하수처리 용량의 부담을 줄일 수 있다는 또 다른 장점이 있어 더욱 권장할 만하다.

하수는 보통 하수처리장까지 중력에 의해 자연스레 흐르도록 경사로 설계한다. 하지만 세상일이 다 그렇듯 마음먹은 대로 되는 게 없다. 지반 사정상 도저히 뚫을 수 없는 경우나 강을 지나는 경우는 하수관이 내려갔다 올라와야 한다. 이 경우 따로 밀어주는 힘이 필요하다. 이렇게 경사로 해결이 안 되는 경우 중간에 펌프장을 둔다. 그래서 서울에서도 주로 한강 근처의 동네를 지나가다가보면 펌프장이라고 적힌 곳을 볼 수 있을 것이다.

펌프장이라는 말만 들으면 펌프만 덜렁 있으면 될 것 같다. 하지만 그럼 불구하고 실제 펌프장들은 꽤 규모가 있다. 펌프가 밀어줘야 하는 물이 하필 똥물이기 때문에 그냥 곧바로 펌프를 통해 하수를 뿜어 보낸다면, 새 펌프를 샀다고 좋아서 택을 떼기도 전에 고장이 나버린다. 그래서 어느 정도 망(스크린)과 건더기들을 침전시키는 침사지를 두어야 한다. 그래서 동네 펌프장도 규모가 꽤 큰 것이다.

이제 드디어 우리의 똥들이 하수처리장으로 왔다. 여기가 상수도와 가장 큰 차이가 나는 지점으로 물리, 화학, 생물학적 방법을 섞어 우리의 똥을 처리한다. 지구과학만 뺀 물화생이 모두 들어 있는 그야말로 종합 교과과목이라 할 수 있다. 기본적으로 하수처리는 스크린 → 침사지 → 1차 침전지 → 폭기조 → 2차 침전지 → 소독 → 방류의 과정을 거친다. 뭔 소린지 모르겠다. 간단히 물화생으로 나누어보자.

물리적 방법은 간단하다. 망(스크린)으로 걸러주고 건더기들을 가라앉힌다.

생물학적 방법은 미생물을 이용해 유기물을 처리하는 방법이다. 미생물의 종류에 따라 세분화되는데 어쨌든 미생물이 유기물을 섭취, 분해하여 에너지를 얻고, 쉽게 가라앉는 물질을 만들어낸다. 우리는 열심히 미생물을 응원해주기만 하면 된다.

화학적 방법은 화학물질을 첨가해 오염물질이 쉽게 가라앉도록 도와주고 중금속, 그리고 질소와 인 등을 제거하는 방법이다. 역시 마지막에는 염소로 소독을 하고 자외선을 쏘아 해로운 미생물들을 죽여준다. 그리고 이 과정에서 생긴 찌꺼기들은 농축하고 탈수한 뒤 소각한다. 이 최종처분은 도시에 따라 다를 수 있는데 최근에는 환경을 위해 소각한 찌꺼기의 재로부터 벽돌, 골재 등을 만들어 제품화하기도 한다.

이렇게 우리의 물이 (그리고 똥이) 어떻게 오고가는지 알게 되었다. 다음 주제로 넘어가자.

에너지

그 다음 핵심 요소인 에너지를 알아볼 차례이다. 물이 원초적 생존을 위해 필요한 핵심적인 요소라면, 에너지는 현대인의 삶을 영위하기 위한 필수적인 요소이다. 현대의 도시는 전기와 가스가 공급이 되지 않으면 존재할 수 없다. 지금 나는 카페에서 글을 쓰고 있는데 방금 한 학생이 콘센트를 찾다가 콘센트를 쓸 수 있는 자리가 없어서 그냥 나갔다. 그 녀석, 내가 자리에서 노트북에 사용하고 있는 콘센트를 애처로움과 부러움이 반반 섞인 눈으로 잠시 쳐다본 것 같다. 이게 바로 에너지의 중요성이다! 우리는 콘센트가 없으면 아무것도 못한다. 그런데 에너지에 대해 본격적으로 알아보기 전에 일단 살펴볼 것이 있다. 에너지의 단위이다.

지금에야 우리는 모든 에너지가 변환 가능하며 하나의 단위로 나타낼 수 있다는 것을 알지만(이것이 그 유명한 에너지 보존법칙이 의미하는 바이다), 옛날에는 운동에너지, 위치에너지, 화학에너지 등 여러 에너지들을 각각 따로 별개의 것으로 보았다. 그래서 이런저런 분야들에서 각기 다른 기준을 내세우며 에너지를 측정했고 그렇게 할 필요가 있었다. 바벨탑의 전설처럼 수없이 많은 단위가 생겨났고 사용되어왔다. 그러다 비교적 최근이 되어서야 인류는 그것들이 다 똑같은 에너지라는 사실을 알게됐다. 오 이런. 그래서 현재까지 여러 에너지 단위가 복잡하게 혼재하며 우리에게 말도 안 되는 혼란을 선사한다.

✔ 에너지 보존법칙이 나온 김에 열역학 법칙들을 알아보자!

사실 대학교에서 배우는 모든 것을 통틀어서 "법칙"이라고 부를 수 있을 만한 것은 열역학 법칙들밖에 없다. 그만큼 우리가 현재 알고 있는 우주의 기본법칙이라 할 만한 것들이다("현재 알고 있는 우주"라고 조심스레 표현한 것에 주목하라. 다른 우주에서는 전혀 다른 열역학법칙이 적용될지도 모른다. 과학을 하는 사람들은 이토록 신중하다!). 이것을 모르고 우주에 사는 생명체라고 말하기는 조금 부끄럽다. 최대한 물화생지에 해당하는 내용들은 배제하려 했으나 이건 도저히 언급하지 않고 넘어갈 수 없다. 익혀두자.

- 열역학 제0법칙: 열평형의 법칙
  A와 B가 열적평형 상태에 있고, B와 C가 열적평형 상태에 있으면 A와 C 역시 열적평형 상태에 있다.
  쉽게 말해서 온도가 같은 것끼리는 온도가 같다는 뜻이다. 뭔 당연한 소리를 하고 있냐고? 이 법칙은 계의 상태에 관계없이 '온도'라는 열역학적 개념이 절대적인 척도가 될 수 있도록 해주는 기본 전제가 되기 때문에 중요하고, 그렇기에 제0법칙의 지위를 차지했다.

- 열역학 제1법칙: 에너지 보존법칙
  닫힌 계에서 에너지의 총합은 일정하다. 이것이 에너지 보존법칙이고 이를 열역학적으로 표현하면 '계의 내부 에너지 변화는 계에 전달된 에너지에서 계가 한 일과 같다.'라는 명제가 된다.
  지금보면 당연해 보이지만 과거에는 그러하지 않았다. 열이란 것이 '칼로릭caloric'이라는 유체로 존재하며 물질 사이를 이동하면서 열교환이 이루어진다고 생각한 것이다. 이게 에너지 보존이랑 무슨 상관이냐고? 과거 사람들은 칼로릭은 온도가 높은 쪽에서 낮은 쪽으로 흐르는 성질을 갖고 있는 질량 없는 입자들의 모임이라 생각했다. 그리고 이 칼로릭이 고온에서 낮은 쪽으로

'흐르면서' 일을 한다고 생각했다. 떨어지는 물이 물레방아를 돌리듯 말이다. 이는 '일'과 '열'을 분리해서 본 것이다.
하지만 이후 일과 열은 형태가 다를 뿐 서로 전환 가능한 물리량이라는 것이 입증되었고, 열과 일의 에너지를 합한 양이 일정하게 보존된다는 사실을 알아냈다. 우리는 이제 열현상은 입자들의 운동에 따른 부산물이라는 것을 안다. 그리고 그것이 바로 제1법칙이 선언하고자 하는 바이다.

- 열역학 제2법칙: 엔트로피 증가의 법칙
  닫힌 계에서 엔트로피는 증가한다.
  우리가 흔히 '무질서도'로 알고있는 엔트로피의 정의는 '특정한 거시상태에 대해 가능한 미시상태의 수'라 할 수 있다.
  엔트로피는 $S=k_B \times \ln W$로 표현된다. W는 계의 가능한 경우의 수를 나타내며 k_B는 여러분이 분명히 어디선가 들어는 봤을 볼츠만 상수다. 이제 볼츠만 상수라는 말을 들으면 "아 나 그거 알어! 엔트로피!"라고 외치며 아는 척을 해보자.
  이 두 명제를 합쳐서 일상용어로 바꾸어보면 '뭐든 그냥 놔두면 갈수록 개판이 된다.'라는 뜻이 된다.
  정리정돈을 잘하는 사람들의 책상은 누가 봐도 획일적으로 비슷하게 생겼지만 우리의 어지러운 책상은 저마다 제각각이다. 갑자기 유명한 문학 작품이 떠오르지 않는가? 톨스토이는 열역학 제2법칙을 깨닫고 "안나 카레니나"의 첫 문장으로 이를 적확하게 표현했다.
  "행복한 가정은 서로 닮았지만 불행한 가정은 모두 저마다의 이유로 불행하다."[1]

- 열역학 제3법칙: 네른스트-플랑크 정리
  엔트로피의 '변화량'은 절대영도에서 0이 된다. 엔트로피의 변화량이 0이 된다는 말은 엔트로피가 상수가 된다는 의미이다. 그리고 이는 절대영도에 가까워질수록 계는 가장 낮은 에너지 상태를 갖는다는 의미가 된다.

---

1 엔트로피와 톨스토이의 관계에 대해서는 아래 책에서 아이디어를 얻었다.
브라이언 그린(2021). 박병철 역. "엔드 오브 타임". 와이즈베리.

✔ 여기서 또 잠깐! 온도 얘기가 나온 김에 온도에 대해서도 알아보자!

온도를 서술하는 방식은 우리가 아는 것만 세 가지 기준이 있어 우리를 매우 짜증 나게 한다. 앞서 언급했듯이 온도는 사실 입자들의 운동 정도를 나타내는 것으로 열에너지가 겉으로 표시되는 것에 불과하고 그 자체가 어떤 의미가 있는 값이 아니다. 하지만 유기체에게 온도 조절은 매우 중요하다. 거시세계에서 생활하는 우리에게는 매우 중요한 개념이라 할 수 있다.

화씨는 다니엘 패런하이트Daniel Fahrenheit라는 사람이 만들었다. 그렇다. 사람이름이다. 화씨가 우리를 몹시 짜증 나게 하는 이유는 기준점들을 직관적이지 않게 잡았기 때문이다. 수은 온도계를 기준으로, "소금물"의 어는점을 온도계의 영점으로, 물의 어는점을 화씨 32도로, 사람의 체온을 96도로 잡았다(물 어는점의 3배이다). 이 값들은 이후 교정되어 지금은 물의 어는점은 32도, 사람의 체온은 98도[2], 물의 끓는점은 212도로 정의된다.

반면 섭씨 온도계는 합리적이다. 물의 어는점을 0도, 끓는점을 100도로 잡았다. 너무나도 고맙다. 직관적으로 받아들일 수 있다. 섭씨를 나타내는 Celsius 역시 사람 이름이다. 섭씨, 화씨는 모두 서양 사람의 이름인 Celsius와 Fahrenheit를 중국 음역으로 나타낸 것이다.

온도는 물체의 진동이라 했다. 켈빈 온도K는 바로 그 점을 이용해 진동 에너지가 0이 되는 온도를 영점으로 잡았다.

기준이 다르니 저마다 제각각이고 우리는 짜증 난다. 환산공식을 사용하자. 기준이 아예 다르므로 정확한 환산이 아니고 어림 계산에 불과하다는 점도 알아두자.

섭씨 = 5 * (화씨 – 32)/9
화씨 = 32 + 9 * 섭씨/5
켈빈 = 섭씨 + 273.15

일단 기본적인 에너지 단위는 줄J이다. 줄은 그 자체가 무엇을 의미한다기보다는 다른 기본 단위에서 유도된 유도 단위derived unit으로, 1뉴턴N

2 그래서 "98°"라는 미국 아이돌 그룹 이름도 있는 것이다. 국내에서도 "My Everything"이라는 곡이 히트했다.

의 힘으로 물체를 1m 이동시킬 때 필요한 에너지양이다. 1뉴턴도 유도단위다. 1kg의 물체를 초제곱의 시간 동안 1m 가속시키는 데 필요한 힘이다. 다 배운 내용인데 이렇게 보니 또 머리가 복잡해진다.

대충 1J은 현대인의 시선에서 보았을 때 엄청나게 작은 에너지양이라는 것만 알아두자. 물 1ml를 섭씨 4분의 1도 높이는 데 필요한 에너지이며, 1와트W짜리 작디작은 LED[3] 등을 1초 켜는 데 들어가는 전기 에너지이다.

참으로 안타깝게도 영미권은 또 줄J이 아닌 BTUBritish Thermal Unit 단위를 사용한다. 제발 단위 통일 좀 합시다! 아무튼 이는 1lbm의 물을 화씨 39.1도에서 시작하여 화씨 1도를 올리는 데에 필요한 에너지를 의미한다(화씨 단위 특성상 시작점이 달라지면 1도를 올리는 데 필요한 에너지도 달라지기 때문에 이렇게 표현해야 한다. 정말 골 때린다).

어쨌든 그래서 실용적으로 사용하기엔 너무 작기 때문에 전력 소비의 표준단위는 킬로와트시kWh를 사용하며 이는 360만 줄J에 해당한다(1와트시Wh는 3,600줄J이다).

와트W 이야기가 나와서 잠깐 언급을 하자. 와트는 에너지가 아니라 '동력'의 기본 단위이다(와트 외에 동력의 단위로 유명한 것은 마력이 있다). 동력은 '단위 시간 당' 에너지 유동 단위이다. 1W는 1J/s이다. 즉 에너지 단위를 시간으로 나눈 단위이고, 그렇기 때문에 에너지를 표현할 때 시간을 곱해 와트시Wh로 표현하는 것이다(여러분들은 와트를 전기공학에

---

3 Light Emitting Diode. 한마디로 전류를 빛으로 바꿔주는 발광다이오드를 의미한다. 즉 일반 전구와는 전혀 다르게 반도체소자다! 여기서 반도체의 작동원리를 설명하고 싶지는 않으니 대략적으로만 설명하고 넘어가도록 하자. 전류의 방향이 일정 전극 방향과 일치하면 전자가 가지는 에너지가 (전자와 양공의 에너지 갭에 해당하는 파장의) 빛 에너지로 바뀌어 방출된다. 조금 더 자세히 알고 싶은 사람이라면 구글에서 'PN 접합'을 검색해보시면 된다.

서 사용하는 용도로 더 익숙하게 느끼실 것이다. 1W는 또 1A의 전류가 1V의 포텐셜 변화를 일으키는 것으로 정의되고 그래서 1W는 1 VAvoltampere로 표현되고 이 단위는 전력계량에서 사용된다).

전지나 석유와 같은 경우 에너지를 '담고 있는' 물체들이다. 이런 경우 에너지 밀도 단위를 사용한다. 즉 '1리터에 얼마나 되는 에너지를 담고 있는지'를 표현한다는 것이다. 휘발유는 리터당 34.2메가줄MJ, 환산하면 리터당 10kWh이다. 리터 말고 kg 단위로도 많이 나타낸다. 이 경우 대략적으로 휘발유는 10.9kWh/kg, 천연가스는 15.4kWh/kg, 리튬 이온 전지는 0.240kWh/kg의 에너지를 담고 있다.

여기까지는 실생활에서 쓰이는 다소 소소한 규모의 단위였다. 규모가 커지면 단위도 달라진다. 국제적 규모의 에너지 소비를 나타낼 때는 toe라는 석유환산미터톤metric ton oil equivalent 단위계를 사용한다. 국제정세 뉴스를 보는 분들이라면 이 단위를 얼핏 본 기억이 있을 것이다. 1toe는 말 그대로 원유 1톤의 발열량 1,000만 kcal를 의미한다. 바로 밑에서 언급되겠지만 1cal는 4.2줄J이므로 1kcal은 4,200줄이다. 따라서 1,000만 kcal는 42기가줄GJ이다. 이를 와트시로 환산하면 11.62MWh이다. 2020년 세계 에너지 소비량은 약 1만 4,000Mtoe였다(계속 상승세였지만 2020년 들어 살짝 감소했다. 코로나 사태 여파로 인한 봉쇄조치와 교통제한 때문인 것으로 추정된다).[4]

식품에서는 또 칼로리라는 에너지 단위를 사용한다. 그렇다. 칼로리는 맛의 단위가 아니라 에너지 단위였던 것이다. 물 1g의 온도를 섭씨 1도 올

---

4 아래 사이트에서 세계 에너지 소비량을 추적할 수 있다.
https://yearbook.enerdata.co.kr/total-energy/world-consumption-statistics.html

리는 데 필요한 에너지가 1칼로리cal다. 이는 4.184줄J에 해당한다.

이 역시 실용적으로 사용하기엔 너무 작기 때문에 보통 식품 열량은 킬로칼로리kcal로 측정한다. 여기까지만 해도 충분히 짜증 나는데 kcal로 측정해놓고 쓰는 것은 대문자를 이용해 칼로리Calorie라고 쓰기도 한다. 아무튼 실생활에서 '식품의 칼로리 어쩌구' 하면 말은 그렇게 해도 전부 킬로칼로리kcal를 의미한다고 알아두면 된다.

참고로 일일 권장 에너지 섭취량은 남성 2,500kcal, 여성 2,000kcal인데 쥐똥만 한 스니커즈 초콜릿 바(64.5g)는 325kcal이다. 어처구니가 없다. 우리 뱃살이 이 모양인 이유가 다 여기 있다.

더 어처구니가 없는 것은 그 다음이다. 신체의 대부분의 에너지는 기초 신진대사에 사용된다. 기초 대사량BMR이라는 말을 많이 들어보았을 것이다. 그렇다 보니 애초에 운동에 쓰이는 에너지는 상대적으로 적다. 그래서 운동량을 두 배로 늘려봤자 우리 뱃살은 여전히 그대로인 것이다.

에너지가 워낙 다양한 분야에서 사용되기 때문에 단위도 다양하고 덕분에 여러분의 개념이 꼬이기 쉬워 예외적으로 단위 설명에 공을 들였다. 사실 많은 사람이 저 위에 있는 단위들이 에너지 단위라는 사실조차 모른다. 여러분들은 이제 뉴스를 보다가 toe가 나오면 "야 저거 에너지 단위야", W가 나오면 "하 저거 에너지가 아니라 동력 단위인데" 하며 아는 척할 수 있다. 농담이고, 단위와 어느 정도의 크기인지에 대한 '감'을 익혀두어야 뉴스의 심각성을 제대로 파악할 수 있다.

에너지는 언제나 우리 인류 발전사와 함께해왔다. 인류의 발전은 다른 말로 인류가 더 큰 에너지를 제어할 수 있게 되었다는 의미라 보아도 과언이 아니다. 그래서 인류가 발전하며 에너지 소비량도 기하급수적으로 늘었다. 심지어 인구 증가보다 빠르게 증가했다.

1850년에서 2010년 사이 세계 인구는 5배가 됐는데 에너지 소비량은 20배 이상 증가했다. 특히 석유, 가스, 석탄의 등장은 에너지 생산량의 증가에 제대로 한몫했다. 그리고 에너지 소비량은 인류발전뿐만이 아니라 '부'와 직결된다. 국가별로 GDP, HDI(인간개발지수) 등 어떤 단위를 사용하여 비교하든 에너지가 풍부한 국가가 부유한 국가이다. 때문에 국제관계에서 에너지가 그렇게 중요한 역할을 하는 것이다. 21세기에도 에너지 패권 전쟁은 계속되고 있다.

그러니 에너지가 어떻게 우리 생활 속에 들어오는지, 한마디로 발전에 대해 알아보자. 간단하게 말해 발전 시스템의 역사는 "물을 어떻게 하면 기똥차게 끓일 수 있을까?"라는 질문에 대해 인류가 찾아낸 답들의 역사다.

발전소는 대략적으로 다음과 같이 구성된다.

1) 연료를 연소시켜 물을 끓이는 보일러(연료를 열로 변환하는 장치다. 가스 연료를 사용하는 시스템의 경우 연소실이라 부른다)가 중심이 되어,
2) 그 끓어오른 수증기가 팽창하며 터빈(열에너지를 기계적 에너지로 변환한다. 원통형 몸통에 수많은 날개가 달려 있고 수증기가 그 날개들을 미는 힘으로 회전하는 기계다)의 날개를 밀어 터빈을 돌리고,
3) 터빈과 연결된 발전기(기계적 에너지를 전기적 에너지로 변환)가 같이 돌아가며 전기가 생산되는 원리이다.
4) 그리고 증기는 응축기를 통해 응축된 뒤 다시 보일러로 가는 물의 순환과정이 일어난다.

여러분들은 분명히 중고등학교 시절에 자석, 돌돌 감은 코일과 회전이

라는 세 키워드의 조합으로 전기가 생성된다고 배웠다. 바로 그게 발전기가 하는 일이다. 그 '회전'을 만들어내기 위해서 뿜어져 나오는 증기를 받아 그 힘으로 회전하는 장치인 터빈이 필요한 것이고, 연료를 받아 물을 끓여 그 '증기'를 만들어내는 것이 보일러다.

심지어 원자력 발전도 결국엔 핵반응을 열원으로 하여 물을 끓여 발전기를 돌리는 것으로 원리는 똑같다. 수력발전도 구성은 비슷한데 연료변환장치가 없다는 것만이 다르다.

그리고 그 보일러에 연료로 뭘 집어넣느냐에 따라 발전의 종류가 달라진다. 이 연료로 쓰이는 것의 대부분이 화석연료다(우리나라의 경우 전체 에너지의 약 85%를 화석연료에 의존한다).

위의 과정을 요약하면 다음과 같은 사이클이 만들어진다. 이 가장 기초적인 발전 사이클을 랭킨 사이클Rankine Cycle이라 한다.

1. 펌프가 일을 하여 물을 압축하고 보일러로 보낸다.
2. 보일러가 열을 받아 물을 가열하고 액체에서 증기로 상변화시킨다(즉 끓인다).
3. 터빈에서 증기가 팽창하며(바람개비 같은 터빈의 날개를 밀어내면서) 일을 한다. 즉 수증기가 터빈을 돌린다.
4. 응축기가 증기를 다시 응축시킨다.

천연가스와 같은 가스를 연료로 사용하는 경우에는 조금 다르다. 천연가스는 가스관을 통해 보내거나, 운송을 위해 액화시켜 액체 상태로 배를 통해 들여오는데 이것이 바로 LNGliquefied natural gas이다. 어쨌든 이 경우 가스를 연료로 이용해 물을 증기로 변환하고 수증기를 증기터빈을 통해 팽창시키는 것보다 바로 가스를 연소시켜버리는 것이 훨씬 실용적이다. 터빈을 돌린다는 것 자체가 기체를 팽창시켜 일을 하도록 만드는 과정이니 이미 기체인 가스를 바로 쾅! 터뜨려버리는 게 더 확실하지 않겠냐 이 말이다. 대충 생각해봐도 그 가스폭발을 견딜 수 있는 기계를 도대체 어떻게 만드는지 정말 대단하다. 그래서 단순히 수증기를 받아 돌리는 것이 전부(?!)인 증기터빈과는 달리 가스터빈은 생산기술을 가진 회사가 전 세계에 손으로 꼽을 정도로 드물다. 그런데 그 중에 대한민국 기업인 두산중공업이 포함되어 있다. 자랑스러워할 일이다.

가스 시스템의 경우 터빈이 압축기, 연소기, 터빈으로 구성되어 있다. 이 경우의 사이클을 브레이튼 사이클Brayton cycle이라 부른다.

1. 대기 중 공기가 압축기에 들어오고 압축된다.
2. 연료가 압축공기에 주입되고 연료와 압축공기의 혼합물이 연소되어 가열된다.
3. 연소의 부산물이 터빈을 통해 팽창하고, 터빈이 돌아가며 일을 한다.

화끈한 만큼 간단하다.

여기서 터빈을 돌리고 난 부산물인 배기가스에 남아 있는 열 에너지는 시스템의 효율을 높이기 위해 사용될 수 있다. 그런데 이 열을 그냥 버리긴 아깝지 않은가? 이 열을 이용해서 추가적으로 물을 끓여 증기로 발전을 하며 아까 언급한 랭킨 사이클을 하나 덧붙일 수 있지 않겠는가? 처음에 연소시킨 가스의 에너지로 두 사이클을 구동시키는 것이다. 가스터빈 아래에 열교환기와 작은 증기터빈만 붙이면 된다. 이러한 가스-증기 사이클을 복합 사이클Combined cycle이라 부른다. 뉴스에서 말하는 엄청 대단해 보이는 "복합화력발전"이 바로 이것이다. 사이클의 구성은 다음과 같다.

1. 브레이튼 사이클의 가스-공기 혼합물이 연소되고 가스터빈을 통해 팽창한다.
2. 배기가스는 열교환기로 이동한다. 여기서 열교환기는 두 통로를 가지고 있다. 반대쪽 통로에서는 가열되지 않은 물이 유입된다. 그러면 열교환기 속에서 배기가스가 가지고 있는 열이 물로 전달된다. 물이 가열된다.
3. 물이 증기가 되어 열교환기에서 증기터빈으로 나가고, 배기가스는 열교환기에서 대기로 빠져나간다.
4. 증기가 증기터빈을 통해 팽창되고 일을 한다. 그리고 응축기를 거쳐 물이 되어 펌프로 돌아온 뒤 다시 열교환기로 가는 순환을 반복한다.

이러한 사이클의 메인은 아니지만 발전시스템을 유지하기 위해서는 냉각수를 공급하는 것이 매우 중요하다. 응축기는 기본적으로 두 라인이 교차되는 열교환기의 일종이다. 한쪽 라인에서는 냉각수가 공급되고 한쪽 라인에서는 터빈을 거쳐 나온 뜨거운 증기가 지나간다. 그 안에서 뜨거운 증기의 열이 냉각수로 전달되고 식으며 증기가 다시 물로 응축되어 다시 순환을 할 수 있는 것이다. 말 그대로 두 배관을 얽어놓아 서로 열교환을 시켜 뜨거운 것은 식히고, 차가운 것은 가열되게 만드는 장치가 열교환기이다. 어쨌든 이 과정이 필수적이기 때문에 냉각수의 공급을 위해 발전소들은 대부분 큰 강이나 바다에 인접해 있는 것이다.

냉각수는 발전에 사용되는(즉 보일러를 통해 증기가 되어 터빈을 돌리는) 유체와는 별도의 관들을 통해 이동하고 다시 취수원인 강이나 바다로 버려진다. 이때 물론 그냥 버리는 것은 아니고 각종 처리를 거친 후, 뜨거워진 냉각수가 주변 생태계에 영향이 없을 만한 멀리 떨어진 곳에 배출되도록 설계한다.

근처에 바다나 큰 강이 없는 육지 한 가운데라면? 위와 같이 물을 끌어다 냉각수로 쓰고 버리기 힘들다. 실제로 그런 곳 밖에 발전소 부지를 구할 수 없는 경우가 많다. 그런 경우에는 냉각탑cooling tower을 사용한다(물론 꼭 그런 경우만 냉각탑을 사용하는 것은 아니지만 직관적으로 이해가 가도록 대략적으로만 설명했다).

냉각탑은 기본적으로 상대적으로 차가운 공기를 이용해 뜨거워진 냉각수를 식혀 재사용할 수 있게 해주는 장치이다. 여러분들이 어디선가 발전소 사진에서 보았을 증기가 뿜어져 나오는 거대한 콘크리트 기둥들이 이러한 냉각탑이다. 여기서 나오는 흰 연기는 말 그대로 백연이라 불리는데 대부분이 수증기이지만(열이 교환된 고온다습한 공기가 외부의 대기와 만나 발생한다) 물을 냉각하는 데에 공기를 이용하므로 대기오염성분이 섞여 나올 수 있다. 아무튼 수십 년 전 공장의 매연과는 다르다. 지나가다가 냉각탑에서 하얀 연기가 나오는 것을 보고 주위 사람들이 난리를 치면 "저건 매연이 아니라 백연이란다" 한마디 해주자. 사람이 달라 보인다. 사실 요즘 냉각탑에는 이러한 백연을 저감하는 장치가 적용되어 실제로 허연 연기를 보기도 힘들 테지만 말이다.

이제 원자력발전에 대해 알아보자.

기본적인 사이클은 위에서 언급한 증기터빈을 돌리는 랭킨 사이클이다. 하지만 물을 끓이는 연료가 핵에너지라는 점에서 차이가 난다. 그리고 원자력발전은 핵반응 중에서 핵분열Nuclear Fission을 이용한다. 이는 우라늄이나 플루토늄 같은 무거운 원자의 원자핵이 두 개 이상의 가벼운 원자핵으로 쪼개지는 현상이다. 우라늄U의 경우 크립톤Kr과 바륨Ba으로 쪼개진다. 핵분열 반응이 일어나면 반응 전에 비해 질량이 줄어든다. 그리고 줄어든 질량만큼 에너지가 발생한다. 이를 표현한 것이 그 유명한 아인슈타인의 질량-에너지 등가원리이다. 뭔지 처음 들어본다고? 그럴 리가 없다. 다음 공식이다.

$$E=mc^2$$

E는 에너지, m은 질량, c는 빛의 속도이다. 즉 질량과 에너지는 변환이 가능하다.

원자로는 농축 우라늄이 담긴 연료봉fuel rods, 핵분열을 원활히 일으키기 위해 중성자의 에너지를 감속하기 위한 감속재moderating medium, 그리고 핵분열률을 제어하기 위한 제어봉control rods으로 이루어져 있다.

일반적으로 핵분열은 저절로 일어나는 반응이 아니다. 그러니 우리가 발 쭉 뻗고 편히 잘 수 있는 것이다. 그래서 인공적인 핵분열을 일으키기 위해 속도가 느린 중성자를 무거운 원자핵에 먼저 충돌시킨다. 중성자가 우라늄의 원자핵으로 들어가면 우라늄의 양성자와 중성자가 분열하고, 그 결과 2~3개의 중성자가 생겨난다. 그러면 그 튀어나온 중성자들이 또 다른 핵분열 반응을 일으켜 핵연쇄반응을 일으킨다. 그런데 이 튀어나온 중성자들은 너무 빨라 지속적인 핵반응을 일으키기 힘들기에 감속재moderator를 이용하는데 여기에 물이나 중수heavy water가 사용된다. 원자력 뉴스가 나오면 중수라는 말이 항상 나오는데 그게 하는 일이 바로 이것이다. 이는 수소보다 분자량이 두 배 큰 중수소(Deuterium. 양성자 1개와 중성자 1개로 구성됨)와 산소로 이루어진 물을 의미한다. 반대로 경수light water는 프로튬(Protium. 중성자 없이 1개의 양성자만 가지고 있는 수소의 동위원소)과 산소로 이루어진 물을 의미한다. 이들의 역할이 감속이라고 했다. 그런데 중수는 경수보다 무겁다. 따라서 감속을 위해 더 많은 충돌이 필요하고 중수를 감속재로 사용한 원자로는 노심(nuclear reactor core. 핵분열이 이루어지는 원자로의 중심영역이다)의 압력 용기가 더 커야 한다. 대신에 중수는 중성자흡수가 적어 핵연료를 효율적으로 이용할 수 있다.

이러한 중수와 경수는 감속재뿐만 아니라 원자로의 냉각재로도 사용되고 우리가 원자력발전 관련 뉴스에서 항상 듣는 '가압경수로', '가압중수로' 등의 용어는 주로 냉각재의 종류에 따라 원자로를 구별하는 방식이다. 중수로 어쩌고 하는 말은 중수를 냉각재로 쓴 원자력발전소라고 이해하면 되는 것이다. 이제 여러분들은 뉴스에서 경수로 얘기가 나와도 "이야, 경수 저거 내 친구 이름인데!" 같은 수준 낮은 이야기를 해서는 안 된다.

원자력발전 이야기가 나온 김에 오해 하나 풀고 가자. 원자폭탄처럼 원자력 발전소도 뻥 하고 폭발하는 것 아닌가? 아니다. 원자폭탄에서는 우라늄 U-235가 90% 이상 농축되어야 한다. 하지만 원자력발전에 쓰이는 우라늄은 U-235가 2~5%밖에 함유돼 있지 않고, 원자력발전소의 원자로는 장시간 지속적인 핵분열을 일으키는 것을 목적으로 설계되어 있기에 짧은 시간 내에 큰 폭발을 일으키는 원자폭탄과는 기본 설계부터가 다르다. 그래서 원자력 발전소가 맛이 가더라도 방사능 유출이 문제될 뿐 여러분이 생각하는 대규모 폭발은 결코 일어나지 않는다.

그리고 방사능 유출을 막기 위해 일반적으로 여러 겹의 방호벽을 설치한다. 원자력 발전소의 상징 같은 둥그런 콘크리트 돔이 가장 겉에 있는 방호벽이다. 그 안에도 원자로를 겹겹이 둘러싸 방사능 유출 등의 문제를 최소화하게 설계를 하고 이렇게 여러겹의 방호막을 쌓는 것을 다중방호라 부른다. 그 외에도 잘못된 신호의 영향을 받지 않고 안전하게 원자로가 정지될 수 있도록 다중논리회로 설계를 하고, 비상 노심 냉각 장치를 둔다.

조금 정치적인 이야기일 수 있지만 반드시 모두가 염두에 두어야 할 사실을 얘기해보자. 원자력발전 이야기가 나온 김에 이야기를 해야 할 것 같다. 우리나라는 전력수요가 많고, 주변국과 송전망 연계가 되어 있지 않다. 거기다가 좁은 국토면적 등으로 재생에너지의 잠재력이 낮아 원활한 전력수급을 위해서는 원전의 유지는 불가피하다. 이미 전 세계적인 합의가 이루어진 탈탄소화의 물결은 당연하고 말이다. 미국은 셰일가스 혁명으로 가스 발전의 경쟁력이라도 높아졌지만 우리에게 그런 것은 없다. 원자력발전의 경제성을 고려하지 않으면 우리나라 국가 발전에 심각한 누를 끼칠 수밖에 없을 것이다.

화석연료 발전에 의한 이산화탄소 배출, 원자력발전의 방사능 누출을 다 피하고 싶으면 어찌해야 하나? 핵융합Nuclear Fusion 발전이 그 답이 될 것이다. '100년째 30년 뒤의 미래 에너지'라 불리고 있다는 놀림을 받고는 있지만 위험하지 않고, 원료가 풍부하며,[5] 환경오염 염려도 없는 만큼 핵융합이 인류의 주요 미래 에너지원이 될 것이라는 사실은 아무도 부정하지 않는다. 아마 우리 세대가 죽기 전에는 상용화될 수 있지 않을까 기대해본다. 핵융합 기술이 안정화되면 이제 인류는 에너

---

5 핵융합의 원료인 중수소는 바닷물에서, 삼중수소는 지표면에 풍부한 리튬을 중성자와 반응시켜 만들어낼 수 있다. 하지만 이를 얻어내는 것은 상당히 어려운 일이고, 그래서 과학자들은 우주로 눈을 돌렸다. 헬륨-3으로부터 비교적 쉽게 삼중수소를 얻을 수 있는데 이 헬륨-3는 달 표면에 풍부한 것으로 추정된다.

지 걱정 없는 세상을 맞이할 것이고 본격적인 우주탐사의 시대가 열릴 것이다. 하지만 먼저 기술을 개발한 국가나 기업에 전 세계의 나머지 모두가 종속되어버리는 끔찍한 사태가 벌어질 수 있다. 그렇기에 핵융합 발전에 국가의 모든 역량을 쏟아부어도 모자랄 판이다.

그런데도 불구하고 일반 원자력발전과 핵융합을 단지 이름에 '핵'이란 말이 들어간다는 이유로 똑같이 생각하고 막연하게 '위험한 것'이라 여기는 사람들이 너무나도 많다.

핵융합은 우리가 일반적으로 원자력발전에서 이용하는 핵분열과 정반대의 과정을 이용한다. 가벼운 원자들이 합쳐질 때에도 에너지가 발생한다. 위에서 언급한 중수소(deuterium. 양성자 1개와 중성자 1개인 수소의 동위원소)와 삼중수소(tritium. 양성자 1개와 중성자 2개인 수소의 동위원소)를 반응시켜 헬륨He과 에너지를 발생시키는 과정이다.[6] 태양의 에너지가 바로 이러한 핵융합에서 온다. 그래서 뉴스에 "인공태양" 어쩌고 하는 말이 나오면 '과학자들이 열심히 핵융합 연구를 하고 있습니다.'라는 말로 이해하고 넘어가면 된다.

뭔가 헷갈리는가? 가벼운 녀석들끼리 뭉쳐도 에너지가 나오고, 무거운 놈이 쪼개져도 에너지가 나온다고? 주기율표 중간에 있는 26번 철Fe의 핵의 결합에너지가 가장 크기 때문이다. 결합에너지가 크다는 것은 말 그대로 강하게 결합되어 있다는 것이고, 결과적으로 가장 안정적인 상태라는 의미이다. 때문에 철보다 가벼운 수소 같은 원소의 원자핵은 결합하여 무거운 원소의 원자핵이 되면서(즉 주기율표에서 철에 가까워질수록) 결합에너지가 증가하므로 결합에너지 차이만큼의 에너지를 방출한

6 이는 일반적으로 연구되고 있는 대표적인 핵융합의 공식을 쓴 것이고, 다른 원료들을 이용한 핵융합도 가능하다.

다. 그리고 반대로 철보다 무거운 원소의 원자핵은 가벼워질수록(역시 철에 가까워질수록) 결합에너지가 커지기 때문에 작은 원자핵으로 분열하면서 결합에너지의 차이만큼 에너지를 방출한다.

어쨌든 이러한 핵융합의 과정은 헬륨이 부산물이기에 환경오염의 염려도 없고 붕괴되더라도 문제가 없다. 왜? 핵융합 과정은 고온의 플라즈마 상태에서 일어난다. 그런데 이러한 핵융합 반응이 일어날 만큼의 초고온의 상태를 유지하는 것 자체가 굉장히 어렵다. 그래서 핵융합 발전시설이 박살이 나더라도 핵융합 반응은 바로 끝나고 만다.

초고온 상태에서 반응이 일어나기 때문에 중요한 문제가 생긴다. 우리가 어떤 반응을 일으키고 제어하려면 밀폐된 용기 내에서 반응을 일으켜야 하는데, 초고온 상태이기 때문에 어떤 용기를 사용하더라도 닿는 즉시 녹아버린다는 것이다. 이 문제를 해결하기 위해 자기장 배치와 고진공 챔버를 사용하여 고온의 플라즈마 상태를 유지시키는데 이러한 설계를 토카막(tokamak. '도넛 모양의 자기장 방'이라는 의미인 toroidal magnetic chamber의 러시아식 약자)이라 부른다. 다른 여러 방식의 설계들이 있지만 대부분 토카막과 같이 자기장을 이용해 플라즈마를 가두는 방식을 사용한다(이러한 예외의 한 가지 예를 들면, 관성밀폐 핵융합 inertial-confinement fusion은 통제된 공간 내에서 엄청난 밀도로 압축시켜 핵융합을 일으키는 방식으로, 자기장으로 가둔 플라즈마 방식을 사용하지 않는다).

아무튼 이렇게 고온의 플라즈마 상태를 전기를 생산해낼 만큼 충분히 오래 유지시키는 것 자체가 엔지니어들의 고민거리이다. 전 세계 주요 국가들은 자국 내 연구와는 별개로 프랑스에서 국제핵융합실험로(International Thermonucleaer Experimental Reactor, ITER)를 건설 중이며 한국에도 대전의 K-STAR(Korea Superconducting Tokamak Advanced

Research) 프로젝트가 진행 중이다. 미국의 경우 ITER 프로젝트에 참여하면서 동시에 록히드 마틴, 제너럴 퓨전과 같은 사기업에서의 연구 역시 활발히 진행하는 중이다. 특히 록히드 마틴의 전설적인 극비 개발부서인 스컹크웍스Skunk Works에서는 운반이 가능할 정도로 작은 소형 핵융합로를 개발 중인 것으로 알려져 눈길을 끌고 있다.[7] 소형핵융합로가 개발된다면 항공모함, 잠수함, 전투기 등의 운영에 있어 세계 군사적 힘의 균형이 완전히 뒤흔들릴 것으로 예상된다.

발전 이야기가 나온 김에 신재생 에너지에 해당하는 발전 시스템도 잠깐 보고 가자. 온실가스 저감을 위한 국제적 노력의 일환으로 신재생에너지는 갈수록 중시되고 있는 추세다(사실 원자력발전도 화석연료를 대체하므로 신재생 에너지에 속한다고 볼 수 있지만 이에 대해 아직 사람들의 인식은 부정적이다).

바이오매스는 식용 작물부터 조류 같은 미생물까지 석유, 석탄을 대신할 수 있는 모든 것을 포함하는 개념이다. 바이오매스 발전소는 기본적으로 앞서 본 화력 발전소와 똑같고 단지 보일러의 불을 때는 연료만 '바이오'적인 것들로 바꿔놓은 것이다. 그렇게 뭔가 미심쩍은 재료를 사용하다 보니 '그 연료가 석탄, 석유로 불을 때는 것만큼 효율적인가' 라는 질문이 절로 떠오른다. 이를 위해 순에너지수지비율NEB라는 말이 등장하는데 이는 생산된 연료로 만들어낸 에너지를 해당 연료의 생산하는 데 소비되는 에너지로 나눈 것이다. 한마디로 가성비다! 바이오

---

7 이에 대해 관심이 가는 독자는 다음 기사를 참고하자.
한국핵융합에너지연구원. 2018. 8. 31.
"항공모함·비행기 동력을 핵융합으로? 미니핵융합로 향한 록히드마틴의 꿈"
https://fusionnow.kfe.re.kr/post/nuclear-fusion/843

매스 연료는 대부분 식물성 재료이다 보니 식물을 먹여 키우는데에 들어가는 만만치 않은 노력을 생각하면 이 조건을 만족하기가 쉽지 않다. 주로 옥수수 에탄올과 목재(feedstock)를 연료로 사용한다.

풍력발전은 쉽다. 바람의 운동에너지를 기계적 에너지(축의 회전)로 바꿔주는 것이다. 풍력터빈은 프로펠러의 정반대 작용을 한다. 우리가 연료를 주입해 그 에너지로 프로펠러를 돌리는 것이 아니라 공기가 프로펠러를 돌리는 에너지를 우리가 가져오는 것이다. 바람이 블레이드(날개)를 돌리면 블레이드와 연결된 축을 회전시켜 전기를 생산한다. 간단하다. 하지만 안정적인 전기 생산을 위해 바람이 충분히 세게, 지속적으로 불어주는 곳을 찾기가 힘들다는 치명적인 단점이 있다.

태양은 아주 오랫동안 모든 생명체의 소중한 에너지원이었다. 그리고 석탄, 석유, 천연가스의 개발 이전까지 인류 문명은 전부 태양에너지에 의존해왔다고 해도 과언이 아니다. 지금도 태양은 지구에 엄청난 에너지를 쏟아붓고 있다. 그러면 이 에너지를 직접 사용하면 더 좋지 않겠는가? 그 아이디어에서 태양광과 태양열 발전이 탄생했다. 하지만 많은 이들이 태양열과 태양광 발전의 차이를 잘 알지 못한다.

태양광 발전은 태양전지photovoltanic cell(줄여서 PV cell이라고 한다)가 태양광을 전기로 변환한다. 여기에는 반도체 기술이 사용된다. 앞에서도 잠깐 언급한 바 있는 p−n 접합을 이용하는데(말 그대로 p형 반도체와 n형 반도체가 붙어 있는 형태다) 이는 결과적으로 태양광이 반도체에 들어오면 전자(−)는 N형 반도체로, 정공(+)은 P형 반도체로 향하게 만든다. 이에 따라 한쪽은 (−), 다른 한쪽은 (+)가 되어 전위차가 생겨 N쪽과 P쪽에 외부 회로를 연결하면 전류가 흐르게 되는 원리다. 이렇게 광자를 특정 물질에 충돌시키면 전자가 튀어나오는 원리가 그 유명한 광전효과photovoltanic effect이다.

태양전지는 에너지 밀도가 낮기 때문에, 즉 전기를 많이 만들어내지 못해서 태양전지를 여러 개를 덕지덕지 엮어 태양광 패널(PV panel)을 만들어 사용한다. 그래서 큰 설치면적을 차지하는 것이다.

태양열 발전은 단순하다. 말 그대로 '집열기'를 통해 태양의 열에너지를 포섭해 사용하는 것이다. 종류에 따라 다르지만 가장 기본적인 형식은 거울로 열을 모아 온수를 공급하거나 물을 끓여 발전기를 돌리는 원리이다. 태양광 패널과 태양열 패널의 하이브리드도 존재한다. 태양광 패널에서 나온 폐열을 태양열 패널이 흡수하는 것이다.

이제 이렇게 열심히 만든 전기를 각 사용처로 보내면 된다. 발전소에서 사용처까지는 거리가 멀기 때문에 '강하게' 밀어서 보내줘야 한다. 여기서 뭘 강하게 밀어준다는 것일까? 전력은 '단위 시간당' 에너지라고 했다. 그리고 과학시간에 배웠듯이 전력은 전류와 전압의 곱이다(P=I×V라는 공식을 본 적이 있을 것이다).

자 이제 공식을 써먹어보자. "시간당 생성한 에너지"는 발전소에서 만들어진 것이니까 건드릴 수 없는 값이다. 그러면 전류 또는 전압을 키워야 한다는 말이다. 이때 전류값을 크게 할 경우 저항에 의한 손실이 크기 때문에 전압을 크게 해서 내보낸다.

이렇게 전압을 높이고 내리는 것을 변압이라 한다. 변전소에서 하는 일이 보통 이런 전압을 높이고 내리는 일이다. 원리는 간단하다. 사각형 모양 자석의 네 면 중 한 쪽에는 코일을 많이 감고 반대쪽에는 적게 감으면 전압이 낮아진다. 전압을 높이고 싶다고? 그러면 반대쪽 코일을 더 많이 감으면 된다. 이게 변압기transformer가 하는 일의 기본적

원리다.

발전소에서 생산된 전기는 154kV, 345kV, 765kV의 큰 초고전압으로 높여져 송전선을 통해 변전소까지 보내지고, 변전소에서 22.9kV, 6.6kV의 상대적으로 낮은 전압으로 바뀐(변전) 뒤, 동네 전봇대의 변압기를 통해 각 가정으로 우리가 익숙한 220V로 배급(배전)된다. 엄청난 고전압의 전기를 보내는 송전선을 지탱하는 것들이 시골길을 지나가다 볼 수 있는 에펠탑처럼 생긴 철제 구조물인 송전탑이다. 동네에 있는 전봇대와 전혀 다르게 생긴 이유가 있는 것이다.

현재의 기술로는 에너지를 만들어낸 후 저장하기가 힘들다. 댐에 물을 저장하여 수력발전을 꾀하는 것이 전 세계 에너지 저장의 거의 대부분을 차지한다. 그러다 보니 대충 예상하여 '이 정도면 되겠지' 하는 만큼의 에너지를 만들어내는 수밖에 없고, 그러다 보니 태반이 '버려지는' 낭비의 문제가 생긴다. 에너지 자체의 낭비뿐만 아니라 대부분의 발전을 탄소 원료에 의존하고 있는 현실에 따라 이러한 낭비는 탈탄소화의 거대한 물결에도 반한다는 문제도 있다. 정확한 수요의 예측이 이루어지지 않으면 과다공급은 피할 수 없는 현실이다. 그래서 최근 언급되고 있는 기술이 바로 '스마트 그리드'이다. 들어는 봤을 것이다. 전력망에 센서와 통신기술을 접목시키는 것이다. 센서와 통신기술을 통해 각 사용처들의 수요량을 실시간으로 반영하여 필요한 만큼 전기를 생산하고 공급하는 것이다. 이는 전력시장의 패러다임이 공급자 중심에서 수요자 중심으로 바뀐다는 것을 의미한다.

그와 동시에 전력 저장기술을 의미하는 ESS(Energy Storage System)도 함께 활발한 연구가 진행되고 있다. 현재 전력 저장기술은 수소기술과 결합하여 태양광이나 풍력으로 만든 그린수소로 에너지를 대량으로 저장, 운송이 가능토록하여 발전수요의 등락에 영향을 받지 않고, 지역적 제약을 극복하고자 하는 수소경제 생태계를 구성하는 것을 목표로 연구되고 있다. 여러분들은 전기로 수소를 만들고 수소를 다시 전기로 만드는 이 아이디어를 뉴스에서 접하고 '뭐하러?'라는 생각을 했을지도 모른다. 이는 바로 이런 청정에너지, 에너지의 저장과 효율적 사용이라는 궁극적 목표를 달성하기 위해서이다.

지금까지는 더 많은 에너지를 생산하는 데에만 집중했다면 앞으로 이렇게 많은 변화가 있을 것이다. 즉, 더 많은 에너지를 더 깨끗하고 더 효율적인 방식으로 사용할 수 있게 될 것이다. 인간 사회와 과학의 시너지는 이토록 아름답다. 이 책을 여기까지 읽어낸 엘리트 문과 여러분들이 그려낼 미래 또한 그러할 것이다.

건축

이제 가장 핵심인 물과 에너지, 즉 생존의 문제는 해결했다. 이제 살아보자. 집이 있어야겠다. 나는 아직 집이 없다. 그러니 주위 사람들에게 이 책을 알음알음 널리 알려 불쌍한 저자에게도 집을 마련해주도록 하자. 어쨌든 우리나라는 자타공인 부동산 공화국이다. 그럼에도 불구하고 건물이 어떻게 세워지는지 아는 사람은 거의 없는 것이 현실이다.

일단 건물을 세우려면 대지가 있어야 한다. 땅에는 종류가 있다. 부동산 관련 공부를 해본 사람은 도, 관, 농, 자 그리고 주, 상, 공, 녹[1]이라는 두문자로 익숙할 것이다. 국토의 이용과 규제는 기본적으로 '밀도와 용도'라는 변수를 조정함으로써 이루어진다.

그러한 땅의 분류에서 도시를 특징짓는 것은 밀도가 굉장히 높은 공간이라는 점이다(앞서 본 르 코르뷔지에의 도시계획 원칙을 다시 떠올려보자). 땅은 한정되어 있다. 그 좁은 땅에 사람들이 모여 살려면 결국 위로 올라가야 한다. 결국 현대의 도시를 지금의 모양으로 만들고, 수백만 명

1 우리나라는 용적률, 건폐율, 토지의 이용 및 용도 등을 제한하여 토지의 효율적 이용을 꾀하기 위해서 땅을 도시지역, 관리지역, 농림지역, 자연환경보전지역으로 땅을 분류한다. 그중에서 도시지역은 주거지역, 상업지역, 공업지역, 녹지지역으로 분류된다.
현재 "국토의 계획 및 이용에 관한 법률" 시행령 제30조 제1항에 규정되어 있다.

이 모여 사는 것을 가능케 한 일등공신은 바로 고층 빌딩 건축기술이다.

건축에서는 무엇이 가장 중요할까?

건축학 교과서를 보면 건축의 3요소는 '기능, 구조, 미'라고 한다. 이 중 가장 중요한 것은 역시 구조다. 일단 버티고 서 있는 것이 가장 중요하다. 기능이고 자시고 서 있질 못하면 끝장이다.

건축의 구조는 결국 하중을 버티는 것이 핵심이다. 그리고 단순히 건물과 내용물의 무게뿐 아니라 쌓이는 눈, 바람과 지진까지 모두 고려해야 한다. 그리고 이러한 구조적 문제를 해결하기 위해서 건축물의 구성은 수직으로 하중을 전달하는 기둥과 벽체, 그리고 수평으로 하중을 전달하는 보와 바닥부재로 분류된다.

우리 대법원은 일찍이 수직과 수평부재들의 중요성을 알고, 건축물이 독립된 부동산으로 인정받기 위한 요건으로 최소한의 기둥과 지붕 그리고 주벽(대법원 1996. 6. 14. 선고 94다53006 판결)을 꼽고 있다. 역시 대법관님들께서는 모든 것을 다 알고 계신다!

수직과 수평이 아닌 다른 각도의 프레임은 뭐라고 부르나? 가새diagonal bracing라고 부른다. 말 그대로 기울어진 각도로 이루어진 골조를 말한다. 이걸 다른 말로 버팀목이라 한다. 이제 일상생활에서 버팀목이라는 말이 나오면 '야 그거 건축용어인거 아냐? 다른 말로 가새라고 한단다. 하하' 하며 여러분의 상식을 뽐내도록 하자. 대각선 방향의 가새 구조는 미적으로도 보기 좋아 현대적 건물의 설계에 자주 쓰인다.

그리고 이 중에서 벽체의 경우 수직하중을 전달하고 버티도록 설계된 내력벽과 비내력벽으로 구분된다. 비내력벽의 경우 단순히 공간 분리를 위해 설치되며 해체 및 이동이 용이하지만 내력벽은 아무리 인테리어업자가 된다고 하더라도(!) 함부로 건드려서는 안 된다. 그리고 일반

거주자가 홍보용으로 받아보는 배치도면으로는 구분할 수 없고 설계 도면을 통해 봐야 이 둘을 구분할 수 있다. 뭐 가장 간단한 방법은 두들겨보았을 때 단단하면 내력벽일 확률이 높고 내 머리처럼 텅텅 비어 있으면 비내력벽이다. 그리고 비내력벽이라도 철거 시 구조기술사의 확인서를 받아 철거 허가를 얻어야 한다.[2] 아무튼 벽은 함부로 건드리는 게 아니다. 벽은 건물의 척추다.

수직하중을 버텨야 하는 기둥은 부서지거나 휘지 않는 것이 중요하다. 30센티미터 자를 세로로 세워두고 눌러보라. 휘어진다. 어느 쪽으로? 약한 축 방향으로 구부러진다. 이를 방지하기 위해 콘크리트 기둥은 주로 사각형 모양으로, 강철 기둥은 H 모양으로 만들어 모든 축에 대해서 비슷하게 단단하도록 한다. 고대 신전의 돌기둥은 엄청나게 두껍지만 현대 건축물의 콘크리트와 강철 기둥은 훨씬 강하기 때문에 얇은 두께로 더 무거운 건물을 휘지 않고 지탱할 수 있다.

수평부재인 보는 문제가 좀 복잡하다. 가로로 긴 자를 눕혀놓고 양쪽을 붙들어 맨 다음 가운데를 눌러보라. U자 모양으로 휠 것이다. 이

---

2 공동주택관리법 제35조 제1항

공동주택(일반인에게 분양되는 복리시설을 포함한다. 이하 이 조에서 같다)의 입주자등 또는 관리주체가 다음 각 호의 어느 하나에 해당하는 행위를 하려는 경우에는 허가 또는 신고와 관련된 면적, 세대수 또는 입주자나 입주자 등의 동의 비율에 관하여 대통령령으로 정하는 기준 및 절차 등에 따라 시장 · 군수 · 구청장의 허가를 받거나 시장 · 군수 · 구청장에게 신고를 하여야 한다.

4. 그 밖에 공동주택의 효율적 관리에 지장을 주는 행위로서 대통령령으로 정하는 행위

동법 시행령 제35조 제2항

법 제35조제1항 제4호에서 "대통령령으로 정하는 행위"란 다음 각 호의 행위를 말한다.

1. 공동주택의 용도폐지
2. 공동주택의 재축·증설 및 비내력벽의 철거(입주자 공유가 아닌 복리시설의 비내력벽 철거는 제외한다)

때 자의 윗부분은 압축된다. 반면 아랫부분은 늘어난다(인장). 맨 위와 맨 아래 부분은 각각 압축력과 늘어나는 힘을 가장 크게 받기 때문에 이 부분들을 보강하기 위해 강철 보의 경우 단면이 대문자 I 모양으로 생겼다. 콘크리트 보의 경우에도 이렇게 만들면 더할 나위가 없겠으나 직사각형 틀에 부어 만드는 것이 쉽기 때문에 아쉬운 대로 직사각형 단면을 쓴다.

가로로 긴 가장 중요한 건축구조는 다리이다. 다리는 일반적 건물의 부재보다 훨씬 길다. 이렇게 길어지면 I자 빔보다 더 튼튼한 구조가 요구된다. 이 경우 삼각형 모양 틀을 이어붙인 트러스truss 구조를 사용한다. 영화 속에서 기찻길을 지탱하는 다리에서 삼각형 투성이인 토블론 초콜릿 모양 철골구조를 본 적이 있을 텐데 그것이 트러스다. 토블론 초콜릿이 우리 입천장을 매일같이 작살내는 이유도 그만큼 삼각형의 트러스 구조가 단순한 직사각형 구조보다 튼튼하기 때문이다! 그래도 맛있으니 괜찮다.

고층 빌딩의 경우 그 무게를 지탱하고 바람에 견디기 위해서는 단순한 기둥과 벽 말고 다른 것이 필요하다. 그래서 빌딩의 경우 콘크리트와 강철로 말 그대로 건물 중앙에 사각형 기둥 모양의 '척추'인 코어를 만들어둔다. 전체적인 해부도(?!)를 보면 코어 벽에서 각 층들이 가지처럼 뻗어 있는 모양이 된다.

응? 맨날 고층건물에 들락거리는데 그런 코어를 본 적이 없다고? 사각형 코어 안쪽 공간을 엘리베이터와 비상계단과 설비공간으로 사용하기 때문이다. 이제 고층 빌딩의 엘리베이터가 왜 죄다 건물 중앙에 위치하는지 알았을 것이다.

건물을 짓기 위해서는 먼저 튼튼한 기초가 필요하다. 높은 빌딩을 지탱하기 위해서는 건물 자체의 면적보다 훨씬 넓고 깊은 기초가 요구된다. 이 건물의 기초가 바로 영어로 파운데이션foundation이다. 아까 상하수도에 대해 설명할 때 공공도로 밑으로 관이 지나가게 하는 것이 원칙이라고 했는데 그 이유 중 하나가 바로 건물이 있는 곳에는 깊은 기초가 필요하기 때문에 그 밑으로 큰 하수도관을 지나가게 할 수 없기 때문이다.

그리고 소위 말하는 '터파기' 공사가 이 기초를 위해 넓고 깊은 구멍을 파는 것이다. 참고로 땅을 파는 작업은 생각보다 비용과 노력이 많이 드는 작업이니 알아두자. 요즘 서울 집값이 말도 안 되게 치솟는 바람에 시골에 땅을 사서 직접 지어 내 집 마련을 하려는 분들이 많다. 이렇게 처음(이자 마지막으로) 건축을 경험하시는 분들은 '뭐? 30센티미터를 더 파는데 돈을 이만큼이나 더 달라고? 이런 날강도 놈들 같으니' 하고 놀라는 일들이 비일비재하다. 원래 비싼 게 맞다.

어쨌든 기초공사는 건물의 하중을 땅 속으로 퍼뜨리는 게 핵심이다. 나무의 뿌리를 만드는 것이다. 이를 위해 고강도 콘크리트와 강철 빔으로 만든 '말뚝'을 땅에 박아 넣는다. 이를 '파일piles 박는다'라고 표현한다. 파일을 박고 콘크리트를 잔뜩 부어 기초를 채우고 난 뒤 구조부를 차례차례 올려가면 된다. 참 쉽죠?

✔ 지하 터널은 어떻게 파나?

땅파는 얘기가 나왔는데 지하 터널을 어떻게 파는지 안 보고 넘어갈 수 없다.

건물을 짓든 지하 터널을 파든 먼저 어떤 암석이 어떻게 퍼져있는지, 수분 함량은 어떻게 되어 있는지 등의 사항을 상세히 조사를 해둘 필요가 있다. 그 조사가 지하 이용계획의 제1순위이다. 이 결과에 따라 엔지니어들은 어떻게 최대한 효율적으로 땅 속 경로를 짜고 건물을 배치하고 세울지, 그리고 어떻게 파고, 뚫고, 폭파할지를 결정한다. 조사가 끝났으면 이제 본격적으로 땅을 파보자.

두 가지 방식이 사용된다. 하나는 개착방식cut-and-cover이다. 말 그대로 땅의 뚜껑을 까고, 파고, 다시 뚜껑을 덮는 방식이다. 이 경우 까고 터널을 파내면서 흙이 무너져내리지 못하도록 콘크리트 벽을 세워넣는다. 이때 옆의 흙들의 압력으로 벽이 혼자서 서 있지 못하기에 공사가 진행되는 동안에는 임시 버팀목으로 받쳐둔다. 그리고 바닥을 깔고 뚜껑을 덮는다. 굉장히 직관적인 방식이다.

이렇게 콘크리트로 사각형의 '박스'를 둘러 터널을 파는 경우 모서리 부분은 다른 부분에 비해 강한 힘을 받기 때문에 위험할 수 있다. 모서리는 뾰족하다. 뾰족한 부분은 면적이 작고, 면적이 작은 부분에는 힘이 집중된다. 그래서 똑같은 사람한테 밟혀도 스니커즈를 신은 경우보다는 하이힐을 신은 경우 밟힐 때 더 아픈 것이다. 어쨌든 그래서 힘이 터널을 지지하고 있는 구조 전체에 고루 퍼지게 하기 위해 둥그런 '튜브' 모양의 터널을 사용하기도 한다. 맞다. 그래서 런던 지하철의 별칭이 튜브인 것이다.

이런 둥근 튜브 모양의 터널은 더 멋지고 엔지니어들의 가슴을 설레게 하는 방식을 사용한다. 굴진방식deep bore이다. 말 그대로 두더지처럼 쭈우우욱 지하로 땅을 파나가는 방식이다. 땅을 열심히 파더라도 위의 도로는 정상운영될 수 있기에 이미 완성된 도시에서 사용하기 적합한 방식이다. 그리고 이 굴진방식에는 우리가 환장하는 거대기계가 동원된다. TBMTunnel Boring Machine이라 불리는 기계다. 어린 시절 거대한 드릴이 달린 로봇이 땅을 뚫고 나오는 만화영화를 많이 봤을 거다. 딱 그거다. 그런데 여러분 상상보다 훨씬 크다. 앞에서는 드릴로 땅을 뚫고, 동시에 옆에는 벽을 만들고, 뒤로는 '소화시킨' 암석과 흙을 배출하면서 파나간다. 아주 다재다능한 만능 터널기계다. 한번 사진이나 영상을 검색해보시라. 우리의 도시 밑에 숨겨진 엔지니어링의 경이에 놀라게 될 것이다. 그 거대함과 무지막지한 파괴력에는 우리의 가슴을 설레게 하는 무언가가 있다.

터널 얘기 나온 김에, 지하철은 주로 역이 있는 곳이 다른 곳보다 높게 설계된다. 그러면 역에 정차할 때 높은 곳으로 올라가야 하기에 정차가 쉽고, 역에서 출발할 때 낮은 곳으로 내려가게 되므로 가속이 쉽기 때문이다. 이러한 단순하지만 효율성을 늘릴 수 있는 아이디어들을 설계에 반영할 줄 아는 것이 엔지니어의 핵심 능력이다.

✔ 지반과 지하철 플랫폼

지하철 얘기가 나온 김에 지반과 지하철에 관련된 재미있는 사실 하나 알아두고 가자.

파일을 박고 튼튼한 기초를 세워야 하는 것은 다 지반 때문이다. 지반이 튼튼한 곳은 파일을 덜 박아도 된다. 우리나라는 지반이 꽤 튼튼한 편이다. 특히 서울은 수도임에도 단단한 암석 지반이 엄청나게 많다. 서울의 북동쪽에서 남서쪽으로 암석 지대가 퍼져 있다. 지하철 역 이름 뒤에 '암'자가 붙은 동네는 다 죄다 암석지대라고 보면 된다. 이름에서부터 엄청나게 힘들게 지하철을 파오신 근로자분들의 피땀눈물이 느껴진다. 지하철과 같은 '터널'을 공사할 경우 암반이 얼마나 튼튼한지에 따라 설계와 공사 방식이 많이 다르다. 그래서 암반의 튼튼한 정도를 RMRrock mass rating 방식으로 등급을 매기기도 한다.

지하철 승강장은 두 타입으로 나뉜다. 하나는 가운데에 공통 승강장이 있어 양 방향 열차를 한 곳에서 탈 수 있는 섬식 플랫폼이 있고, 다른 하나는 방향을 바꾸려면 계단을 올라가서 반대로 다시 내려와야 하는 상대식 플랫폼이다. 섬식 플랫폼은 공사 비용이 많이 들지만 승강장 앞뒤로 회차선 설치가 가능하고, 상하행 이용객 차이가 클 때 유용하다. 상대식 플랫폼은 공사 비용과 시공 난이도가 낮으며, 규모 선택과 승강장 확장이 용이하다.

당연히 모든 사람은 섬식 플랫폼을 선호한다. 상대식 플랫폼의 경우 반대 방향 플랫폼으로 잘못 내려간 경우 내 자신이 너무나도 한심해 짜증이 난다. 거기다가 힘들게 계단을 올라간 뒤 개찰구를 거쳐 나가서 반대쪽에 다시 들어가야 하는 구조의 역인 경우에는 아주 돌아버릴 것 같다.

그런데 생각을 해보자. 우리가 원하는 섬식 플랫폼을 만들기 위해서는 플랫폼 양 옆으로 지하철이 오갈 수 있도록 작은 터널 두 개를 뚫어야 한다.[3] 반면 상대식 플랫폼은 사람이 오가는 플랫폼은 양쪽에 있지만 지하철들은 가운데에 모여 있어 큰 터널 한 개만 있으면 된다. 당연히 큰 터널 한 개만 뚫는 것이 비용도 저렴하고 좋다. 뭐 승객들은 좀 불편할 수 있지. 뚫는 사람 입장에서는 비용과 노력이 덜 들어가는게 훨씬 좋다. 그런데 큰 터널 한 개를 뚫으려면 지반이 튼튼해야 한다.

그래서 이름에 '암'자가 들어가는 동네는 상대식 플랫폼이 많고 그래서 내가 안암역에 좋은 추억이 없다.[4]

---

3 이런 것을 '쌍굴'이라 한다. 사실 섬식 플랫폼의 경우도 양 방향의 지하철과 플랫폼 모두를 포함하는 하나의 '단일굴'로 시공할 수 있다. 물론 그 규모와 비용이 엄청나게 커진다!

4 물론 이외에도 예상 이용인원 수요에 따른 규모와 예산 등 다양한 고려사항이

대충 구조를 보았으니 이제 재료를 보자.

각자 사는 건물의 등기부를 떼어보자. 표제부[5]에 모두 '철근 콘크리트조'라고 써 있을 것이다. 왜 철근이면 철근이고 콘크리트면 콘크리트지 철근 콘크리트인가?

건물을 짓는 데에는 많은 재료가 들어간다. 그렇기 때문에 건축자재는 집을 버틸 수 있도록 튼튼하면서도 쉽게 구할 수 있어야 한다. 따라서 쉽게 구할 수 있는 순서대로 나무, 점토, 벽돌이 가장 흔하게 사용되어왔다. 하지만 이는 고층 건물을 세울 만큼 충분히 강하지 않다. 이때 우리의 영웅 콘크리트가 등장한다. 콘크리트는 생각보다 발명된 지 오래된 소재다. 고대 바빌로니아에서도 점토와 자갈의 혼합물로 건축물을 지었다. 하지만 지금도 조금씩 발전되어가며 수천 년간 첨단 신소재 지위를 차지하고 있는 놀라운 재료이자 우리 현대 도시를 빚어낸 일등공신이다. 콘크리트는 기본적으로 자갈과 모래 같은 단단한 재료(이를 골재라고 한다. 말 그대로 콘크리트의 뼈대인 셈이다)에 시멘트와 물을 합쳐 만든다. 그래서 지자체가 어디 강변가의 모래와 자갈을 팔아서 돈을 번다는 뉴스가 나오는 것이다. 모래와 자갈은 아주 쓸모가 많은 자재다.

응? 콘크리트가 시멘트 아니냐고? 시멘트는 콘크리트의 구성요소이다. 현대의 시멘트는 포틀랜드 시멘트라 불리는데 이는 석회와 규소, 철

있다. 그리고 위에선 농담처럼 말했지만 사실 '이용자 편의'는 요즘 지하철 설계에 중요요소로 고려되고 있으며 이에 따라 섬식 플랫폼의 적용이 늘어나고 있는 추세이다.
이외에 지하철 설계에 관심이 있으신 분들은 "도시철도 건설규칙", "도시철도 정거장 및 환승 편의시설 보완설계지침"을 참고해보자.

5 등기부는 이 건물이 어떤 건물인가를 소개하는 표제부와 소유권 관계를 표시하는 갑구, 저당권 등의 관계를 표시하는 을구로 나뉜다.

등이 함유된 돌덩어리를 갈아서 만든다. 아무 돌이나 가는 게 아니다. 이것을 물과 골재와 혼합하면 콘크리트가 되는 것이다. 콘크리트는 아주 단단하고 내화성인데다가 시멘트와 골재에 어떤 재료를 선택하느냐에 따라 강도도 원하는 대로 조절이 가능하다.

그뿐인가? 원하는 모양대로 만드는 것도 쉽다. 공사장에 가면 나무 널판이 널려 있는 것을 볼 수 있는데 이것이 콘크리트를 위한 거푸집이다. 이 나무로 틀을 만들고 그 틀 안에 콘크리트를 부어 굳히면 된다. 너무 쉽다. 굳힐 때 양생curing 과정을 거치는데 이때 콘크리트가 물기를 붙들어 매면서 더욱 단단해진다. 그러니까 콘크리트를 '말린다'라는 표현은 엄밀히 말하면 틀린 것이다. 이때 물이 딱 콘크리트를 강하게 만들도록 적당량을 조정하는 것이 필수적이다. 그래서 비 오는 날에는 콘크리트 작업을 할 수 없다. 집 앞 공사장이 시끄러워서 견딜 수 없는 날이면 기우제를 지내면 된다.

그럼 콘크리트는 꿈의 소재니 다 좋은가? 살짝 아쉬운 점이 있다. 나는 여러분들을 위해 아까부터 계속 재료가 '강하다', '단단하다'라는 일상적인 표현을 사용했다. 공학자들은 강함을 세 가지로 나눈다. 압축 강도compressive strength와 인장 강도tensile strength, 그리고 전단 강도shear strength이다. 압축 강도는 말 그대로 꾸욱 눌렀을 때 으스러지지 않는 강함이다. 인장 강도는 쭈욱 잡아당겼을 때 끊어지지 않고 버티는 강함이다. 전단 강도는 '면'에 평행인 방향으로 스윽 힘을 가할 때 그 면을 따라 썰려나가지 않는 강함이다.

우리의 핵심 건축 재료인 벽돌과 콘크리트는 압축 강도는 매우 훌륭하지만 인장 강도가 약하다. 눌리는 것은 잘 버티지만 잡아당기면 찢어진다. 아까 보를 설명했던 내용을 다시 보자. 재료가 가로로 길게 뻗어 있을 때 가운데를 위에서 누르면 U자로 휘게 되고, 재료의 윗부분은 압축력을 받고 아랫부분은 인장력을 받아 늘어난다. 그러면 늘리는 힘에 약한 우리의 재료들은 아랫부분이 말 그대로 찢어진다. "우리 애는 안 부서져요. 찢어져요".

이런 문제를 해결하기 위해 로마인들이 사용한 방법이 바로 아치다. 나무틀로 버티면서 벽돌을 뒤집어진 U자형으로 촘촘히 배치하고 마지막에 가운데에 이맛돌keystone을 박아 넣는다. 그러면 무슨 일이 벌어지나? 위에서 눌렀을 때 힘이 퍼져 내려가며 모든 부분이 압축력을 받게 된다. 인장력은 약하지만 압축력이 강한 벽돌의 특성을 이용해 구조적 패러다임의 전환을 일으켜 수천 년을 버티는 구조물을 만들어낸 것이 아치의 위대함이다. 아치는 아직도 많은 건축물에서 애용되는 구조다.

그리고 현재의 우리는 콘크리트에 철근rebar을 넣어서 콘크리트의 약한 인장 강도를 보강한다. 강철은 매우 인장 강도가 높은 재료이다. 재료 두 개를 섞었는데 별 문제가 안 생기나? 보통은 문제가 생긴다. 대부분의 물질은 열을 받으면 늘어난다. 때문에 기차의 선로는 살짝 살짝 빈 틈을 만들어둔다는 얘기를 어디선가 들어봤을 것이다. 이렇게 열을 가했을 때 팽창하는 정도는 재료마다 다르기 때문에 보통 두 재료를 섞으면 더운 날에 쩌적하고 갈라질 위험이 크다. 같이 붙어 있는 녀석 중 한 녀석은 가만히 있는데 다른 녀석은 쭉 늘어나려고 하니 그럴 수밖에 없다. 그런데 강철과 콘크리트 두 재료는 열을 받았을 때 늘어나는 정도가 놀랍도록 비슷하다. 이는 그야말로 자연의 선물이라 하지 않을 수 없다. 덕분에 모든 등기부에 '철근 콘크리트조'가 적히게 된 것이다. 지나가다 공사장을 슬쩍 들여다보면 콘크리트 안쪽에 그물망 모양 또는 봉 모양의 철근이 툭 튀어나온 것들을 볼 수 있을 것이다. '철근 콘크리트야 고마워!' 한마디씩 인사를 건네보도록 하자.

참고로 철은 선철pig iron, 주철cast iron, 연철wrought iron, 강철steel로 구분되는데 이는 철에 탄소가 얼마나 함유되어 있냐에 따른 차이다. 원래 철이란 재료는 굉장히 물렁물렁한 재료이기 때문에 건축 자재로 사용하기 위해서는 적당히 불순물이 섞여야 한다. 우리의 핵심 재료인 강철은 말 그대로 연한 연철보다 단단하면서도 주철보다는 신축성이 있다(탄소함유량도 0.5~2%로 연철과 주철의 중간쯤이다). 이 강철을 합리적 비용으로 대량생산하는 것이 무척 어려웠다. 이게 가능하게 된 것은 1850년대가 되어서이다. 그리고 비로소 그때부터 인류의 역사에 마천루가 등장할 수 있게 됐다.

고층 빌딩의 경우 철근 콘크리트 외의 또 하나의 주재료가 있다. 바로 유리이다. 유리는 우리 인식보다 훨씬 역사가 깊은 재료이다. 기원전 3,500년 경으로 거슬러 올라가고 그때나 지금이나 주성분은 실리카 SiO_2를 사용한다. 대신 현대에는 유리의 물리적 성질을 조절하기 위해 실리카에 다른 물질들을 많이 섞어 넣는다. 거기다가 제조 후 열처리나 코팅을 하거나 여러 층으로 겹친 접합유리를 만드는 등의 과정을 거쳐 용도에 맞는 특성을 지니도록 변형한 뒤 사용한다. 특히 마천루에 사용되는 유리는 고열로 가열한 뒤 급속히 냉각시키는 과정을 거친 강화유리를 사용한다. 아무튼 이렇게 유리는 직접적으로 건물을 지탱하는 구조를 이루지는 않지만 현대적 고층 빌딩의 멋진 파사드(건물의 전면)를 만드는 데 큰 기여를 한 재료이다.

✔ 냉방의 원리

원래 이쯤에서 책을 마무리 지으려고 했다. 그런데 탈고를 하는 지금 시점인 7월 말의 날씨가 너무 더워서 미칠 지경이다. 그래서 마침 마지막이 건물 파트이고, 더워 죽을 것 같으니 냉방 시스템을 더 쓰기로 결정했다.

공기조화와 냉방시스템은 단순히 생활수준의 향상에만 관련된 것이 아니라 인류의 거주와 활동 범주를 넓혔다는 의의가 있는 발명이다. 이것이 없었다면 우리가 생활할 수 있는 장소는 안 그래도 좁은 지구에서 더 한정될 것이고 지금과 같은 고층 빌딩이 즐비한 도시의 모습은 존재할 수 없을 것이다.

에어컨의 원리는 간단하다.[6] 액체가 기체가 될 때 열이 필요하다는 것은 다들 라면을 끓이면서 알고 있는 사실이다. 이 관점은 끓이는 우리 입장이고, 끓여지는 라면 물의 입장을 생각해보라. 물이 가스레인지에서 주어지는 열을 '빼앗아' 기체가 되는 것이다. 유레카! 이 간단한 아이디어로 우리를 괴롭게 하는 집 안 더운 공기에서 더위를 빼앗아갈 시스템을 만들어낼 수 있게 되었다. 우리는 '온도를 낮추는' 것이 아니라 더운 공기의 '열을' 상대적으로 시원한 다른 물질과의 열교환을 통해 '빼앗는' 것이다. 이것을 이해했다면 여러분은 열역학을 다 배운 것이다.

라면을 끓이는 것은 한 번 하고 마는 일이지만 우리 집은 계속 시원해야 한다. 지속적인 냉방을 위해 냉매라고 불리는 물질[7]을 순환시키며 압축, 팽창을 반복하면서 공기와 열을 교환하게 만들어 열을 빼앗고 빼앗기는 과정을 반복한다.

먼저 압축기는 (한 번 냉동사이클을 돌고 온) 압력이 낮은 기체 상태의 냉매를 압축한다. 고압 상태가 되면 쉽게, 상온에서도 액체로 변할 수 있다. 압력에 따라 끓는점이 달라진다. 과학시간에 높은 산에서는 압력이 낮아 라면을 맛있게 끓이기가 힘들다는 내용을 배운 기억이 있을 텐데 같은 원리다. 이토록 과학에서 라면은 중요하다.

이 고압의 냉매를 응축기에서 식혀 액체로 응축한다. 이 응축기 역시 열을 교환하는 기계이며 상대적으로 차가운 실외의 공기 또는 물을 이용해 상대적으로 고온이었던 냉매를 액화시키는 것이다.

우리의 냉매는 이제 고온고압의 액체가 되었다. 이것을 팽창밸브나 모세관을 통과하게 하면서 팽창시킨다. 팽창하면 온도와 압력이 낮아지고 저온저압 상태의 액체가 된 냉매는 증발하기 굉장히 쉬운 상태가 된다. 이게 '실외'에서 일어나는 일이다. 이제 실내, 즉 시원해질 공간으로 가보자.

냉매는 실내의 증발기로 간다. 증발기 역시 열교환기다. 방금 냉매가 저온저압이 되었다. 이는 증발하기 굉장히 쉬운 상태가 되었다는 얘기다. 이 상태로 증발기 속에서 우리를 짜증 나게 하는 뜨거운 공기와 만난다. 시원한 냉매는 공기의 열을 빼앗아 증발한다. 그러면 공기 입장에서는 시원해지고 우리는 다시 행복해지는 것이다.

여기까지가 기계 엔지니어들의 입장이다. 그런데 이 네 가지 기기를 작동시키는 데에는 당연히 에너지가 소모된다. 더군다나 가정이 아닌 고층 빌딩의 경우 냉방비와 에너지 소모는 기업 입장에서 무시할 수 없을 정도이다. 그래서 에너지 저감을 위해서는 아예 건물 자체가 열교환이 잘 이루어지면 좋을 것이다.

건물이 더운 이유가 무엇인가. 당연히 태양열 때문이지만 거기다 실내에서는 사람들과 컴퓨터로 인해 열이 추가적으로 발생한다. 사람이 열원으로 더해지기 때문에 겨울에 따뜻하게 하는 것보다 비용이 더 들 수밖에 없다. 이것을 건물 자체적으로 해결할 수는 없을까? 여기서 건축가들이 달려든다. 아예 건축 단계에서부터 뜨거운 공기들이 자연스레 건물 밖으로 빠져나갈 수 있는 통로를 만들어 건물 구조에 반영하고 단열재를 사용하는 방식으로 말이다. 쇼핑몰이나 영화에서 큰 건물의 가운데가 뻥 뚫려 있는 것을 본 적이 있는가? 뜨거운 공기는 위로 올라가는 특성을 이용한 것이다.[8] 이러한 간단한 원리의 건축 디자인만으로도 건축물의 냉방에 필요한 에너지 소모를 획기적으로 낮출 수 있다.

우리는 앞으로 더 저렴한 비용으로, 그리고 훨씬 더 효율적인 방법으로 에너지를 사용하게 될 것이다.

여기까지 우리는 인간과 인간 사회의 구성 원리, 그리고 그 물질적 기반을 탐구했다. 비록 읽는 재미를 위해 가볍게 다루기는 했지만 이

6 사실 냉동 사이클은 여러 종류가 있지만 여기서는 기본적인 냉동 사이클만을 소개하도록 하겠다.

7 그 유명한 프레온 가스가 이럴 때 쓰이는 냉매의 한 종류이다. 에어컨 종류에 따라 냉매는 굉장히 다양하다.

8 관심이 동한 독자분들은 이런 쇼핑몰을 조금 더 자세히 알고 싶다면 다음 기사를 참조하자. 사실 이는 모든 대중 건축서적에 적혀 있는 유명한 예시이다. 아시아경제. 2018. 3. 22. "[과학을 읽다] 아프리카의 에어컨 없는 쇼핑몰" https://www.asiae.co.kr/article/2018032115292702726&mobile=Y

모든 것이 과거부터 현재까지 수도 없이 많은 과학자와 엔지니어들이 이루어낸 성과이다. 그러면 앞으로는? 바로 그 비전을 사람들에게 제시하는 것이 독자 여러분들의 역할이다. 지금 인류가 무엇을 할 수 있는지조차 모르는 사람은 절대 미래를 볼 수 없다. 그리고 엘리트, 리더는 미래를 보고 사람들에게 비전을 제시할 수 있는 인물이어야 한다. 여러분은 이제 그 기본 소양을 갖췄다. 그리고 그것이 내가 여러분들에게 전해드리고 싶었던 '상식'이다. 즐거운 여행이 되었기를 바란다.

참고서적

[저자(출간 연도). 역자. "제목". 출판사. 순]

1. 로마 아그라왈(2019). 윤신영, 우아영 역. "빌트, 우리가 지어 올린 모든 것들의 과학". 어크로스.

두 가지 측면에서 나를 완전히 만족시켰다. 우리를 둘러싼 이 도시와 세계를 지탱하고 있는 기본 원리들을 쉽게 배울 수 있고, 반대로 내가 배운 복잡한 문제해결의 툴이 일상생활, 특히 건축 분야에서 어떻게 활용되는지를 배울 수 있었기 때문. 이해를 돕는 귀여운 삽화들과 친절하고 사려 깊은 문체로 누구나 쉽게 활용할 수 있다.

특히나 말로 썰을 푸는 게 꽤나 익숙한 과학 분야도 제법 많이 있지만 구체적인 문제해결을 추구하는 건설, 기계 공학 분야는 이런 교양서가 거의 존재하지 않았기에 굉장히 반가웠다. 공학 교양서가 앞으로 더 많아지길 바란다.

게다가 저자가 이 분야의 첨단을 달리는 전문가이다 보니 교양서임에도 불구하고 다루는 내용이 기초부터 전문적인 내용까지 폭이 굉장히 넓다. 최첨단의 재료와 공법까지 다루고 있어 실제 이 분야에 종사하는 이들에게도 흥미롭게 읽힐 것이다. 이쪽 업계 자체가 상당히 보수적이라 다른 산업에 비해 변화와 발전에 느린 편인데, 이런 머릿속에 콕 박히는 책으로 많은 이들이 새로운 기술을 익히면 좋은 영향을 미칠 것으로 예상된다. 뭐 배우고 어디서 주워 들어서 그런 기술이 존재는 한다는 걸 알아도 실무에 치이다 보면 그런 걸 자신의 일에 접목시킬 생각은 도통 나지 않기 마련이지만 저자의 친절한 서술은 그렇게 콘크리트처럼 굳은 생각을 말랑말랑하게 풀어주는 데 상당히 도움이 될 거라 믿는다.

엔지니어들이 중력, 바람, 불, 물, 지진으로부터 우리의 생활터전을 어떻게 안정적으로 보전해왔으며, 강철과 콘크리트을 어떻게 발견하게 되었고 어떻게 사용하는지, 도대체 강바닥과 지하에 어떻게 구조물을 짓는지, 우리가 싼 X들은 어디로 흘러가는지 등을 아주 쉽게 이해할 수 있게, 그러면서도 매우 전문적으로 서술했다.

2. 로리 윙클리스(2020). 이재경 역. "도시를 움직이는 모든 것들의 과학". 반니.

앞의 "빌트"는 건축 자체에 대한 공학적 내용을 다루었다면 이 책은 건축뿐만 아니라 도시를 이루는 에너지, 도로망 등 그야말로 도시의 모든 것에 관하여 그에 관련된 과학적 · 공학적 기반을 파헤친다. 정확히는 고층건물, 전기, 상하수도, 도로, 자동차, 철도 시스템, 네트워크의 세부 테마로 나뉜다. 내가 이 챕터에서 추구하고 싶었던 것을 이 책 한 권으로 정리해

둔 것이다.

거기다가 내 책은 취지상 기본적인 핵심개념을 소개하는 데에 그쳤지만 이 책은 최첨단 기술과 그것들이 적용될 미래까지 그려보는 시간을 가졌다는 점에서 꼭 일독을 권한다. 미래의 도시계획을 세울 엘리트라면 말이다. 물리학자이면서 물리학에 한정되지 않고 다양한 분야를 이토록 쉽고 정열적인 문체로 설명해놓았다는 사실이 감탄스러울 따름.
도시에 살며, 도시를 사랑하는 이라면 반드시 읽기를 권한다.

3. 유현준(2018). "어디서 살 것인가". 을유문화사.

건축가의 관점에서 본 세상. 향기로운 책이다. 우리는 모두가 건물에 살고 건물에서 일하지만 더 이상 건물이 어떻게 만들어지고 어떤 역할을 하는지 알지 못한다. 다른 모든 분야와 마찬가지로 건축이라는 전문 분야는 일반인들에게서 유리되었다. 한번쯤 건물과 건물이 우리와 우리 사회에 대해 갖는 의의에 대해 생각해볼 수 있는 좋은 시간이었다.

급속성장한 우리나라의 경우는 효율성이라는 기치만을 내세워 사람들을 욱여넣는 일에 최우선 순위를 두고, 관을 중심으로 찍어 만들어낸 건물에서 살아간다. 사람과 환경 간의, 그리고 사람 간의 접촉은 최소화되었고 다양성은 말살되었다. 성냥갑 아파트가 주거의 표준이 되었고 미셸 푸코의 말따마나 학교는 감옥이 되었다. 전문가들을 중심으로 이제는 바꿔보려는 움직임이 있지만 그마저도 힘들다.

인간의 창의성과 혁신은 인간 간의 상호작용을 통해 만들어진다. 창의적인 사람들은 자신과 별 관련 없는 사람들과의 만남과 잡담을 통해 아이디어를 얻는다. 그래서 요즘 핫한 기업들은 사람들 간의 의사소통이 이루어지는 열린 공간을 만든다. 하지만 우리 도시는 갈수록 개인주의화되고 자기 소유의 공간만을 중시한다. 우리는 지금 벽을 세우고 다리를 없애고 있다. 결국 멜팅팟은 없어지고 늙어 죽어가는 도시가 되어간다. 이런 경향을 피하기 위해 저자는 '탈중심'과 '경계의 모호성'을 강조한다.

다양성과 창의성을 높이려면 인간들이 상호작용하며 소통하며 살아야 한다. 그것이 도시의 최대 장점이고 인류가 발전해온 원동력이다.
이런 사회에 대한 깊은 통찰 외에도 다른 책에도 많이 소개된 기본적인 건축 공학 상식 역시 포함되어 있다. 재미와 감동 모두 잡았다.

4. 스티븐 베리(2021). 신석민 역. "열역학". 김영사.

열역학 법칙은 정말이지 우주에 존재하는 모든 인류라면 꼭 배워야 할 내용이다. 나는 항상 이런저런 기회에 문과친구들에게 도서 추천을 받으면 "열역학 책 읽어봤니?"로 답변을 시작했다. 개인적으로 '대학'을 나온 사람이라면 열역학 지식은 반드시 알아야 한다는 생각을 갖고 있다. 그러던 차에 열역학에 관한 대중서가 나와 눈길을 끌었다. 제목도 단순하다. 열역학. 그 자체로 모든 것이 설명된다.

물리화학자가 제대로 각 잡고 쓴, 내가 태어나서 처음 본 열역학 교양서이다. 엔트로피가 뭔지, 에너지와 열이 우주를 어떻게 움직이는지 아는 것이 모든 지식의 시작이다. 전공서적이 아니라 이 책으로 열역학의 세계를 접할 수 있는 여러분들이 너무나도 부럽다.

5. 원자력상식사전 편찬위원회(2016). "원자력 상식사전". 박문각.

핵 에너지는 가장 효율적이고 강력한, 인류의 미래를 책임질 핵심 에너지원이다. 그럼에도 불구하고 원자력발전에 대한 오해가 너무나도 만연하다. 이 책은 그러한 사람들의 오해를 해소하는 데에 주목적을 두고 쓰인 책이다. 원자력발전 자체뿐만 아니라 대한민국의 발전산업, 기후변화, 원자력 발전소의 안전체계, 방사성 폐기물은 어떻게 처리되는지, 그리고 원자력기술의 미래에 대해 폭넓게 다루고 있다. 소챕터들이 아주 촘촘히 세분화되어 있어 궁금한 부분만 발췌독하기도 좋다. 책이 너무 교양서스럽게 생겨서 그 신빙성에 의문을 가지실 수도 있겠지만 국내 최고 수준의 기관들의 최신의 데이터로 잔뜩 무장한 책이다. 국가의 에너지 시스템을 걱정하고, 에너지 정책을 짜야 될 엘리트라면 반드시 알아야 할 내용이 잔뜩 들어 있다.

- 서울특별시상수도사업본부(2008). "서울상수도백년사". 서울특별시 간행물.
- Yunus A. Cengel. "Thermodynamics". MCGRAWHILL.
- Francis M. Vanek, Louis D. Albright, Largus T. Angenent(2014). 김용찬, 심준형, 이성혁, 정석, 정지환, 정진택, 조홍현, 최영돈 역. "에너지 시스템 공학". 텍스트북스.
- 대니얼 예긴(2021). 우진하 역. "뉴맵". 리더스북.
- Cynthia Rosenzweig, William D. Solecki, Stephen A. Hammer, Shagun Mehrota(2014). 김은정 역. "기후변화와 도시". 국토연구원 도시재생지원센터.
- 권인규(2021). "건축공학개론". 동화기술.
- 신현식(2019). "건축시공학". 문운당.
- 조관형, 권지향, 박기영, 이재효(2021). "상하수도 공학 제4판". 동화기술.
- 일본건축학회(2011). 최희원 역. "도시건축공간의 과학". 기문당.
- 대한국토도시계획학회(2004). "서양도시계획사". 보성각.
- 타카미자와 미노루(2000). 상준호 역. "도시공학개론". 형설출판사.
- 르 코르뷔지에(2003). 정성현 역. "도시계획". 동녘.
- 르 코르뷔지에(2002). 이관석 역. "건축을 향하여". 동녘.
- 임석재(2011). "서양건축사". 북하우스.
- 유현준(2021). "공간의 미래". 을유문화사.

나가며

과학과 사회과학부터, 인간과 인간무리, 그리고 그 물질적 기반까지 정말 먼 여정을 함께해오신 독자 여러분들께 큰 감사를 드린다. 이 책을 쓰면서 가장 많이 고민했던 것은 '무엇을 뺄 것인가'였다. 이 책은 '들어가며'에서 언급했던 것처럼 여러분들의 지식과 실제 세계 사이를 연결해주는, 여러분의 머릿속에 빠져 있는 '미싱링크'인 기본적인 핵심 개념과 아이디어들만 추려서 보완하고자 했기에 더 복잡하고 세세한 내용까지 다룰 수 없었다. 인간에서부터 인간무리로 나아가는 기본 큰 줄기에서 벗어나는 주제도 흐름상 아예 생략할 수밖에 없었다.

우리의 주제와 관련은 있지만 아쉽게 제외한 부분도 많다. 예를 들어 자동차나 도로망, 통신기술과 정보이론과 같은 지식들도 다루고 싶었지만, 사실 자동차 같은 경우는 문이과를 불문하고 차가 있는 분들이라면 잘 아는 내용이고, 통신과 정보 같은 경우는 요즘은 어린 시절부터 학교와 학원에서 배운다는 사실을 고려해서 눈물을 머금고 뺐다.

그러한 모든 것을 담고 싶었지만 내 지식의 한계, 그리고 사람들이 사서 읽고 싶을 만한 사이즈의 책을 내야 하는 출판업계의 한계를 고려해 추리고 추린 것이 이 결과이다. 앞으로 독자 여러분들과 못다 한 이야기들에 대해 나눌 기회가 있기를 바란다.

전공자도 아닌 내가 쓴 부족하디 부족한 졸고를 기꺼이 감수해주신 서울의료원 영상의학과 이용주 의사님, 고려대학교 생명과학부 이동근 님(필명: 구몽구리), 건축가이자 변호사인 권오빈 변호사님, 현대자동차 최주영 연구원님, 삼성전자 성민규 연구원님, 데이터 사이언티스트 신제용 님, 과학 커뮤니케이터 김진솔(필명: 김이과) 님에게 큰 감사를 드린다. 집필 과정 내내 옆에서 응원해준 배우자 오은경 님도 물론이다.

그리고 박영사 가족들, 내 원고의 가치를 인정해주신 임재무 전무님, 훌륭한 마케터 이후근 대리님, 내 부족한 원고를 예쁜 책으로 만들어주신 이아름 편집자님, 이소연 디자이너님께도 감사드린다.

앞으로 여러분의 세계에서 '뽕!'이 모두 사라지는 그날을 위해 나도 열심히 더 노력하고 있겠다.

저자소개

최기욱
1988년 서울 출생
서울외국어고등학교 영어과 졸
고려대학교 기계공학과 졸
현대엔지니어링 근무(2014. 1. ~ 2018. 12.)
중앙대학교 법학전문대학원 졸
제11회 변호사시험 합격
현) LG그룹 D&O 법무실 근무 중
저서) 비바! 로스쿨(2022)
연락처) girugi88@naver.com
인스타그램) choi.kiuk

엘리트 문과를 위한 과학상식

초판발행 2022년 10월 31일

지은이 최기욱
펴낸이 안종만 · 안상준

편 집 이아름
기획/마케팅 이후근
표지디자인 이소연
제 작 고철민 · 조영환

펴낸곳 (주) 박영사
서울특별시 금천구 가산디지털2로 53, 210호(가산동, 한라시그마밸리)
등록 1959. 3. 11. 제300-1959-1호(倫)
전 화 02)733-6771
f a x 02)736-4818
e-mail pys@pybook.co.kr
homepage www.pybook.co.kr
ISBN 979-11-303-1620-8 03400

정 가 17,000원